汇编语言程序设计

主 编 樊景博 田 祎

内容提要

本书以8086/8088指令为主，系统地介绍了汇编语言的基础理论知识和程序设计方法。主要内容包括：基础知识、寻址方式、基本指令、数据的表示和常用伪指令、顺序程序设计、分支程序设计、循环程序设计、子程序、字符串处理技术、宏、输入输出和中断、文件操作与终端控制、汇编语言和C语言。各章节内容循序渐进，并有侧重地与C语言进行对比，重点突出，结构清晰，简洁易懂。

本书可作为本、专科院校计算机及相关专业的教材，也可供科研及软件开发人员自学参考。

图书在版编目（CIP）数据

汇编语言程序设计 / 樊景博，田祎主编. — 天津：天津大学出版社，2016.8

ISBN 978-7-5618-5600-0

Ⅰ.①汇… Ⅱ.①樊… ②田… Ⅲ.①汇编语言-程序设计-高等学校-教材 Ⅳ.①TP313

中国版本图书馆CIP数据核字（2016）第171087号

出版发行 天津大学出版社
地　　址 天津市卫津路92号天津大学内（邮编：300072）
电　　话 发行部：022-27403647
网　　址 publish.tju.edu.cn
印　　刷 天津泰宇印务有限公司
经　　销 全国各地新华书店
开　　本 185mm×260mm
印　　张 14
字　　数 349千
版　　次 2016年8月第1版
印　　次 2016年8月第1次
定　　价 35.00元

前　言

汇编语言是一门低级语言，它能充分利用计算机的硬件资源且能进行有效的直接控制，同时利用它来深刻理解和掌握计算机深层结构和许多专业应用知识，即使在计算机业高速发展的今天，也起着独特的甚至不可替代的作用。汇编语言程序设计是计算机专业一门重要的基础课程，是必修的核心课程之一，是“数据结构”“操作系统”和“微机原理与接口技术”等其他核心课程的必要先修课。

目前市场上的微型计算机大都采用 Intel 公司的 CPU 或 AMD 等公司的其他兼容产品，因此，本书也将围绕 Intel CPU 来介绍汇编语言，这些内容不仅适用于 Intel 系列的 CPU，对 AMD 公司的 CPU 也同样适用。除了某些特殊功能外，AMD 等公司的 CPU 和 Intel CPU 是完全兼容的，从程序员的角度看没有太多差别。汇编语言的主要应用领域是工业控制，现在工业控制中使用的计算机、单片机，有很多与 8086/8088 有相似结构，原理也大体相同，因此本教材以 8086/8088 作为主讲 CPU，采用循序渐进的教学思想，按照结构化程序设计流程，将各指令分散到不同的章节进行讲述，有效避免学生学习过程中由于知识的遗忘导致后续课程进行困难的问题。通过循序渐进的学习系统理论，让学生理解与掌握程序设计技术，培养学生综合分析问题、解决问题的能力，也为掌握工控机铺平道路，成为读者进入硬件领域的一块铺路石。

本教材共分为 13 章，其中第 6、7、9、11、12 章由樊景博编写，第 1、2、3、4、5、8、10、13 章和附录由田祎编写。全书内容由田祎统稿，樊景博定稿。本书在编写过程中参考了大量的文献资料，在此对这些文献资料的所有者表示衷心的感谢。由于计算机技术发展很快，加上编者水平由限，书中难免有不妥之处，恳请广大读者批评指正，编者不胜感激。本书的出版受到了商洛学院教材基金项目的大力支持，在此一并表示感谢。

编　者

2016 年 3 月

目　录

第1章　基础知识

汇编语言和计算机的机器语言有着直接的联系，要理解计算机的工作原理与工作过程，学习汇编语言很有必要。要学习计算机的程序设计，懂一点汇编语言也是很有好处的，如果进行涉及计算机控制、通信、动画、虚拟现实程序设计及许多对速度要求较高的软件设计，都常要求使用汇编语言设计：汇编语言程序经常被用来改进软件和硬件控制系统的效率，即使是使用如C、C++、JAVA等高级语言进行应用系统的开发，也常要求嵌入汇编语言程序模块，以提高软件或硬件控制系统的运行速度；汇编语言还常用于高级语言的程序调试，解决一些涉及机器底层的问题。

汇编语言是一种面向机器的语言，不同CPU的计算机，其汇编语言都不相同。要学习某种汇编语言，就必须首先了解应用该汇编语言的计算机的硬件结构、数据类型及其在机内的表示方法。本书围绕8086/8088 CPU展开学习，纯粹的8086 PC机已经不存在了，但现在的任何一台PC机中的微处理器，只要是和Intel兼容的系列，都能够以8086的方式进行工作。学习8086/8088 CPU可以方便地进行实践，较容易理解并掌握其精髓。

汇编语言是一种可以直接控制计算机硬件设备的计算机语言，掌握一些计算机硬件知识是学习汇编语言的必要前提，其中最重要的是了解计算机各部件的基本结构和逻辑连接关系，尤其是核心部件CPU的内部结构。掌握内部结构的目的在于了解计算机的各主要部件分别能完成什么样的功能，也就是它们能做什么，然后才可以通过计算机语言编程告诉计算机一个个基本步骤，从而完成复杂的任务。

本章介绍汇编语言的最基本的概念及学习汇编语言所必须具备的计算机系统的相关知识。

1.1　汇编语言简介

从1946年第一台可编程计算机ENIAC诞生至今，计算机经历了电子管、晶体管、集成电路和超大规模集成电路四个发展阶段，现正朝着巨型化、微型化、网络化和智能化的第五代计算机发展，已渗透到社会和生活的各个领域。人们与计算机进行交流的“语言”也从机器语言发展到汇编语言与高级语言，现正朝着“自然语言”的方向发展。

1.1.1　机器语言

计算机的所有操作都是在指令的控制下进行的。能够直接控制计算机完成指定动作的是机器指令。一条机器指令是一个由0和1组成的二进制代码序列，不同的机器指令对应的二进制代码序列也各不相同。一条机器指令通常由操作码和操作数两部分构成，操作码在前，操作数在后。

操作码	操作数

操作码部分用来指出这条指令要求计算机做什么样的操作，是做加法，做减法，还是完成数据传送，抑或是其他的操作；操作数部分给出参与操作的数据值，或者指出操作对象在什么地方。下面的二进制代码序列就是一条8086/8088的机器指令：

10000000 00000110	01100100 00000000 00010010

这条指令的前16位是操作码部分，含义是要求计算机做两个数的加法操作；后24位是操作数部分，第17位至第32位指出第一个加数在内部存储器的编号为100的那个字节中，最后8位指出另一个加数就在指令中，是18。

对于同样的二进制序列，不同型号的CPU对它的“理解”是不一样的，比如上面的那一串二进制代码在8086/8088看来是要求做加法，换到另一种CPU中完全可能被当作是另一种操作，甚至是错误的指令，所以机器指令与机器本身有着紧密的联系。不同型号的计算机（准确地说是不同型号的CPU）都有自己的一套指令，一种机型的所有机器指令的集合就是它的指令系统。指令系统及其使用规则构成这种计算机的机器语言。选择指令系统中的指令并排列起来，可以构成一个指令序列，用以告诉计算机完成一连串的动作，就是一个机器语言程序。

1.1.2 汇编语言

早期的程序员们很快就发现了使用机器语言带来的麻烦，它是如此难于辨别和记忆，给整个产业的发展带来了障碍，于是产生了汇编语言。汇编语言是一种采用指令助记符、符号地址、标号等符号书写程序的语言，它便于人们书写、阅读和检查。汇编语言指令与计算机指令基本上是一一对应的，汇编语言与计算机有着密不可分的关系，处理器不同，汇编语言就不同，因此它是一种低级语言，同时它也是唯一能够充分利用计算机硬件特性并直接控制硬件设备的语言。利用汇编语言进行程序设计体现了计算机硬件和软件的结合。

1.1.3 高级语言

高级语言是一种与具体的计算机硬件无关，独立于计算机类型的通用语言，比较接近人类自然语言的语法，用高级语言编程不必了解和熟悉计算机的指令系统，更容易掌握和使用。高级语言采用接近自然语言的词汇，其程序的通用性强，易学易用，这些语言面向求解问题的过程，不依赖具体计算机。高级语言也要翻译成机器语言才能在计算机上执行。其翻译有两种方式，一种是把高级语言程序翻译成机器语言程序，然后经过连接程序连接成可执行文件，再在计算机上执行，这种翻译方式称为编译方式，大多数高级语言如JAVA、C、C++、C#等都是采用这种方式；另一种是直接把高级语言程序在计算机上运行，一边解释一边执行，这种翻译方式称为解释方式，如BASIC语言就采用这种方式。

高级语言源程序是在未考虑计算机结构特点情况下编写的，经过翻译后的目标程序往往不够精练，过于冗长，加大了目标程序的长度，占用较大存储空间，执行时间较长。

1.1.4　自然语言与汇编语言的对比

机器语言是计算机的“母语”，这是一种绝大多数人都不懂也很难学会的语言，正如前面给出的一条机器指令的例子会令试图学习机器语言的人望而生畏。另一方面，人类自己使用汉语、英语、法语等自然语言进行交流。任何一种自然语言对于当今的计算机来说都是无法领会的，而且，目前的技术还无法把人的自然语言直接翻译成机器语言。因而，人与计算机之间进行交流就存在一定的困难。比较好的解决方法是找一种双方都能够学会也容易学会的语言作为中间媒介，汇编语言以及后来的高级语言、第四代语言都扮演着这样的中介角色。

一个已掌握了自己的母语的人，如果要学习一种新的语言，他该学些什么呢？不妨想象一下中国人学英语的过程：大概所有把英语作为外语来学习的人都是从字母开始的，以后是单词、简单的句子，再发展到用若干连贯的句子描述一件简单的事情，最后是熟练地写英语文章。在学习过程中，从单词的拼写到句子的组织，再到文章的连贯，都会穿插着相应的语法知识。汇编语言既然是一种语言，学习过程也大致如此。表 1.1 中列举了自然语言与汇编语言的对照关系，一方面说明在学习这两种语言时有很多共同之处，另一方面也表明汇编语言需要学习的主要内容。

表 1.1　自然语言与汇编语言的对照

语言 对比项目	自然语言（英语）	汇编语言
基本符号	字母表	字母、专用符号
词	单词	保留字、标识符
句	句子	完整的指令、伪指令
段	段落	子程序
章	文章	程序
语法	拼写、句法、文法	指令、子程序、程序的格式及其使用规则
技巧	句子正确、文理通顺	指令正确、程序精简、易读性好、结构化好

汇编语言是介于自然语言和机器语言之间的一种人机交流媒介。人可以发挥自己的聪明才智学会这一类新的语言，但计算机又如何去“学会”呢？这是利用汇编语言到机器语言的固定翻译机制实现的。编写好的汇编语言程序可以通过一种固定的模式翻译成机器语言。这种翻译工作如果由人来完成同样是非常困难的，而且出错的可能性很大；再说，这种翻译很枯燥、很机械，倒是非常适合由计算机按人们指定的方法自动进行，因此计算机专家们已编制了一些翻译程序供汇编语言编程人员使用，这种翻译程序被称为“汇编程序”。

1.1.5　汇编程序和连接程序

汇编程序是一种计算机软件，属于系统软件部分，它能够把人们编写的汇编语言程序（称为源程序，一般以．ASM 作为文件扩展名）翻译成机器语言，这种翻译操作称为“汇编”。由于不同的计算机有不同的机器语言，因而也需要有不同的翻译器——汇编程序。

MASM. EXE 是一种专门用于把 Intel 8086/8088 的汇编语言源程序翻译成相应的机器语言程序的翻译器，是 8086/8088 汇编语言编程人员必备的基本工具之一。

汇编程序还具有语法检查的功能，交给汇编程序进行处理的源程序在翻译之前都必须经过语法检查这一关。如果汇编程序发现源程序中有违背汇编语言语法的地方，将不进行翻译工作，而是指出错误的位置以及类型。从这个角度来说，汇编程序决定了汇编语言的语法，不同厂家、不同版本的汇编程序在语法规定上可能有细微的差别。

汇编程序翻译的结果已具备机器语言的形式，称为“目标程序”，一般以. OBJ 作为文件扩展名。但是，目标程序还不能直接交给计算机去执行，它还需要通过连接程序（LINK. EXE）的装配才具备可执行的形式，装配结果称为“执行文件”，一般以. EXE 作为文件扩展名。另一方面，连接程序还具有把多个目标程序装配在一起的功能，也可以把目标程序与预先编写好的一些放在子程序库中的子程序连接在一起，构成较大的执行文件。汇编语言的源程序、汇编程序、目标程序、连接程序、执行文件的关系如图 1.1 所示。

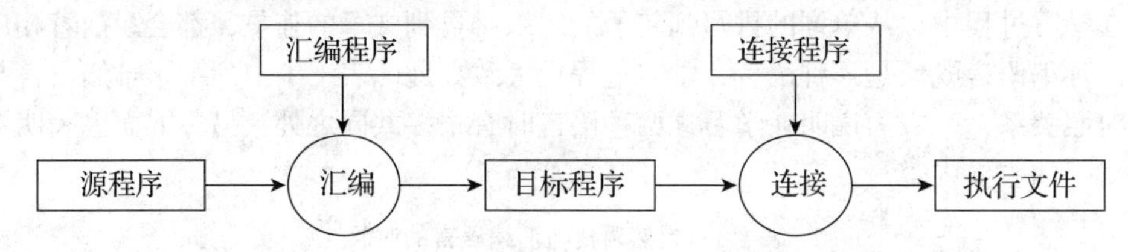

图 1.1　由汇编语言源程序到执行文件的处理过程

1.1.6　汇编语言的构成

汇编语言是较早发明的一种程序设计语言。为了使汇编语言到机器语言的翻译比较简单，汇编语言用大量的语法规则对从指令到程序的书写加以限制。与后来的高级语言、第四代语言相比，汇编语言更接近于机器语言，用汇编语言编写的源程序还保留了很多机器语言的影子。比如，机器指令中的操作码部分在汇编语言中表现为与该指令的功能相关的英文单词或其缩写，例如加法指令用 ADD 表示，数据传送指令用 MOV 表示，这类符号称为“助记符”。汇编语言指令的格式是助记符在前，参与操作的数据在后。

对于存放在内存当中的一批数据，如果要求编程人员记住每一个数据在内存中的具体位置是不现实的（在最早的计算机中，这个工作却是必需的）。在汇编语言中，每存放一个数据都可以为它起一个名字——变量名，程序员只要记住变量的名字即可。

跳转是程序设计中不可避免的问题。在机器语言中，跳转的目的地是用指令所在的位置（即在内存的哪一个字节）来表示的，而汇编语言中的跳转则是在目的地做一个称为“标号”的标记。

除了与机器语言有直接对应关系的助记符、变量、标号外，为了能让汇编程序正确地完成翻译工作，必须要告诉汇编程序变量需要占据多少字节的内存、程序到何处结束、整个程序的第一条指令在什么地方等问题。因此，源程序中需要有一些告诉汇编程序如何进行翻译操作的“说明”，这类说明在翻译结果中没有对应的机器代码，所以称为“伪指令”。

指令助记符、数据和存放数据的变量、标号、伪指令以及相应的使用规则构成了汇编语言的全部内容。

1.1.7　汇编语言的特点

汇编语言使用助记符和符号地址，所以它要比机器语言易于掌握，与高级语言相比较，汇编语言有以下特点。

1. 汇编语言与计算机关系密切

汇编语言中的指令是机器指令的符号表示，与机器指令是一一对应的，因此它与计算机有着密切的关系，不同类型的 CPU 有不同的汇编语言，也就有各种不同的汇编程序。汇编语言源程序与高级语言源程序相比，其通用性和可移植性要差得多。

2. 汇编语言程序效率高

由于构成汇编语言主体的指令是用机器指令的符号表示的，每一条指令都对应一条机器指令，且汇编语言程序能直接利用计算机硬件系统的许多特性，如它允许程序员利用寄存器、标志位等编程。用汇编语言编写的源程序在编译后得到的目标程序效率高，主要体现在空间效率和时间效率上，即目标程序短、运行速度快这两个方面，在采用相同算法的前提下，任何高级语言程序在这两个方面的效率与汇编语言相比都望尘莫及。

3. 特殊的使用场合

汇编语言可以实现高级语言难以胜任甚至不能完成的任务。汇编语言具有直接和简捷的特点，用它编制程序能精确地描述算法，充分发挥计算机硬件的功能。在过程控制、多媒体接口、设备通信、内存管理、硬件控制等方面的程序设计中，用汇编语言直接方便，执行速度快，效率高。

汇编语言提供了一些模块间相互连接的方法，一个大的任务可以分解成若干模块，将其中执行频率高的模块用汇编语言编写，可以大大提高大型软件的性能。

高级语言和第四代语言在科学计算、事务处理等方面比汇编语言有巨大的优势，但用高级语言编写的程序，在翻译成机器语言后，程序代码冗长，占用存储空间大，执行速度慢。如果用高级语言来编写接口控制、设备通讯等方面的程序则不太合适，相反这样的情况下汇编语言更容易发挥其长处：最终的执行代码简短，执行速度快，效率高，特别是汇编语言能直接控制计算机的外设，这些特点是高级语言和第四代语言望尘莫及的。

因此高级语言、第四代语言适合于编写应用软件，而对于系统软件，尤其是涉及内存管理、硬件控制方面问题时汇编语言更合适。可以说，汇编语言程序设计是从事计算机研究与应用的重要手段，是软件与硬件相结合的基础。

1.2　微型计算机概述

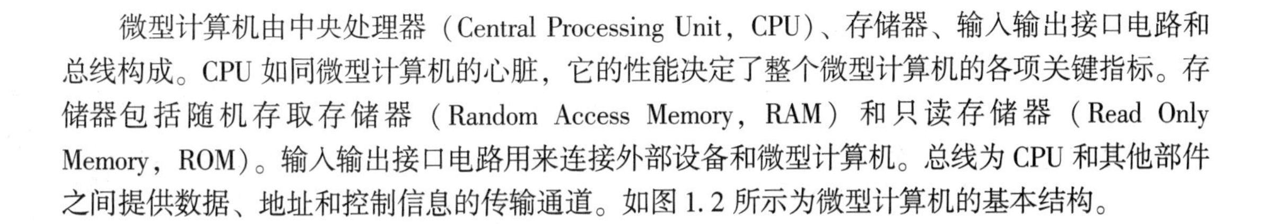
微型计算机由中央处理器（Central Processing Unit，CPU）、存储器、输入输出接口电路和总线构成。CPU 如同微型计算机的心脏，它的性能决定了整个微型计算机的各项关键指标。存储器包括随机存取存储器（Random Access Memory，RAM）和只读存储器（Read Only Memory，ROM）。输入输出接口电路用来连接外部设备和微型计算机。总线为 CPU 和其他部件之间提供数据、地址和控制信息的传输通道。如图 1.2 所示为微型计算机的基本结构。

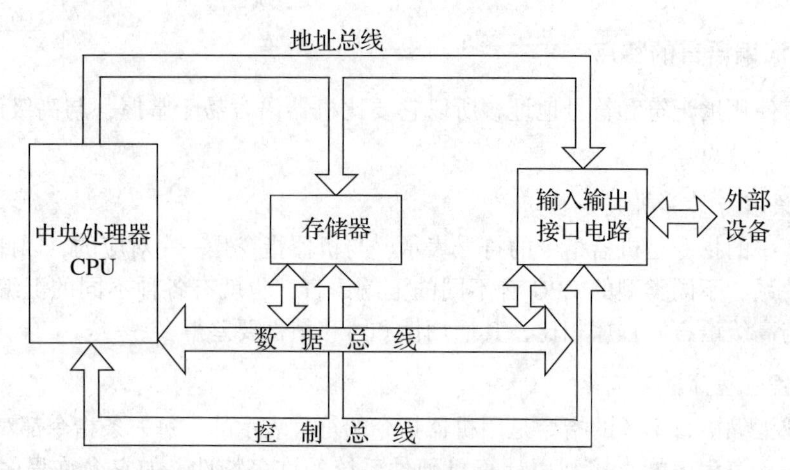

图 1.2　微型计算机基本结构

特别要提到的是，微型计算机的总线结构，使系统中各功能部件之间的相互关系变为各个部件面向总线的单一关系。一个部件只要符合总线结构标准，就可以连接到采用这种总线结构的系统中，使系统功能得到扩展。

数据总线用来在 CPU 与内存或其他部件之间进行数据传送。它是双向的，数据总线的位宽决定了 CPU 和外界的数据传送速度，8 位数据总线一次可传送一个 8 位二进制数据（即一个字节），16 位数据总线一次可传送两个字节。在微型计算机中，数据的含义是广义的，数据总线上传送的不一定是真正的数据，还可能是指令代码、状态量或控制量。

地址总线专门用来传送地址信息，它是单向的。地址总线的位数决定了 CPU 可以直接寻址的内存范围。如 CPU 的地址总线的宽度为 N，则 CPU 最多可以寻找 2^N个内存单元。

控制总线用来传输控制信号，其中包括 CPU 送往存储器和输入输出接口电路的控制信号，如读信号、写信号和中断响应信号等；也包括其他部件送到 CPU 的信号，如时钟信号、中断请求信号和准备就绪信号等。

1.2.1　Intel 公司微处理器简介

自 20 世纪 70 年代开始出现微型计算机以来，CPU 经历了飞速的发展。1971 年，Intel 设计成功了第一片 4 位微处理器 Intel 4004；随之又设计生产了 8 位微处理器 8008；1973 年推出了 8080；1974 年基于 8080 的个人计算机（Personal Computer，PC）问世，Microsoft 公司的创始人 Bill Gates 为 PC 开发了 BASIC 语言解释程序；1977 年 Intel 推出了 8085。自此之后，Intel 又陆续推出了 8086、80386、Pentium 等 80×86 系列微处理器。各种微处理器的主要区别在于处理速度、寄存器位数、数据总线宽度和地址总线宽度。下面简要介绍不同时期 Intel 公司制造的几种主要型号的微处理器，这些微处理器都曾经或正在广为流行。

1. 80×86 系列微处理器

1）8086 微处理器

指令系统与 8088 完全相同，具有多个 16 位的寄存器、16 位数据总线和 20 位地址总线，可以寻址 1MB 的内存，一次可以传送 2 个字节。该处理器只能工作在实模式。

2）8088 微处理器

具有多个 16 位的寄存器、8 位数据总线和 20 位地址总线，可以寻址 1MB 的内存。虽然这些寄存器一次可以处理 2 个字节，但数据总线一次只能传送 1 个字节。该处理器只能工作在实模式。

3）80286 微处理器

比 8086 运行更快，具有多个 16 位的寄存器、16 位数据总线和 24 位地址总线，可以寻址 16MB 内存。它既可以工作在实模式，也可以工作在保护模式。

4）80386 微处理器

具有多个 32 位的寄存器、32 位数据总线和 32 位地址总线，可以寻址 4GB 内存。它提供了较高的时钟速度，增加了存储器管理和相应的硬件电路，减少了软件开销，提高了效率。它既可以工作在实模式，也可以工作在保护模式。

5）80486 微处理器

具有多个 32 位的寄存器、32 位数据总线和 32 位地址总线。它比 80386 增加了数字协处理器和 8kB 的高速缓存，提高了处理速度。它既可以工作在实模式，也可以工作在保护模式。

6）Pentium（奔腾）

具有多个 32 位的寄存器、64 位数据总线和 36 位地址总线。因为它采用了超标量体系结构，所以每个时钟周期允许同时执行两条指令，处理速度得到了进一步提高，性能比 80486 优越得多。它既可以工作在实模式，也可以工作在保护模式。

以上介绍了 Intel 80 × 86 系列的一些主要微处理器，表 1. 2 给出了该系列部分微处理器的数据总线和地址总线宽度。实际上 80 × 86 系列的功能还在不断改进和增强，它们的速度将会更快，性能将会更优越。但无论怎样变化，它们总会被设计成是完全向下兼容的，就像在 8086 上设计和运行的软件可以不加任何改变地在 Pentium 4 机上运行一样。对于汇编语言编程人员来讲，掌握 16 位计算机的编程十分重要，它是学习高档计算机及保护模式编程的基础，也是掌握实模式程序设计的唯一方法。

表 1. 2　Intel 80 × 86 系列微处理器总线宽度

CPU	数据总线宽度	地址总线宽度	CPU	数据总线宽度	地址总线宽度
8086	16	20	Pentium	64	36
8088	8	20	Pentium Ⅱ	64	36
80286	16	24	Pentium Ⅲ	64	36
80386SX	16	24	Pentium 4	64	36
80386DX	32	32	Itanium	64	44
80486	32	32			

2. CPU 的主要性能指标

1）机器字长

机器字长和 CPU 内部寄存器、运算器、内部数据总线的位宽相一致。如 8086CPU，它的内部寄存器是 16 位的、运算器能完成两个 16 位二进制数的并行运算、数据总线的位宽为 16 位，则它的机器字长为 16 位，也称其为 16 位计算机。通常，机器字长越长，计算机的运算能力越强，其运算精度也越高。

2）速度

CPU 的速度是指单位时间内能够执行指令的条数。速度的计算单位不一，若以单字长定点指令的平均执行时间计算，用每秒百万条指令（Million Instructions Per Second，MIPS）作为单位；若以单字长浮点指令的平均执行时间计算，则用每秒百万条浮点运算指令（Million Floating - point Operations Per Second，MFLOPS）表示。现在，采用计算机中各种指令的平均执行时间和相应的指令运行权重的加权平均法求出等效速度作为计算机的运算速度。

3）主频

主频又称为主时钟频率，是指 CPU 在单位时间内产生的时钟脉冲数，以 MHz/s（兆赫兹每秒）为单位。由于计算机中的一切操作都是在时钟控制下完成的，因此，对于机器结构相同或相近的计算机，CPU 的时钟频率越高，运算速度越快。

1.3 程序可见寄存器组

80386 以上型号（含 80386）的 CPU 能够处理 32 位数据，其寄存器长度是 32 位的，但为了与早期的 8086 等 16 位机 CPU 保持良好的兼容性，80386 以上型号的 CPU 中程序可见寄存器组包括多个 8 位、16 位和 32 位寄存器，如图 1. 3 所示。

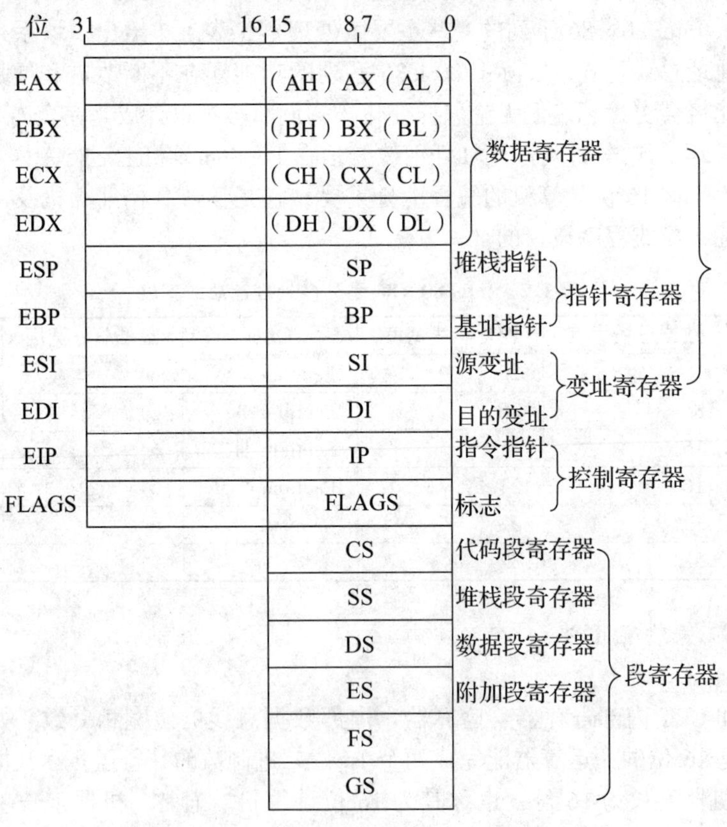

图 1. 3　8086 ~ Pentium CPU 程序可见寄存器组

1. 通用寄存器

8086～80286 CPU 各有 8 个 16 位通用寄存器 AX、BX、CX、DX、SP、BP、SI、DI。对于 4 个 16 位数据寄存器 AX、BX、CX、DX，其每个又可以作为 2 个独立的 8 位寄存器使用，它们被分别命名为 AH、AL、BH、BL、CH、CL、DH、DL。80386 以上型号的 CPU 各有 8 个 32 位通用寄存器，它们是相应 16 位寄存器的扩展，被分别命名为 EAX、EBX、ECX、EDX、ESP、EBP、ESI、EDI。在程序中每个 8 位、16 位、32 位寄存器都可以独立使用。

SP 叫做堆栈指针寄存器，其中存放当前堆栈段栈顶的偏移量，它们总是与 SS 堆栈段寄存器配合存取堆栈中的数据。

除 SP 堆栈指针不能随意修改、需要慎用外，其他通用寄存器都可以直接在指令中使用，用以存放操作数，这是它们的通用之处。在后边讨论指令系统时，可以看到某些通用寄存器在具体的指令中还有其他用途，例如 AX、AL（通常分别被称为 16 位、8 位累加器），它们在乘除法、十进制运算、输入输出指令中有专门用途。另外有些通用寄存器也可以存放地址用以间接寻址内存单元，例如在实模式中 BX、BP、SI、DI 可以作为间接寻址的寄存器，用以寻址 64KB 以内的内存单元。

2. 段寄存器

在 IBM PC 机中存储器采用分段管理的方法，因此一个物理地址需要用段基地址和偏移量表示。一个程序可以由多个段组成，但对于 8086～80286 CPU，由于只有 4 个段寄存器，所以在某一时刻正在运行的程序只可以访问 4 个当前段，而对于 80386 及其以上的计算机，由于有 6 个段寄存器，则可以访问 6 个当前段。在实模式下段寄存器存放当前正在运行程序的段基地址的高 16 位，在保护模式下存放当前正在运行程序的段选择子，段选择子用以选择描述符表中的一个描述符，描述符描述段的基地址、长度和访问权限等，显然在保护模式下段寄存器仍然是选择一个内存段，只是不像实模式那样直接存放段基址罢了。

代码段寄存器 CS 指定当前代码段，代码段中存放当前正在运行的程序段。堆栈段寄存器 SS 指定当前堆栈段，堆栈段是在内存开辟的一块特殊区域，其中的数据访问按照后进先出（Last in First Out，LIFO）的原则进行，允许插入和删除的一端叫做栈顶。IBM PC 机中 SP（或 ESP）指向栈顶，SS 指向堆栈段基地址。数据段寄存器 DS 指定当前运行程序所使用的数据段。附加数据段寄存器 ES 指定当前运行程序所使用的附加数据段。段寄存器 FS 和 GS 只对 80386 以上 CPU 有效，它们没有对应的中文名称，用于指定当前运行程序的另外两个存放数据的存储段。虽然 DS、ES、FS、GS（甚至于 CS、SS）所指定的段中都可以存放数据，但 DS 是主数据段寄存器，在默认情况下使用 DS 所指向段的数据。若要引用其他段中的数据，需要显式地说明。

3. 控制寄存器

控制寄存器包括指令指针寄存器和标志寄存器。在程序中不能直接引用控制寄存器名。

1）IP

IP 叫做指令指针寄存器，它总是与 CS 段寄存器配合指出下一条要执行指令的地址，其中存放偏移量部分。

2）标志寄存器（FLAGS）

标志寄存器也被称为状态寄存器，由运算结果特征标志和控制标志组成。8086 ~ 80286 CPU 为 16 位，80386 及以上为 32 位。如图 1.4 所示，可以看出它们完全向下兼容。空白位为将来保留，暂未定义。

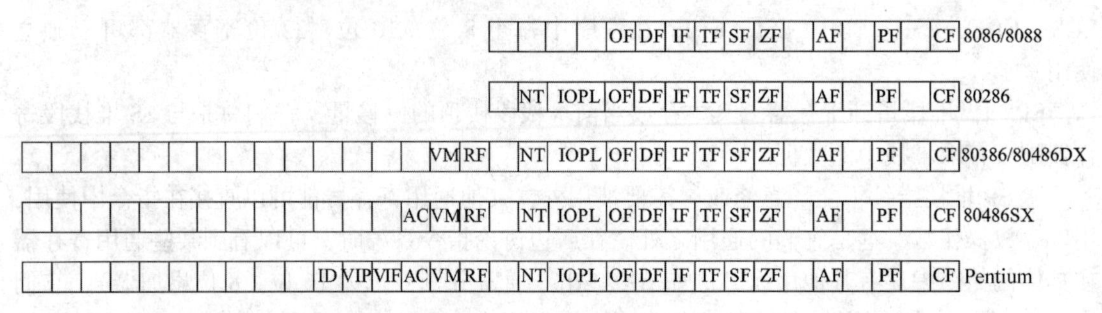

图 1.4　标志寄存器

（1）运算结果特征标志：用于记录程序中运行结果的特征，8086 ~ Pentium CPU 的标志寄存器均含有这 6 位标志。

CF（Carry Flag）：进位标志，记录运算结果的最高位向前产生的进位或借位。若有进位或借位则置 CF = 1，否则清零。可用于检测无符号数二进制加减法运算时是否发生溢出（溢出时 CF = 1）。

PF（Parity Flag）：奇偶标志，记录运算结果中含 1 的个数。若个数为偶数则置 PF = 1，否则清零。可用于检测数据传送过程中是否发生错误。

AF（Assistant Carry Flag）：辅助进位标志，记录运算结果最低 4 位（低半字节）向前产生的进位或借位。若有进位或借位则置 AF = 1，否则清零。只有在执行十进制运算指令时才关心此位。

ZF（Zero Flag）：零标志，记录运算结果是否为零，若结果为零则置 1，否则清零。

SF（Sign Flag）：符号标志，记录运算结果的符号，若结果为负则置 1，否则清零。

OF（Overflow Flag）：溢出标志，记录运算结果是否超出了操作数所能表示的范围。若超出则置 1，否则清零。可用于检测带符号数运算时是否发生溢出。

（2）控制标志：控制标志控制处理器的操作，要通过专门的指令才能使控制标志发生变化。

① 以下控制标志对 8086 ~ Pentium CPU 均有效。

IF（Interrupt Flag）：中断允许标志，当 IF = 1 时允许 CPU 响应外部可屏蔽中断请求（INTR）；当 IF = 0 时禁止响应 INTR。IF 的控制只对 INTR 起作用。

DF（Direction Flag）：方向标志，专门服务于字符串操作指令。当 DF = 1 时，表示串操作指令中操作数地址为自动减量，这样使得对字符串的处理是从高地址向低地址方向进行的；当 DF = 0 时，表示串操作指令中操作数地址为自动增量。

TF（Trap Flag）：陷阱标志，用于程序调试。当 TF = 1 时，CPU 处于单步方式；当 TF = 0 时，CPU 处于连续方式。状态标志位的符号表示见表 1.3。

表 1.3　状态标志位的符号表示

标志位	标志为 1	标志为 0
CF 进位（有/否）	CY	NC
PF 奇偶（偶/奇）	PE	PO
AF 半进位	AC	NA
ZF 全零（是/否）	ZR	NZ
SF 符号（负/正）	NG	PL
IF 中断（允许/禁止）	EI	DI
DF 方向（增量/减量）	DN	UP
OF 溢出（是/否）	OV	NV

1.4　存储器

1.4.1　基本概念

计算机中存储信息的基本单位是 1 个二进制位，简称位（bit），可用小写字母 b 表示，一位可存储一位二进制数。

IBM PC 机中常用的数据类型如下。

字节（byte）：IBM PC 机中存取信息的基本单位，可用大写字母 B 表示。1 个字节由 8 位二进制数组成，其位编号自左至右为 b_7、b_6、b_5、b_4、b_3、b_2、b_1、b_0。1 个字节占用 1 个存储单元。

字：1 个字 16 位，其位编号为 $b_{15} \sim b_0$。1 个字占用 2 个存储单元。

双字：1 个双字 32 位，其位编号为 $b_{31} \sim b_0$。1 个双字占用 4 个存储单元。

四字：1 个四字 64 位，其位编号为 $b_{63} \sim b_0$。1 个四字占用 8 个存储单元。

为了正确区分不同的内存单元，给每个单元分配一个存储器地址，地址从 0 开始编号，顺序递增 1。在计算机中地址用无符号二进制数表示，可简写为十六进制数形式。一个存储单元中存放的信息称为该单元的内容。例如 2 号单元中存放了一个数字 8，则表示为：(2) =8。

对于字、双字、四字数据类型，由于它们每个数据都要占用多个单元，访问时只需给出最低单元的地址号即可，然后依次存取后续字节。

需要注意的是，按照 Intel 公司的习惯，对于字、双字、四字数据类型，其低地址中存放低位字节数据，高地址中存放高位字节数据，这就是有些资料中称为“逆序存放”的含义。

例如内存现有以下数据（后缀 H 表示是十六进制数）。

地址：0　　1　　2　　3　　4　　5…

内容：12H　34H　45H　67H　89H　0AH…

存储情况如图 1.5 所示，则对于不同的数据类型，从 1 号单元取到的数据是：

$(1)_{字节} = 34H$

$(1)_{字} = 4534H$

$(1)_{双字} = 89674534H$

地址	内容
0	12H
1	34H
2	45H
3	67H
4	89H
5	0AH
⋮	⋮

图 1.5　存储单元的地址和内容

1.4.2 实模式存储器寻址

IBM PC 机的存储器采用分段管理的方法。存储器采用分段管理后，一个内存单元地址要用段基地址和偏移量两个逻辑地址来描述，表示为段地址:偏移量，其段地址和偏移量的限定、物理地址的形成要视 CPU 工作模式而定。

80386 以上型号的 CPU 有 3 种工作模式：实模式、保护模式和虚拟 86 模式。在实模式下，这些 CPU 就相当于一个快速的 8086 处理器，DOS 操作系统运行在实模式。计算机在启动时，也自动进入实模式。保护模式是它们的主要工作模式，提供了 4GB 的段尺寸、多任务、内存分段分页管理和特权级保护等功能，Windows 和 Linux 等操作系统都需要在保护模式下运行。为了既能充分发挥处理器的功能，又能继续运行原有的 DOS 和 DOS 应用程序(向下兼容)，还提供了一种虚拟 86 模式（Virtual 86 模式)，它实际上是保护模式下的一种工作方式。在虚拟 86 模式下，存储器寻址类似于 8086，可以运行 DOS 及其应用程序。

显然，实模式是 80×86 CPU 工作的基础，本节讨论实模式存储器寻址。8086 和 8088 微处理器只能工作在实模式，80286 以上的微处理器既可以工作在实模式也可以工作在保护模式。在实模式下微处理器只可以寻址最低的 1MB 内存，即使计算机实际有 64MB 或更多的内存也是如此。

在实模式下存储器的物理地址由段基址和偏移量给出。由于 8086、8088、80286 的寄存器均为 16 位，为了与它们兼容，无论是哪一种微处理器，其段基址必须定位在地址为 16 的整数倍上，这种段起始边界通常称做节或小段，其特征是：在十六进制表示的地址中，最低位为 0。有了这样的规定，1MB 空间的 20 位地址的低 4 位可以不表示出，而高 16 位就可以放入段寄存器了。同样由于 16 位长的原因，在实模式下段长不能超过 64KB，但是对最小的段并没有限制，因此可以定义只包含 1 个字节的段。段间位置可以相邻、不相邻或重叠。

存储器采用分段管理后，其物理地址的计算方法为：

10H×段基址＋偏移量

(其中 H 表示是十六进制数)

因为段基址和偏移量一般用十六进制数表示，所以简便的计算方法是在段基址的最低位补以 0H，再加上偏移量。例如，某内存单元的地址用十六进制数表示为 2345:6789，则其物理地址为 29BD9H，如图 1.6 所示。

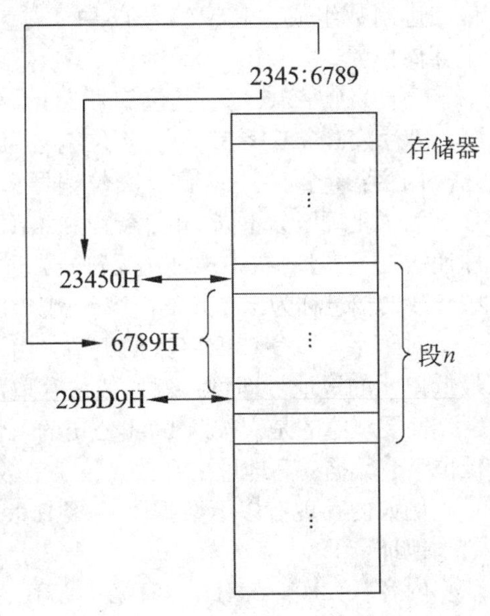


```
  2 3 4 5 0  (10H×段地址)
+   6 7 8 9  (偏移量)
  2 9 B D 9  (物理地址)
```

图 1.6 物理地址的形成

可以用不同的段基址:偏移量表示同一个物理地址。例如可以用 1000:1F00、11F0:0000、1100:0F00，甚至 1080:1700 表示同一个物理地址，因为它们计算出来的物理地址都是 11F00H。

1.5 外部设备

计算机运行时需要的程序和数据及所产生的结果要通过输入输出设备与人交互，或者需要保存在大容量的外存储器中，因此外部设备（简称外设）是计算机不可缺少的重要组成部分，对外设进行驱动或访问是汇编语言的重要应用领域之一。

外设与主机的信息交换是通过外设接口进行的，每个接口中都有一组寄存器，用来存放要交换的数据、状态和命令信息，相应的寄存器也被称为数据寄存器、状态寄存器和命令寄存器。视外设工作的复杂程度，不同的外设接口中含有的寄存器个数有所不同。为了能区分这些寄存器并且便于主机访问，系统给每个接口中的寄存器赋予一个端口地址或称做端口号，由这些端口地址组成了I/O地址空间。在IBM PC系列机中，虽然CPU的型号不同导致了所提供的内存地址总线宽度不同，从而最大可寻址内存空间不同，但它所提供的I/O地址总线宽度总是16位的，所以允许最大的I/O寻址空间为64K。在IBM PC系列机中，由于I/O地址空间是独立编址的，因此系统需要提供独立的访问外设指令。

通常在应用程序中通过调用DOS或BIOS中断来实现对外设的访问，以便降低程序设计的复杂程度，缩短开发周期。

1.6 硬件中断

硬件中断指某些事件（Event）导致处理器暂停正在执行的工作，转而处理该事件，处理完毕后又继续刚刚暂停的工作。其中，有些事件是正常发生的，例如从键盘输入数据产生一个事件，导致处理器暂停正在执行的工作，转而调用BIOS中从键盘输入数据的程序，处理完毕后又继续刚刚暂停的工作。而有些事件是不正常的，例如执行除法，但不小心让除数为零，导致处理器停止执行程序。

另一种为软中断（Software Interrupt），指程序本身发出一个请求，要将数据显示在显示器上，导致处理器暂停正在执行的工作，转而调用BIOS中将数据显示在显示器上的程序，处理完毕后又继续刚刚暂停的工作。

习 题

1.1 请将十进制数123转换成二进制数、八进制数、十六进制数。

1.2 将十进制数365.25转换成二进制数、八进制数以及十六进制数。

1.3 请将-123转换成二进制数、八进制数以及十六进制数，以补码方式表示。

1.4 请将-365.25转换成二进制数、八进制数以及十六进制数，以补码方式表示。

1.5 简述汇编语言源程序、汇编程序和目标程序的关系。

1.6 简述汇编语言的优缺点。

1.7 CPU的寻址能力为8KB，那么它的地址总线的宽度为多少？

1.8　1KB 的存储器有多少个存储单元？

1.9　指令中的逻辑地址由哪两部分构成？

1.10　以下为用段基址:偏移量形式表示的内存地址，试计算它们的物理地址。

1）12F8:0100　　2）1A2F:0103　　3）1A3F:0003　　4）1A3F:A1FF

1.11　自 12FA：0000 开始的内存单元中存放以下数据（用十六进制形式表示）：03 06 11 A3 13 01，试分别写出 12FA：0002 的字节型数据、字型数据及双字型数据的值。

1.12　内存中某单元的物理地址是 19318H，段基地址为 1916H，则段内偏移地址为多少？若段内偏移地址为 2228H，则段基地址为多少？

1.13　在 16 位 CPU 中，有哪些 8 位寄存器、16 位寄存器？哪些 16 位寄存器可分为二个 8 位寄存器来使用？

1.14　简述各通用寄存器的主要功能。

1.15　简述各段寄存器所指段的含义。

1.16　在标志寄存器中，用于反映运算结果属性的标志位有哪些？它们每一位所表示的含义是什么？在 Debug 环境下，用什么符号来表示之？

1.17　在标志寄存器中，用于反映 CPU 状态控制的标志位有哪些？它们每一位所表示的含义是什么？在 Debug 环境下，用什么符号来表示之？

1.18　在实模式环境中，一个段最长不能超过多少字节？

1.19　实模式可寻址的内存范围是多少？

第2章　寻址方式

计算机解决实际问题是通过执行指令序列来实现的。一条指令一般应能提供以下信息：执行什么操作、操作数从哪里得到、结果送到哪里等。为了提供以上信息，一条指令通常应由操作码域和操作数域两个部分组成。指令操作码指示计算机要执行的操作，在机器里表示比较简单，但操作数域的表示就要复杂得多，它提供与操作数地址有关的信息。8088 的寻找方式比较丰富，按操作数所在位置分为四大类，有些类别又再细分几种情况，四类寻找方式分别是立即数型、寄存器型、内存型、外设型；丰富而灵活的寻址方式使高级语言（如 C 语言、JAVA 等）的汇编代码更为优化，执行效率更高，因为这些寻址方式覆盖了绝大部分高级语言所需要的数据访问方式。

为了更好地理解和掌握寻址方式及其用法，这里先要对后面例子中需要使用的一条汇编语言指令作简单说明。MOV 指令是汇编语言最常用的指令之一，其基本格式为：

MOV　目的操作数，源操作数

该指令的功能是把源操作数的值（如果在内存或寄存器中则取出它的值）传送到目的操作数指明的地方，相当于高级语言中的赋值功能。

汇编语言的指令根据所带有的操作数的数量分为无操作数指令、单操作数指令、双操作数指令三类，而 MOV 是典型的双操作数指令。

2.1　立即数型寻址方式

操作数直接存放在指令中，紧跟在操作码之后，它作为指令的一部分存放在代码段中，这种操作数称为立即数。立即数可以是 8 位或 16 位。如果操作数是 16 位，则按照倒装方式存放在程序段中。立即寻址主要用来给寄存器或存储器赋初值。

例 2.1 MOV AX，4576H

指令执行后，（AX）=4576H，可用图 2.1 表示。

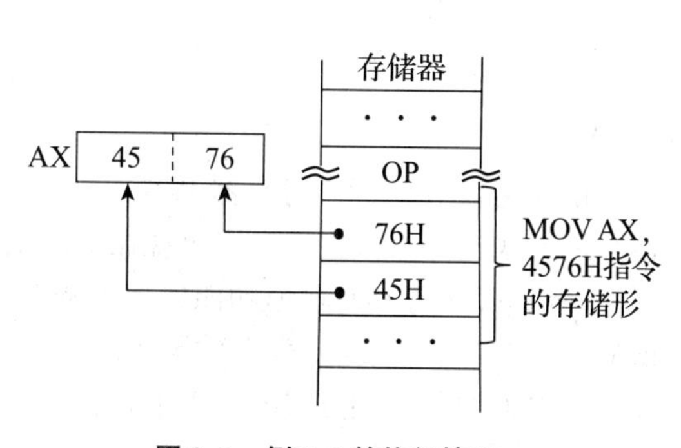

图 2.1　例 2.1 的执行情况

用汇编语言书写时，操作数可以是各种数制下的数值，也可以是带单引号的字符。比如，下面的 MOV 指令中源操作都是立即寻址的简单情况。汇编语言要求指令在一行写完，指令后面所带的分号表示该行的后续内容是注释。

```
MOV   AL,30          ;源操作数是十进制形式的立即数 30
MOV   AX,3030H       ;源操作数是十六进制形式的立即数 3030H
MOV   AL,11001101B   ;源操作数是二进制形式的立即数 11001101B
MOV   AL,'3'         ;源操作数是字符形式的立即数,即其 ASCII 值为 33H
```

立即寻址还有一些比较复杂的情况。如果操作数是由数值和运算符构成的表达式，汇编程序在翻译时会计算出表达式的值，并把计算结果以立即数的形式翻译到机器指令中。比如下面的指令中源操作数就是这种情况:

```
MOV   AL,'3'-30H
```

该指令中的源操作数是一个可直接计算的表达式。汇编程序会计算出表达式的值是 3，并以 3 作为立即寻址方式的源操作数。

更复杂一些的情况是用常量标识符、变量的段地址或偏移地址等充当立即数，这些用法在后续章节中遇到时再加以说明。

2.2 寄存器型寻址方式

操作数在寄存器中，指令指定寄存器名。可用的名称有:

AH，AL，BH，BL，CH，CL，DH，DL——8 位通用寄存器;

AX，BX，CX，DX，SI，DI，BP，SP——16 位通用寄存器;

CS，DS，ES，SS——16 位的段寄存器。

这种寻址方式由于操作数就在寄存器中，不需要访问存储器来取得操作数，因而可以取得较高的运算速度。

例 2.2 MOV AX，BX

如指令执行前（AX）=3046H，（BX）=1234H，则指令执行后，（AX）=1234H，BX 保持不变。

下面的指令中所有操作数都是寄存器寻址方式。

```
MOV   AL,BL
MOV   AL,DH
MOV   BP,SP
MOV   AX,SI
MOV   AX,CS
MOV   DS,DX
```

指令指针 IP、标志寄存器 PSW 以及所有标志位的代号 CF、ZF、OF 等都不能作为寄存器寻址方式的操作数，不允许出现在汇编语言的任何指令中。另外，8088 汇编语言还规定，不允许用 MOV 等具有赋值功能的指令修改 CS 的值，类似于“MOV CS，AX”试图对 CS 赋值的指令在 8088 汇编语言中是不允许的。

除以上两种寻址方式外，以下各种寻址方式的操作数都在除代码段以外的存储区中，通过采用不同方式求得操作数地址，从而取得操作数。

2.3 内存型寻址方式

内存型寻址方式是指参与操作的数据在内存中，因此必须指明操作数究竟在内存的什么地方，即指出内存的逻辑地址。逻辑地址的段地址部分来自某个段寄存器。每一个内存型操作数都有一个不需要在指令中写出的缺省段寄存器与之对应，如果就以这个缺省段寄存器的值作为段地址，则指令中只要确定偏移地址即可，默认段的选择规则如表2.1所示。但是，有时指令中需要使用其他段寄存器而不用缺省段寄存器作为段地址，这时就要先写出需要使用的段寄存器的名字，后面加冒号“:”，再接偏移地址的各种写法。这种不用缺省段寄存器而明确写出段寄存器名称的方式称为“段跨越”。

表2.1 默认段的选择规则

访问存储器的方式	默认	可超越	偏移地址
取指令	CS	无	IP
堆栈操作	SS	无	SP
一般数据访问	DS	CS ES SS	有效地址 EA
BP 基址的寻址方式	SS	CS ES DS	有效地址 EA
串操作的源操作数	DS	CS ES SS	SI
串操作的目的操作数	ES	无	DI

按照确定操作数偏移地址的不同方法，内存型寻址又细分为5种具体情况，分别称为直接寻址、寄存器间接寻址、寄存器相对寻址、基址变址寻址和相对基址变址寻址。

2.3.1 直接寻址

这种寻址方式是在指令中直接写明操作数所在的偏移地址，通常把操作数的偏移地址称为有效地址EA（Effective Address）。在汇编语言中，这个偏移地址通常以变量的形式出现，在指令中就是直接写变量的名字。变量名字与偏移地址之间存在固定的对应关系，在源程序中写变量的名字，汇编程序会把名字翻译成相应的偏移地址。确立这种对应关系的方法是定义变量。定义变量的具体写法将在后续章节中加以说明，在此需要说明的是，定义变量时会说明它的类型（字节、字或者双字），定义后的变量就有了一个确定的偏移地址，程序中还会有伪指令说明变量对应的缺省段寄存器是哪一个。也就是说，每个已定义的变量都有缺省段寄存器与之对应，都有确定的偏移地址和类型。

例2.3 MOV AX, [1234H]

如果操作数在数据段中，则物理地址 = 16d ×（DS）+ EA。若（DS）= 2000H，则执行情况如图2.2所示。

执行结果为：（AX）= 5213H

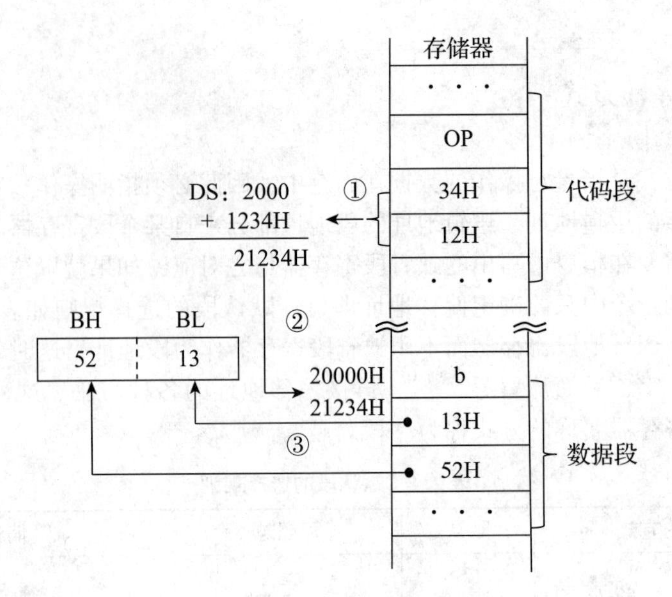

图 2.2　例 2.3 的执行情况

在汇编语言指令中可以用符号地址代替数值地址。如：

```
MOV   AX, VALUE
```

此时 VALUE 为存放操作数单元的符号地址。如写成：

```
MOV   AX,[VALUE]
```

设 VALUE 是已经定义的字型变量，指令“MOV AX，[VALUE]”中源操作数寻址方式就是直接寻址。用方括号把变量名字括起来是直接寻址的基本写法。上述指令中的“[VALUE]”表示以变量 VALUE 对应的偏移地址和缺省段寄存器中的值作为完整的逻辑地址，操作数在逻辑地址所确定的内存单元中。

假定上述指令中变量 VALUE 的缺省段寄存器是 DS，执行上述指令时 DS 的值是 1234H，VALUE 的偏移地址是 0ABCDH，则物理地址：

$$(1234 \times 16d)\ H + ABCDH = 1CF0DH$$

直接寻址方式可以使用段跨越。下面是两个使用段跨越的例子：

```
MOV AX,CS:[VALUE]
MOV AX,ES:[VALUE]
```

使用段跨越时物理地址的形成方式，只要把段寄存器换成段跨越符号所指明的段寄存器即可。

变量占据内存空间的大小是以字节为单位的，一个变量并不一定只占一个字节。汇编语言中还有类似高级语言的数组变量的形式。假定变量 VALUE 是存放 5 个数据的数组，每个数据都是字节型，所以共占 5 字节。现在需要取它的第 3 个数据送到寄存器 AL 中，可以在变量名的后面用加号连接一个数值的形式书写，比如：

```
MOV   AL,[VALUE +2]
```

对字节型数组变量 VALUE，分别用 [VALUE]、[VALUE +1]、[VALUE +2]、[VALUE

+3］和［VALUE +4］依次对应它所占据的5个字节的偏移地址。汇编程序在翻译这种"［变量±数值］"的写法时，先找出变量名所对应的偏移地址，再与另一个数值相加（如果是用减号连接则计算出两者的差），计算结果作为操作数的偏移地址，以直接寻址方式翻译到机器指令中。如果VALUE变量所占据的5个字节中依次存放的是1、2、3、4、5，上述指令取到AL中的数据会是3而不是2。

2.3.2 寄存器间接寻址

操作数的有效地址在基址寄存器BX、BP或变址寄存器SI、DI中，而操作数则在存储器中，如图2.3所示。

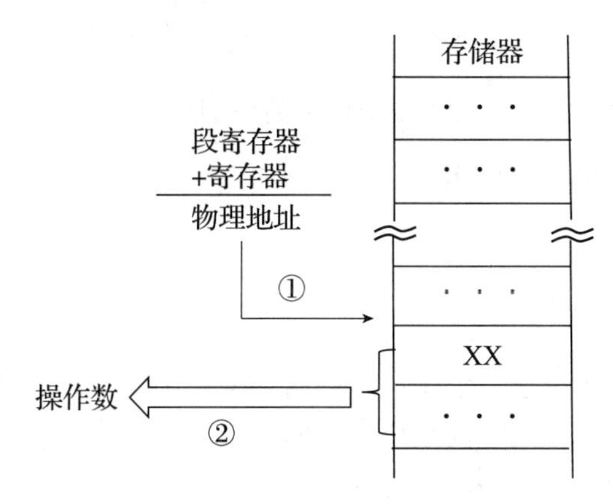

图2.3 寄存器间接寻址示意图

如果指令中指定的寄存器是SI、DI、BX，则操作数在数据段中，所以用DS寄存器的内容作为段地址，即操作数的物理地址为：

物理地址 = 16d × (DS) + (BX)
物理地址 = 16d × (DS) + (SI)
物理地址 = 16d × (DS) + (DI)

如果指令指定的寄存器是BP，则操作数在堆栈段中，所以用SS寄存器的内容作为段地址，则操作数的物理地址为：

物理地址 = 16d × (SS) + (BP)

例2.4 假设有指令：MOV BX，［DI］，在执行时，（DS）=1000H，（DI）=2345H，存储单元12345H的内容是4354H。问执行指令后，BX的值是什么？

［解］ 根据寄存器间接寻址方式的规则，在执行本例指令时，寄存器DI的值不是操作数，而是操作数的地址。该操作数的物理地址应由DS和DI的值形成，即：

PA = (DS) * 16 + DI = 1000H * 16 + 2345H = 12345H。

所以，该指令的执行效果是：把从物理地址为12345H开始的一个字的值传送给BX。

其执行过程如图2.4所示。

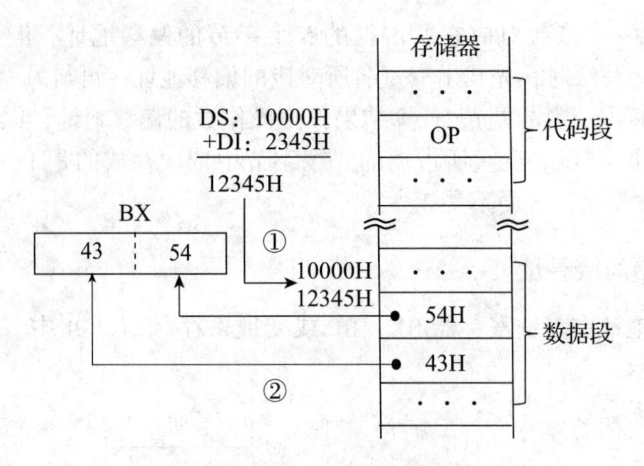

图 2.4　例 2.4 的执行情况

寄存器间接寻址方式也可以使用段跨越，例如：

```
MOV   AL,DS:[BP]
MOV   AL,ES:[BX]
MOV   AL,SS:[DI]
```

直接寻址和寄存器间接寻址是汇编语言中内存型操作数最常用的两种寻址方式。如果与高级语言相比较，直接寻址相当于高级语言中的整数、字符等类型的简单变量，而寄存器间接寻址则相当于指向某种数据类型的指针变量。

2.3.3　寄存器相对寻址

操作数的有效地址是一个基址或变址寄存器的内容和指令中指定的 8 位或 16 为位移量之和。即：

EA = (BX)/(BP)/(SI)/(DI) + 8 位位移量/16 位位移量

位移量可以是一个数字加到带 [ ] 的寄存器中，也可以是一个符号地址写在 [ ] 之前。其中的方括号不能省略，方括号中不允许出现一个变量减去一个寄存器的写法。

```
MOV   AL,[VAR + SI]
MOV   AL,VAR[DI]
MOV   AL,[VAR + BP]
MOV   AL,VAR[BX]
MOV   AL,[BX + 15]
```

汇编语言中还支持更复杂的寄存器相对寻址写法，例如：

```
MOV   AL,[VAR + BX + 3]
MOV   AL,[BX - 30H]
```

对于“[VAR + BX + 3]”的写法，汇编程序会先把 VAR 对应的偏移地址与数值 3 相加，得到的和与 BX 一起，以寄存器相对寻址的形式翻译到机器指令中；对于“[BX - 30H]”，汇编程序会把 -30H 翻译成相应的补码形式，即 0FFD0H，并把减法转变成加法。

寄存器相对寻址的缺省段寄存器按下列规则处理：

（1）如果是“［变量＋寄存器］”的形式，以变量对应的缺省段寄存器为准。

（2）如果是“［寄存器＋数值］”的形式，则以寄存器对应的缺省段寄存器为准。

（3）寻址方式中不允许同时出现两个或两个以上的变量相加的情况，但可以出现两个变量相减的情况。减法表示两个变量偏移地址的差值，这个差值不再作为变量看待，而是当作数值，此时缺省段寄存器按第（2）条处理。

例2.5 假设指令：MOV BX，［SI＋100H］，在执行它时，（DS）＝1000H，（SI）＝2345H，内存单元12445H的内容为2715H，问该指令执行后，BX的值是什么？

［解］　根据寄存器相对寻址方式的规则，在执行本例指令时，源操作数的有效地址EA为：

$$EA = (SI) + 100H = 2345H + 100H = 2445H$$

该操作数的物理地址应由DS和EA的值形成，即：

$$PA = (DS) * 16 + EA = 1000H * 16 + 2445H = 12445H。$$

所以，该指令的执行效果是把从物理地址为12445H开始的一个字的值传送给BX。

其执行过程如图2.5所示。

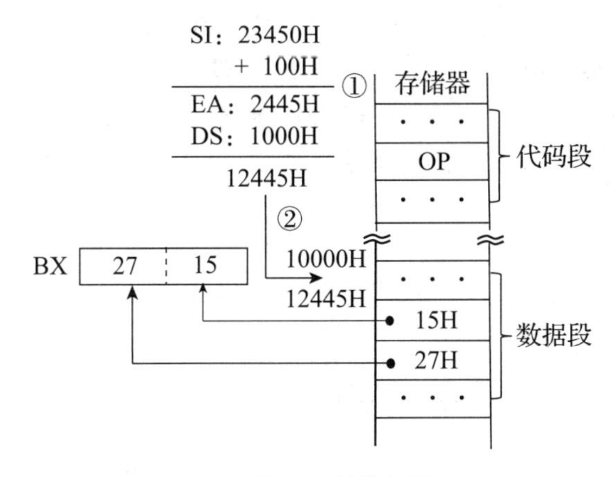

图2.5　例2.5的执行情况

例2.6 设arr是一个整型数组变量，其中存放了10个字型带符号整数，用C语言写出相应的变量定义，编写程序段显示该数组中各元素的值；并说明如果使用汇编语言的寄存器相对寻址方式［arr＋BX］分别去取各元素，BX应如何变化。

［解］　C语言的变量定义为

```
int arr[10];
```

程序段写作：

```
for(i=0;i<10;i++);
printf("%d\n",arr[i]);
```

在汇编语言中，如果要用［arr＋BX］的形式分别访问各元素，则BX应分别取值为十进制的0、2、4、6、8、10、12、14、16、18，即每次加2，因为每个整数（字型带符号数）占2字节。

在C语言中，下标变量i从0到9逐个递增，而汇编语言中的BX每次加2，请仔细观察两者的对应关系，体会使用上的差别。

2.3.4 基址变址寻址

操作数的有效地址是一个基址寄存器和一个变址寄存器的内容之和。两个寄存器均由指令指定。如果寄存器为 BX，段寄存器使用 DS；如基址寄存器为 BP，段寄存器则用 SS。

因此，其物理地址为：

物理地址 = 16d ×（DS）+（BX）+（SI）或（DI）

或

物理地址 = 16d ×（SS）+（BP）+（SI）或（DI）

例 2.7 假设指令：MOV BX,［BX + SI］，在执行时，（DS）= 1000H，（BX）= 2100H，（SI）= 0011H，内存单元 12111H 的内容为 1234H。问该指令执行后，BX 的值是什么？

［解］ 根据基址加变址寻址方式的规则，在执行本例指令时，源操作数的有效地址 EA 为：

$$EA = (BX) + (SI) = 2100H + 0011H = 2111H$$

该操作数的物理地址应由 DS 和 EA 的值形成，即：

$$PA = (DS) * 16 + EA = 1000H * 16 + 2111H = 12111H$$

所以，该指令的执行效果是把从物理地址为 12111H 开始的一个字的值传送给 BX。

其执行过程如图 2.6 所示。

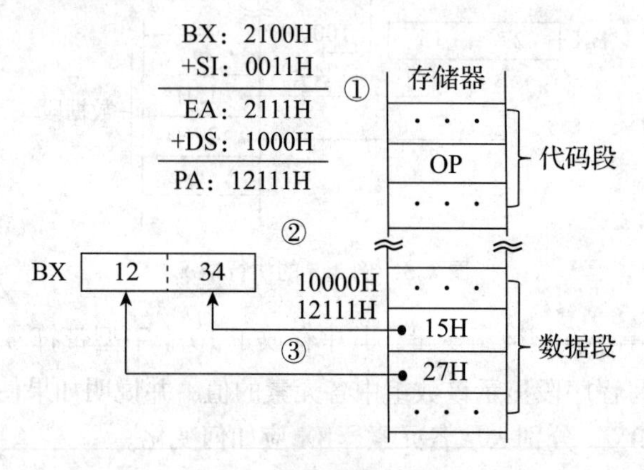

图 2.6 例 2.7 执行情况

如果加法运算的最高位向前有进位则被忽略。书写形式是用加号把两个寄存器连接起来，并加上方括号。

下面的 4 个例子中的源操作数就是这 4 种组合的书写形式。

```
MOV   AL,[BX+SI]
MOV   AL,[BX+DI]
MOV   AL,[BP+SI]
MOV   AL,[BP+DI]
```

如果需要，基址变址寻址方式也可以使用段跨越。

汇编语言的语法还允许把基址变址方式中的两个寄存器分别写在两个方括号中，连在一起不用加号“+”。下面的写法与前面的 4 个例子在效果上完全对应相同。

```
MOV   AL,[BX][SI]
MOV   AL,[BX][DI]
MOV   AL,[BP][SI]
MOV   AL,[BP][DI]
```

基址加变址寻址方式的主要用途是寻址内存数组中的元素。

2.3.5　相对基址变址寻址

操作数的有效地址是一个基址寄存器和一个变址寄存器的内容和 8 位或 16 位位移量之和。同样，当基址寄存器为 BX 时，使用 DS 为段寄存器；而当基址寄存器为 BP 时，则使用 SS 为段寄存器。因此物理地址为：

物理地址 = 16d × (DS) + (BX) + (SI) + 8 位位移量或 16 位位移量

物理地址 = 16d × (DS) + (BX) + (DI) + 8 位位移量或 16 位位移量

物理地址 = 16d × (SS) + (BP) + (SI) + 8 位位移量或 16 位位移量

物理地址 = 16d × (SS) + (BP) + (DI) + 8 位位移量或 16 位位移量

例 2.8 例：假设指令：MOV AX，[BX + SI + 200H]，在执行时，(DS) = 1000H，(BX) = 2100H，(SI) = 0010H，内存单元 12310H 的内容为 1234H。问该指令执行后，AX 的值是什么？

［解］　根据相对基址加变址寻址方式的规则，在执行本例指令时，源操作数的有效地址 EA 为：

$$EA = (BX) + (SI) + 200H = 2100H + 0010H + 200H = 2310H$$

该操作数的物理地址应由 DS 和 EA 的值形成，即：

$$PA = (DS) * 16 + EA = 1000H * 16 + 2310H = 12310H$$

所以，该指令的执行效果是把从物理地址为 12310H 开始的一个字的值传送给 AX。其执行过程如图 2.7 所示。

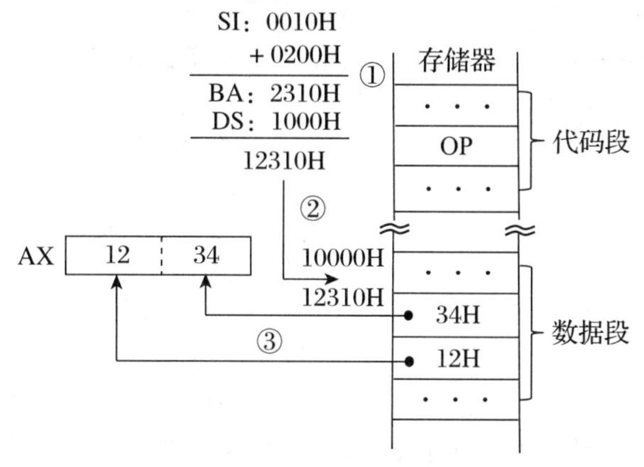

图 2.7　例 2.8 的执行情况

段地址部分可以用段跨越方式明确指出段寄存器的名字。没有段跨越符号时，缺省段寄存器分两种情况：一是寻址方式中出现变量时，以变量对应的缺省段寄存器为准；另一种情况是寻址方式中没有变量而是直接写数值，这时以基址寄存器对应的缺省段寄存器为准。下面的几个例子中，假设 VAR 是已定义的变量，对应的缺省段寄存器是 DS，指令后面的注释对操作数逻辑地址中的段地址做了简单说明。

```
MOV   AL,[VAR + BX + SI]        ;段寄存器是 VAR 对应的缺省段寄存器 DS
MOV   AL,[VAR + BP + DI]        ;段寄存器是 VAR 对应的缺省段寄存器 DS
MOV   AL,[BX + SI + 30]         ;段寄存器是 BX 对应的缺省段寄存器 DS
MOV   AL,[BP + SI - 30]         ;段寄存器是 BP 对应的缺省段寄存器 SS
MOV   AL,ES:[BP + SI - 30]      ;以段跨越方式明确指明段寄存器是 ES
```

与基址变址类似，相对基址变址在书写时也可以用两个方括号把基址寄存器和变址寄存器括起来，并且不写加号“+”。下面是相对基址变址寻址方式在书写上的几种变形。

```
MOV   AL,VAR[BX][SI]
MOV   AL,VAR[BP + DI]
MOV   AL,[BX][SI + 30]
MOV   AL,-30[BP][SI]
```

相对基址变址最典型的应用是对二维数组元素的访问，它具有类似双下标的书写形式，但与高级语言的双下标又有很大的区别。在 C 语言中，若定义了一个二维数组变量 VAR 存放 m 行 n 列的矩阵，可以直接用行列坐标的形式 VAR [i] [j] 表示第 i 行第 j 列的元素（以左上角为第 0 行第 0 列）。若要逐个取某一行元素，可以固定 i 的值不变，让 j 依次取值 0、1、…、n-1；若要逐个取某一列元素，可以固定 j 的值不变，让 i 依次取值 0、1、…、m-1。这种方式简洁明了，充分体现了高级语言的优势。在汇编语言中，VAR [BX] [SI] 的含义完全不同，它代表了 [VAR + BX + SI]，这里 BX 和 SI 的值不代表矩阵的行与列。如果想用 VAR [BX] [SI] 表示出第 i 行第 j 列元素的偏移地址，则需要让 BX 和 SI 分别取如下值：

$$BX = i \times n \times k$$
$$SI = j \times k$$

其中 n 是矩阵的列数，k 是每个矩阵元素占据的内存字节数，在编写程序时，n 和 k 都是常量。若要逐个取某一行元素，可以固定 BX 的值不变，让 SI 先取初值 0，然后每次加 k；若要逐个取某一列元素，可以固定 SI 的值不变，让 BX 先取初值 0，然后每次加 $n \times k$。实际上，汇编语言要求编程人员自己根据数据在内存中的存放情况考虑基址寄存器和变址寄存器的变化。

2.4 外设型寻址方式

给操作对象逐个编号是计算机的基本处理方法。在 8088 系统中把内存的每个字节进行编号，形成内存的物理地址，类似地也把控制各种外部设备的接口中的各部件编排号码，每个号码对应的一个外设部件称为一个外设端口，号码本身就是外设地址，又称外设端口号。外设是多种多样的，各自的接口也不同，但接口中的各个部件却有一个共同特点，就是能够以 1 个字节为基本单位存放来自系统总线的数据，或者向系统总线提供数据。从这一特点上看，接口中的每个基本部件与内存的一个字节在操作方式上并没有什么差别。于是有些计算机在设计上把内存与外设端口综合在一起，统一地编排一套地址，以地址本身来区分操作对象是内存还是外设，这种地址编排方式称为统一编址或混合编址。

8088 采取的是另一种地址编排方式，把外设端口与内存分开来，各编各的地址，这种编址方法称为独立编址。前面已经介绍了 8088 内存地址的有效范围是 1 MB，而它的外设地址有效范围是 64KB。那么，如果写出一个地址，比如 300H，如何判断操作对象是内存还是外设呢？这个问题从地址本身来看是无法解决的，8088 系统以指令来区分操作对象的种类。用于内存操作的指令很多，MOV 指令就是其中一个，但用于外设操作的指令就只有 IN 和 OUT 两条。输入输出指令的具体用法在后续章节中加以说明，这里只是用它们作例子解释外设寻址方式。

外设寻址方式比较简单。一种是把外设地址直接写在指令中，类似于对内存的直接寻址方式，但是不加方括号，比如：

```
IN   AL,61H      ;第 2 个操作数表示 61H 号外设端口
OUT  43H,AL      ;第 1 个操作数表示 43H 号外设端口
```

这种寻址方式要求外设地址不超过 255。另一种方式是把外设地址放在寄存器 DX 中，类似于内存型的寄存器间接寻址方式，但是也不加方括号，比如：

```
IN   AL,DX
OUT  DX,AL
```

当外设地址大于 255 时，必须放在寄存器 DX 中；当外设地址小于或等于 255 时，两种寻址方式都有效。外设地址只有 16 位，不分逻辑地址和物理地址，也不需要经过地址加法器的运算。

数据是计算机操作的对象，程序设计总是离不开数据的，而数据又离不开它的存放地点。从数据的存放地点上看，有在指令中、在寄存器中、在内存和在外设 4 种情况，每种情况下又有各自的书写方法，或者有更细的分类。掌握、了解寻址方式的写法及其含义是编写程序中一件必不可少的准备工作。

习　题

2.1　什么是寻址方式，8086/8088 微处理器有几种寻址方式，各类寻址方式的基本特征是什么？

2.2　访问内存单元的寻址方式有几种？它们具体是哪些？

2.3　指出下列各种操作数的寻址方式。

(1) [BX]　　(2) SI

(3) 435H　　(4) [BP + DI + 123]

(5) [23]　　(6) data　（data 是一个内存变量名）

(7) [DI + 32]　　(8) [BX + SI]

(9) [EAX + 90]　　(10) [BP + 4]

2.4 哪些寄存器的值可用于表示内存单元的偏移量?

2.5 判断下列操作数的寻址方式的正确性，对正确的，指出其寻址方式，对错误的，说明其错误原因。

(1) [AX]　　(2) [EAX]
(3) BP　　(4) [SI+DI]
(5) DS　　(6) BH
(7) [BX+BP+32]　　(8) [BL+44]
(9) [CX+90]　　(10) EDX
(11) BX+90H　　(12) [DX]
(13) SI [100h]　　(14) [BX*4]
(15) [EAX+EBX*6]　　(16) [DX+90H]

2.6 已知寄存器 EBX、DI 和 BP 的值分别为 12345H、0FFF0H 和 42H，试分别计算出下列各操作数的有效地址。

(1) [BX]　　(2) [DI+123H]
(3) [BP+DI]　　(4) [BX+DI+200H]
(5) [1234H]　　(6) [EBX*2+345H]

2.7 指出下列各寻址方式所使用的段寄存器。

(1) [SI+34h]　　(2) [456H]
(3) ES: [BP+DI]　　(4) [BX+DI+200H]
(5) [BP+1234H]　　(6) FS: [EBX*2+345H]

第 3 章 基本指令

如果把寻址方式比作英语学习中的词组，那么基本指令就是简单的句型。从指令所带的操作数的数量上进行分类，8088 指令系统可划分为单操作数类、双操作数类和无操作数类，以及一种特殊的由指令本身确定操作对象的隐含操作数类。另外，也可以把指令按各自的功能分类，有数据传递类、算术运算类、逻辑运算类、跳转类、移位类等。本书并不按指令的分类情况逐一介绍，而是由简到繁，由常用的到不常用的，并与应用实例穿插在一起说明指令的功能和用法。

3.1 MOV 指令

格式： MOV 目的操作数，源操作数

其中： MOV 为操作码；目的操作数，可以是寄存器、存储器、累加器；源操作数，可以是寄存器、存储器、累加器和立即数。

功能： 将一个源操作数（字或字节）送到目的操作数中。

说明： 本指令不影响状态标志位。

其中：

（1）目的操作数是数据送往的地点，不允许为立即寻址方式。

（2）如果目的操作数使用通用寄存器的寄存器寻址方式，则源操作数可以是立即数、寄存器寻址或内存型寻址方式中的任何一种。

（3）当目的操作数是段寄存器时，源操作数只能是通用寄存器或内存型寻址方式，不能是立即数，也不能是另一个段寄存器。

（4）不允许两个操作数都是内存型寻址方式。

（5）如果两个操作数都有确定的类型，则两者的类型必须相同，即或者都是 8 位的字节型，或者都是 16 位的字型。

（6）如果两个操作数中只有一个可以确定类型，则另一操作数的类型按可确定类型的操作数同型处理；当一个操作数是寄存器，另一操作数是变量，且两者类型不同时，变量可以临时改变类型，保证与寄存器类型一致。

（7）如果目的操作数是寄存器间接寻址或者基址变址寻址方式，源操作数是不超过 255 的立即数，这时从任何一个操作数都不能确定类型，需要在目的操作数的前面用伪指令 BYTE PTR 或者 WORD PTR 指明是字节型操作还是字型操作。

（8）指令中的内存型操作数可以使用段跨越。

(9) MOV 指令不影响标志寄存器的值。

具体地说，MOV 指令可以实现下列传送功能。

1. 完成寄存器与寄存器之间的数据传送

例 3.1

```
MOV   AL,CL
MOV   CL,AL
MOV   AX,CX
MOV   BX,ES
MOV   DS,BX
MOV   BP,DI
```

注意：代码段寄存器 CS 不能作为目的操作数；指令指针寄存器 IP 既不能作为源操作数，也不能作为目的操作数，源操作数和目的操作数不能同时是段寄存器。

2. 完成立即数到通用寄存器的数据传送

例 3.2

```
MOV   CL,255
MOV   DH,5
MOV   CX,256
MOV   DX,20A0H
MOV   SI,OFFSET   TABLE
MOV   CX,10H
```

注意：立即数只能作为源操作数使用，不能作为目的操作数参加传送；源操作数与目的操作数的类型应一致。例如，255 送 CL 是允许的，但 256 送 CL 就是错误的。

3. 完成寄存器与存储器之间的数据传送

例 3.3

```
MOV   AL,VARB ;VARB 是一个字节变量,为直接寻址
MOV   AX,[DI]
MOV   AVRB[BX + DI],DL
MOV   CX,DS:[BP]
```

4. 完成立即数到存储器的数据传送

例 3.4

```
MOV   VARB,125
MOV   WORD PTR   MENB,3200H
MOV   [SI],3200H
```

注意：立即数到存储器的数据传送，必须保证立即数与存储器变量类型一致。类型不相同，可以在指令中强制类型转换。否则，汇编程序在汇编时，将出现类型不一致的错误。

例3.5

下面的指令从汇编语言的语法上讲都是正确的，其中VAR是已定义的字节型变量。

```
MOV  AL,BL                ;字节型操作
MOV  AL,'3'               ;源操作数是字符形式的立即数,'3'即是33H
MOV  BX,[BX]              ;字型操作,OPRD2操作数按OPRD1定类型
MOV  DX,3                 ;字型操作,OPRD2操作数按OPRD1定类型
MOV  CL,[VAR+BP]          ;字节型操作
MOV  CX,[VAR+BP]          ;字型操作,临时改变VAR的类型,以[VAR+BP]及其
                           下一字节拼装成字型操作数
MOV  AX,WORDPTR[VAR]      ;字型操作,临时改变VAR的类型,以VAR的前两个
                           字节拼成一个字作为源操作数
MOV  DS,AX                ;字型操作
MOV  BYTEPTR[BX],3        ;用伪指令指明是字节型操作
MOV  WORDPTR[SI],3        ;用伪指令指明是字型操作
MOV  [VAR],3              ;字节型操作,变量VAR被定义为字节型
MOV  DS,[BX][DI]          ;字型操作,从内存中取一个字给段寄存器DS
```

下面的指令是不符合语法规则的，注释中给出了相应的说明。

```
MOV  AL,BX                ;违反规则(5),操作数类型不同
MOV  [BX],[VAR]           ;违反规则(4),两个操作数都是内存型
MOV  3,AL                 ;违反规则(1),目的操作数用了立即数
MOV  AX,[DX]              ;DX不能用作间接寻址的寄存器,见3.1、3.2节
MOV  AX,[BL]              ;BL虽然是BX的一部分,也不能用作间接寻址的寄存器
MOV  DS,CS                ;违反规则(3)
MOV  CS,DX                ;不能用MOV指令修改CS的值
MOV  AX,IP                ;指令指针m不允许作为操作数
MOV  BX,WORDPTR AL        ;AL是字节型,不能用伪指令改变其类型
```

3.2 ADD指令

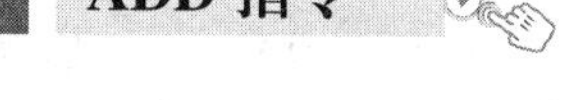

格式： ADD　目的操作数，源操作数

功能： 源操作数+目的操作数→目的操作数

其中：

作为双操作数指令，ADD指令在语法规定上大部分与MOV指令是一样的，但也有它特别的地方，具体表现如下。

（1）同MOV指令中的规则（1）、（2）、（4）~（8）。

（2）两个操作数都不允许是段寄存器。

（3）ADD指令本身并不区分相加的两个数是无符号数还是带符号数，因为相加的结果在二进制形式下是一样的。

（4）该指令根据运算结果设置标志寄存器中的各条件标志位。CF根据最高有效位是否有进（借）位设置：有进（借）位时，CF=1；无进（借）位时，CF=0。OF根据操作数

的符号及其变化来设置：若两个操作数的符号相同，而结果的符号与之相反时，则 OF =1，否则为 0。ZF 根据结果来设置：不等于 0 时，ZF =0；等于 0 时，ZF =1。SF 根据结果的最高位来设置：最高位为 0，则 SF =0。AF 根据相加时 D3 是否向 D4 进（借）位来设置：有进（借）位时，AF =1；无进（借）位时，AF =0。PF 根据结果的 1 的个数是否为奇数来设置：1 的个数为奇数时，PF =0；为偶数时，PF =1。

例 3.6

```
ADD   AX,255
ADD   BX,0C0FH
ADD   DX,VAR[BX]
ADD   SI,CX
ADD   [BP],AX
ADD   BYTE  PTR[SI],128
```

在汇编语言中，寄存器或内存中存放的数据相当于高级语言的变量，涉及这类数据的计算不能像高级语言那样只写一个简明的表达式，也没有任何内部函数可供使用，而必须用各种运算指令一步步写出计算的过程，这是汇编语言程序篇幅较长的一个原因。

例 3.7 设 AX：3AF7H，试确定指令 ADD AL，AH 执行后 AX 的值。

［解］　根据 ADD 指令的功能，把 AL 中的 0F7H 与 AH 中的 3AH 相加：0F7H +3AH =31H，有进位。指令执行后，AX =3A31H。

ADD 指令把两个字节型（或字型）数据相加，如果最高位向外有进位，在计算加法的结果时会被忽略，但进位情况会在标志位上反映出来。另一方面，AH 作为源操作数，其值没有改变，所以指令执行后 AX 的值是 3A31H。

例 3.7 中还有几个问题需要明确。首先是加法运算的两个操作数分别来自寄存器 AX 的高 8 位部分 AH 和低 8 位部分 AL，由于指令中要求把相加的结果送回目的操作数 AL，所以 AX 的低 8 位部分被修改成加法运算的结果 31H。尽管运算中有向外的进位，但这个进位只通过标志寄存器反映出来，并不加到 AX 的高 8 位 AH 上，作为源操作数，AH 的值并不会改变。其次，从 AX 的原值以及加法指令本身都无法确定操作数是无符号数还是带符号数。如果当作无符号数，则相当于 247 +58，结果应该是 305，但实际结果是 49。这是因为 305 已经超出了字节型无符号数的表示范围，这正是运算结果向外有进位的含义。如果把两个加数当作带符号数，则相当于（9）+(+58) =(+49)。不论操作数带符号与否，在 8 位二进制数的范围之内，两者运算结果是一样的。

3.3 ADC 指令

格式： ADC　目的操作数，源操作数

功能： 源操作数 + 目的操作数 + CF→目的操作数。

这条指令与 ADD 指令相比，仅仅是参与加法运算的加数多了 CF，如果执行该指令时 CF 的值是 0，就与“ADD OPRD1，OPRD2”在效果上完全相同。ADC 指令与 ADD 指令在对操作数的寻址方式要求上，以及运算结果对标志位的设置方法上都是一样的。该指令主要

用于多字节整数相加。

例 3.8

```
ADC   AL,DL
ADC   AX,DI
ADC   BX,VARB
ADC   DL,125
```

本指令同样适用于无符号数及带符号数的8位或16位运算。

3.4 INC 指令

格式： INC　目的操作数

功能： 把目的操作数加1后的结果送回目的操作数中。

其中：

（1）这是一条单操作数指令，要求目的操作数必须是寄存器或内存型寻址方式，并且不能是段寄存器。如果是内存型寻址方式，必须能够确定目的操作数的类型。目的操作数本身不能确定类型时，必须在目的操作数的前面加上伪操作“BYTE PTR”或“WORD PTR”来指明类型。

（2）该指令对条件标志位的影响是：SF 和 ZF 根据实际情况设置，对 CF 没有影响，对于 OF，当执行前操作数是字节型的7FH，或是字型的7FFFH时，执行后把 OF 置1，其余情况都把 OF 置0。

INC 指令可以用来把操作数的值加1，它与“ADD　目的操作数，1”的差别主要在于对标志位 CF 的影响。

例 3.9

```
INC   AL
INC   WORD PTR[SI]
INC   BYTE   PTR[BP+DI]
INC   SI
INC   DI
```

该指令常用在循环程序中，对地址和循环计数值进行修改。

3.5 SUB 指令

格式： SUB　目的操作数，源操作数

功能： 目的操作数-源操作数→目的操作数

其中：

（1）目的操作数可以是任意一个通用寄存器，也可以是任意一个存储器操作数。

(2) 源操作数可以是立即数，也可以是任意一个通用寄存器或存储器操作数，其中立即数只能用于源操作数。

(3) 两个操作数均为寄存器是允许的，一个为寄存器而另一个为存储器也是允许的，但不允许两个都是存储器操作数。操作数可为 8 位或 16 位的无符号数或带符号数。

(4) 如果出现两数相减而不够减时，会自动向前借位，借位情况将反映到 CF 标志位上。如果运算本身将超出范围，则结果会有所偏差。这并不是计算的错误，而是受运算位数的限制。

例 3.10 设 AX = 3AF7H，试确定指令 SUB AH，AL 执行后 AX 的值。

[解] 根据 SUB 指令的功能，有

3AH - 0F7H = 43H

运算中有借位，因此 AX 的值是 43F7H。

如果把操作数当作无符号数，则相当于 58 - 247，而结果是 67。这个结果显然与正确值是有偏差的，产生这一现象的原因是作为无符号数 58 减 247 本就不够减，这一现象会在标志位上有所反映。如果把操作数当作带符号数，则相当于 (+58) - (-9) = (+67)。

3.6 SBB 指令

格式：SBB 目的操作数，源操作数

功能：目的操作数 - 源操作数 - CF→目的操作数。

除了多减一个 CF 的值之外，SBB 指令与 SUB 指令在对操作数的寻址方式要求上，以及对标志位的影响上是一样的。这条指令主要用于多字节型整数的减法。

例 3.11 若 AX = 1020H，BX = 1200H，CF = 1，则

SBB AX，BX 的执行后 AX 的结果为：

1020 - 1200 - 1 = FE1F

3.7 DEC 指令

格式：DEC 目的操作数

功能：把目的操作数的值减 1 后，再把结果送回目的操作数中。

对目的操作数寻址方式的要求与 INC 相同。DEC 指令不影响 CF，SF 和 ZF 根据实际情况设置，对于 OF，当执行前操作数是字节型的 80H 或字型的 8000H 时，执行结果 OF 置 1，其余情况下 OF 置 0。

3.8 NEG 指令

格式：NEG 目的操作数

功能：0 -目的操作数→目的操作数。

其中：

（1）本指令用来对目的操作数进行取补操作，取补操作也叫求补操作，就是求一个数的补码。

（2）对操作数寻址方式的要求与 INC 指令的要求相同。

（3）对标志位的影响：SF 和 ZF 按实际情况设置：若执行前目的操作数 =0，则执行后 CF 置0，否则 CF 置1；若执行前目的操作数是字节型的 80H 或字型的 8000H，则执行后 OF 置1，其余情况都将使 OF 置0。

例 3.12　(AL) =0FFH，执行 NEG　AL 后，(AL) =01H

3.9　MUL 指令

格式：MUL　乘数

功能：乘法运算必须有两个乘数，MUL 指令规定其中一个乘数一定放在 AL 或 AX 中，积的存放位置也是由指令本身确定的。这种由指令本身限定必须使用的操作数称为隐含操作数。乘法的另一乘数需要在指令中用操作数的形式指明。

如果乘数是字节型，则 AL 的值与乘数相乘，16 位的积放到 AX 中；如果乘数是字型，则把 AX 的值与乘数相乘，32 位的积放到 DX 和 AX 中，DX 放积的高 16 位，AX 放积的低 16 位。

字节相乘：(AX)←(AL) ×乘数；字相乘：(DX)(AX)←(AX) ×乘数

其中：

(I）MUL 指令只能完成无符号数乘法运算，如果是带符号数则需要用另外的指令；

（2）两个乘数的位数必须相同，如位数不同则需要转换，或做适当处理，运算结果的位数是乘数位数的两倍；

（3）指令中的操作数 OPRD 不允许是立即数，只能用寄存器或内存型寻址方式，但不能是段寄存器，内存型操作数可以使用段跨越；

（4）操作数 OPRD 必须有确定的类型，当使用内存型寻址方式且不能确定类型时，必须用 BYTEPTR 或 WORDPTR 伪指令加以说明。

例 3.13　设变量 VAR 是字节型，试判断下列乘法指令在语法上是否正确。

```
(1)MUL   AL
(2)MUL   AX
(3)MUL   [but]
(4)MUL   CS:[VAR + BX]
(5)MUL   WORDPTR[but]
(6)MUL   BYTEPTR[BP + DI]
(7)MUL   DS
(8)MUL   1024H
(9)MUL   [BX]
(10)MUL  AX,BX
```

[解] 根据有关语法规则可作出如下判断。

(1) 正确。把 AL×AL 的 16 位结果送到 AX 中。

(2) 正确。把 AX×AX 的 32 位结果送到 DX（高位）和 AX（低位）中。

(3) 正确。乘数是字节型的 [VAR]，使用缺省段寄存器，计算 AL× [VAR]。

(4) 正确。乘数是字节型，采用段跨越方式。

(5) 正确。临时改变变量 VAR 的类型，以 [VAR+1] 作为高 8 位，[VAR] 作为低 8 位，构成 16 位的乘数，使用 VAR 对应的缺省段寄存器。

(6) 正确。用伪指令指明乘数是字节型，段地址取自基址寄存器 BP 对应的缺省段寄存器 SS。

(7) 错误。违背规则（3），试图使用段寄存器 DS 作乘数。

(8) 错误。违背规则（3），乘数试图使用立即寻址方式。

(9) 错误。违背规则（4），乘数 [BX] 无法确定是字节型还是字型。

(10) 错误。不符合指令格式，MUL 指令只能带单操作数。

乘法指令 MUL 在指令格式和语法规则上都与日常生活中的写法和习惯不同，也与一般的双操作数指令有很大的差别，例 3.13 中的（7）~（10）是使用 MUL 指令时典型的语法错误，在编写程序时需要特别注意。需要特别说明的是，本书只介绍 8088 汇编语言，在其他型号的 CPU 中，乘法指令可能在格式和功能上都有很大的不同。

例 3.14 设 x 和 y 是字型变量，a 和 b 是字节型变量，试编写指令序列，完成下列表达式的计算，并把结果送到变量 y 中。

$$(a-30)\times(b+1)+x$$

[解]

```
MOV   AL, [a]      ; 取出变量 a 的值送到 AL 中
SUB   AL, 30       ; 计算 a-30，结果在 AL 中
MOV   BL, [b]      ; 取出变量 b 的值送到 BL 中
ADD   BL, 1        ; 计算 b+1，结果在 BL 中
MUL   BL           ; 计算 AL×BL，结果在 AX 中，16 位
ADD   AX, [x]      ; 用前面计算得到的 16 位的积加上变量 x 的值
MOV   [y], AX      ; 结果送到变量 y 中
```

3.10 IMUL 指令

格式： IMUL 乘数

功能： 完成两个带符号数的相乘。

字节相乘：(AX)←(AL)×乘数；字相乘：(DX)(AX)←(AX)×乘数

其中：

本指令影响标志位 CF、OF。如果高一半为 0，即字节操作的（AH）或字操作的（DX）为 0，则 CF 和 OF 均为 0；否则即字节操作时的（AH）或字操作的（DX）为 0，则 CF 位和 OF 位均为 1。

例 3.15 （AL）=0B1H，（BL）=10H

IMUL BL

则指令执行后（AX）=0FB10H，CF=1，OF=1。

3.11 DIV 指令

格式：DIV　除数

功能：如果除数是字节型，则用 AX 的值作为被除数，指令中的操作数作为除数，除法运算结果包括商和余数两部分，字节型的商放到 AL 中，字节型的余数放到 AH 中；如果除数是字型，则用 DX 的值作为高 16 位，AX 的值作为低 16 位，组成 32 位的被除数，操作数作为除数，计算结果，字型的商放到 AX 中，字型的余数放到 DX 中。

与乘法指令类似，DIV 指令也限定了隐含的操作数，包括被除数和结果的存放位置。特别的是，除法运算的结果包括商和余数两部分。

字节除法：(AL)←(AX) ÷ 除数；(AH)←(AX) MOD 除数

字除法：(AX)←(DX)(AX) ÷ 乘数；(DX)←(DX)(AX) MOD 除数

其中：

(1) DIV 指令只能完成无符号数除法运算，带符号数的除法需要另外的指令；

(2) 被除数必须是字型或双字型，如果是其他类型则需要采取适当的方式进行处理，商和除数的类型相同，位数是被除数位数的一半；

(3) 同 MUL 指令注意事项（3）、(4)。

在除法运算中，除数、商和余数的位数相等，而被除数的位数是它们的两倍，商就有可能超过限定的位数。下面的例 3.16 的最后一个小题就存在这样的问题。

例 3.16 设 AX=6C8FH，DX=30C7H，BX=0E21FH，说明下列除法指令的执行结果。

(1)DIV　BH
(2)DIV　BX
(3)DIV　BL

[**解**]

(1) 指令完成 AX ÷ BH 的操作，运算结果，商 7AH 放在 AL 中，余数 0DBH 在 AH 中。

(2) 指令完成（DX，AX）÷ BX 的操作，运算结果，商 3739H 放在 AX 中，余数 6AA8H 放在 DX 中。

(3) 指令完成 6C8FH ÷ 1FH 的操作，商是 380H，余数是 0FH，应该分别放在 AL 和 AH 中，但显然商放不下，所以该指令将导致操作异常。

验证例 3.16 中的问题当然需要借助计算机的帮助，最好是用高级语言编程验证。不过计算本身对于 8088MPU 当然不是问题，倒是出现例中第（3）小题的情况时，计算机将如何处理呢？这种商不够放的现象称为“除法溢出”，与除数为 0 时的处理方法是一样的，在屏幕上显示“Divide Overflow”字样，并结束该指令所在程序的执行，返回操作系统。

3.12 IDIV 指令

格式：IDIV　除数

功能：带符号数的除法指令。当除数是字节型时，用 AX ÷ 除数，商放在 AL 中，余数放在 AH 中；当除数是字型时，用 DX 和 AX 组成的双字作被除数，商放在 AX 中，余数放在 DX 中。如果商超出数据的有效范围，将作为除法溢出处理，在屏幕上显示“Divide Overflow”字样，并结束程序的执行。

带符号数的除法还涉及余数的符号问题。比如，除法(+5) ÷ (-3)可以有两种计算结果：一种是商为 -1，余数为 +2；另一种是商为 -2，余数为 -1。尽管这两种结果都有其正确的含义，但在计算机中却不能允许两种结果并存。8088 及高档次的 Intel 系列 CPU 在设计上对这一问题做了规定：余数与被除数的符号相同。因此，前一种结果是正确的。

无符号数的乘除法与带符号数的乘除法需要分别用不同的指令实现。MUI 和 DIV 指令专门用于无符号数的乘除法，IMUT 和 IDlV 指令则专门用于带符号数的乘除法。这与加减法指令可同时用于无符号数和带符号数运算是不同的。

无论是无符号数的乘除法，还是带符号数的乘除法，各指令都对条件标志位有影响，但影响的结果对编制程序并没有实际的使用价值，故可忽略此问题。

3.13 CBW 指令

格式：CBW

功能：对 AL 中的带符号数进行符号扩展，当 AL <0 时，AH 被赋值为 0FFH，否则，AH 被置为 0。该指令不影响所有标志位。

CBW 指令用来把一个 8 位的带符号数转换成与其等值的 16 位带符号数。这是一条隐含操作数指令，要求原数据放在 AL 中，而转换结果放在 AX 中，并且 AX 中的低 8 位部分（即 AL）不变。

CBW 指令一般与 IDIV 指令配合使用。当程序中需要用一个字节型带符号数去除以另一个字节型带符号数时，按 IDIV 指令的要求，必须把字型的被除数放在 AX 中。为此，就需要用 CBW 指令把放在 AL 中的字节型被除数进行符号扩展，变成字型，然后才能用 IDIV 指令进行除法操作。

3.14 CWD 指令

格式：CWD

功能：对 AX 中的带符号数进行符号扩展，当 AX <0 时，DX 被赋值为 0FFFFH，否则，DX 被置为 0。该指令不影响所有标志位。

CWD 指令用于把字型带符号数转换成双字型带符号数，结果放在 DX 和 AX 中。类似地，也可以用一段程序实现该指令的功能。CWD 指令一般与 IDIV 指令配合用于被除数与除数都是字型带符号数的除法。

3.15 XCHG 指令

格式： XCHG　目的操作数，源操作数

功能： 把目的操作数与源操作数的值交换。该指令不影响所有标志位。

其中：

交换指令 XCHG 要求两个操作数中不能有立即寻址方式，不能有段寄存器，也不允许两个操作数都是内存型寻址方式。

如果没有 XCHG 指令，交换两个寄存器的内容需要 3 ~ 4 条指令。比如，“XCHGAX，BX”就是下面 3 条指令构成的程序段的简化：

```
MOV    CX,AX
MOV    AX,BX
MOV    BX,CX
```

如果要交换两个字节型变量 x 和 y 中的内容，应用交换指令可以写成：

```
MOV    AL,[x]
XCHG   AL,[y]
MOV    [x],AL
```

注意，这时不能简单地写成“XCHG [x]，[y]”，因为 XCHG 指令不允许两个操作数都是内存型寻址方式。

3.16 XLAT 指令

格式： XLAT

功能： 这是一条隐含操作数指令，把字型寄存器 BX 的值与字节型的 AL 相加，结果作为偏移地址，以 DS 为段，到内存中取出一字节送到 AL 中。该指令不影响所有标志位。

XLAT 指令的功能概括地说就是“查表转换”。在内存中预先存放一张表，每个表项由一个字节构成，最多不超过 256 字节。把表的起始偏移地址放在 BX 中，要想取出表的第 n 项，可以先把 n 放到 AL 中，然后用 XLAT 指令取出指定表项放在 AL 中。

查表转换指令中通常是以 DS 为逻辑地址的段地址部分，但也允许使用段跨越。比如需要以 ES 为段地址，则相应的 XLAT 指令写作：

XLAT　ES：[BX]

3.17 AND 指令

格式： AND　目的操作数，源操作数

功能：按二进制形式把两个操作数的对应位进行逻辑与运算，结果放到目的操作数中。

其中：

对目的操作数和源操作数的寻址方式的要求与 ADD 指令的要求完全相同。运算结果将影响到标志寄存器的各个条件标志位，具体设置情况是：CF 和 OF 总是被清 0；运算结果的最高位复制到 SF 中；若运算结果各位都是 0 则 ZF 置 1，否则 ZF 清 0。

这是一条逻辑运算指令，但与高级语言中逻辑型数据的“与”运算不同。目的操作数和源操作数中并不是只放一个逻辑值，而是当作 8 个或 16 个逻辑值的组合，操作数相同位上对应的两个逻辑值相与，结果还放在这一位。任何一位的与运算对其他位不产生影响。

AND 指令主要用于把目的操作数的指定位清 0，具体做法是：以需要清位的数据作为目的操作数，源操作数一般以二进制形式写出，在目的操作数需要清 0 的对应位上写 0，不清 0 而保留原值的对应位上写 1。比如，把 AL 寄存器保留高 4 位不变，低 4 位清 0，就可以用下面的指令实现：

AND AL，11110000B

3.18 OR 指令

格式：OR　目的操作数，源操作数

功能：按二进制形式把两个操作数的对应位进行逻辑或运算，结果放到操作数目的操作数中。

其中：

对目的操作数和源操作数的寻址方式的要求以及对标志位的影响与 AND 指令完全相同。

OR 指令主要用于把目的操作数的指定位置 1，具体做法是：以需要置位的数据作为目的操作数，源操作数一般以二进制形式写出，在目的操作数需要置 1 的对应位上写 1，不置 1 而保留原值的对应位上写 0。比如，把 AL 寄存器的最高位置 1，其他位不变，就可以用下面的指令实现：

OR AL，10000000B

3.19 NOT 指令

格式：NOT　目的操作数

功能：按二进制形式把目的操作数每位取反，结果放回目的操作数中。

其中：

对目的操作数的寻址方式的要求与 INC 等典型单操作数指令一样，可以是寄存器寻址或内存型寻址方式，不能是段寄存器。如果是内存型操作数必须有确定的类型，可以使用段跨越。

3.20 XOR 指令

格式：XOR　目的操作数，源操作数

功能：按二进制形式把两个操作数的对应位进行逻辑异或运算，结果放到目的操作数中。

其中：

对目的操作数和源操作数的寻址方式的要求以及对标志位的影响与 AND 指令完全相同。

XOR 指令主要用于对目的操作数的指定位取反，具体做法是：以某些位需要取反的数据作为目的操作数，源操作数一般以二进制形式写出，在目的操作数需要取反的对应位上写 1，需要保留原值的对应位上写 0。比如，如果 AL 寄存器中放了一个字母的 ASCII 值，下面的指令可以改变其大小写的情况：

XOR AL，00100000B

由于在 ASCII 表中，大小写字母仅仅是在二进制表示的 b_5 位（最低位是 b_0）不同，上面的指令刚好可以把这一位取反。因而如果 AL 中原先放的是大写字母，则 b_5 位为 0，经上述指令的处理，b_5 位取反后变成 1，刚好是相应的小写字母，反之亦然。

如果 XOR 指令中的两个操作数相同，则结果一定是 0，所以有时也用 XOR 指令把寄存器清 0，比如“XOR AX，AX”。与指令“MOV AX，0”相比，XOR 指令对应的机器代码稍短，执行速度也稍快。

在 C 语言中有 4 个位运算符“&”“|”“^”和“~”，它们分别是用 AND、OR、XOR 和 NOT 指令实现的。

3.21 TEST 指令

格式：TEST　目的操作数，源操作数

功能：按二进制形式把两个操作数的对应位进行逻辑与运算，按结果设置条件标志位，结果不送回目的操作数。

其中：

对目的操作数和源操作数的寻址方式的要求以及对标志位的影响与 AND 指令完全相同。

TEST 指令与 AND 指令仅仅在“结果是否送回目的操作数”这一点上不同。正因为 TEST 指令只在条件标志位反映结果情况而不保存结果的数值，它通常用于检测目的操作数的指定位上是 0 还是 1。TEST 指令在用法上与 CMP 指令有很多相似之处，都是先设置标志位，然后用条件跳转指令完成分支操作。TEST 指令总是与 JZ 或 JNZ 指令配合使用。

3.22 ASSUME 指令

8088 指令系统中有很多指令，绝大部分在汇编语言中都有相应的表示形式，提供给程序员比较灵活的手段完成数据处理操作。除此之外，汇编语言还设计有一些伪指令以简化程

序的编写，或者让程序员在编程时有更大的自由。

ASSUME伪指令占一行，用于指出后续程序中所使用的变量、标号等标识符在涉及逻辑地址的段地址部分时，用哪个段寄存器作为缺省段地址。

格式：ASSUME R_1：S_1，R_2：S_2，…

说明：

（1）格式中的R_i代表段寄存器名，必须是DS、ES、SS、CS其中之一，S_i是段地址，只能是一个段名或者"SEG变量名"的形式。

（2）R_i：S_i是一组对应关系，表示S_i段中的标识符都使用R_i作为缺省段寄存器。

（3）ASSUME可以一次指定多个对应关系，其间用逗号分隔。这种写法实际上是多个ASSUME的简写形式，等效写法是：

ASSUME R_1：S_1

ASSUME R_2：S_2

……

（4）在一个完整程序中，ASSUME伪指令在程序中最少出现一次，用于指明CS与哪一个段相对应。此时，CS对应的段必须是结束伪指令"END标号"中标号所在段，从而确定程序的第一条指令在哪个段的哪个位置，这个逻辑地址称作程序的入口地址。

（5）可以用ASSUME伪指令指定两个或两个以上的段寄存器作为同一个段中标识符的缺省段寄存器。当数据定义与指令写在同一个段中时，就会出现以CS、DS甚至ES一起作为一个段的缺省段寄存器的情况。此时，有关数据的操作（取值、存数等）优先以DS作为缺省段寄存器，跳转指令中的标号优先以CS作为缺省段寄存器。

（6）ASSUME可以在程序的不同行上出现多次，并且可以对一个段寄存器进行两次或两次以上的对应关系指定。当程序中用ASSUME指定了一个段寄存器是某个段的缺省段寄存器后，在程序的后续行中一直有效，除非再次使用ASSUME伪指令改变该段寄存器与段的对应关系。

例3.17 使用下面的程序用来说明ASSUME伪指令的用途。

```
OPRD1   SEGMENT
v1    DB        1
va    DB        'A'
OPRD1 ENDS
OPRD2 SEGMENT
vb    DB        'B'
v2    DB        2
OPRD2   ENDS
OPRD3   SEGMENT
      ASSUME    CS:d3,DS: OPRD1,ES:OPRD2       ;指定对应关系
m:    MOV       AX, OPRD1
      MOV      DS,AX                ;对DS赋值
      MOV        AX,OPRD2
      MOV        ES,AX                ;对ES赋值
      MOV        AL,[v1]              ;源操作数是DS:[v1]
```

```
        MOV       AH,[v2]              ;源操作数是 ES:[v2]
        ASSUME    DS:OPRD2,ES: OPRD1             ;改变对应关系
        MOV        BL,[v1]             ;源操作数是 ES:[v1]
        MOV       BH,[v2]              ;源操作数是 DS:[v2]
        ……
OPRD3     ENDS
        END       m
```

注意，ASSUME 伪指令并不对任何段寄存器赋值，CS 和 SS 两个段寄存器是由操作系统 DOS 在把执行程序调进内存时赋值，而 ES 和 DS 则需要在程序中由编程者自己处理，就如例 3.17 中用指令段 OPRD3 的前 4 条指令分别对 ASSUME 指定的对应段寄存器进行赋值。汇编程序对各寄存器是否取到正确的值并不做任何检查。在例 3.17 中，指令段的前 4 条指令把前一个 ASSUME 伪指令指定的对应关系进行了赋值，于是后续两条 MOV 指令可以按 OPRD1 段对应的 DS 为段寄存器，取到变量 v1 的值送给 AL，再以 OPRD2 段对应的 ES 为段寄存器，取到变量 v2 的值送给 AH。这里，指令“MOV AH，[v2]”中并没有段跨越前缀符号“ES:”，但是，汇编程序对该指令的翻译结果会自动加上这个段跨越。这正是 ASSUME 伪指令的效果。再看后一个 ASSUME 指令，它改变了段寄存器与段的对应关系，但指令段中没有对 DS 和 ES 重新赋值，于是在“MOV BL，[v1]”中，源操作数会以 ES 的当前值为段地址，但此时 ES 的值却是 OPRD2 段的段地址，这将造成取 v1 值时找到错误的段中。准确地说，编程者预期该指令取出 OPRD1 段中变量 v1 的值 1，但实际效果却是，根据 v1 所在的偏移地址 0，在 ES 段（此时是 OPRD2 段的段地址）中取出偏移地址为 0 的那个字节，结果取到字母“B”的 ASCII 值；下一行的 MOV 指令也有同样的问题，结果将取出 DS 段（此时是 OPRD1 段的段地址）中偏移地址为 1 处的那个字节的字母“A”的 ASCII 值。这显然是一种逻辑错误，检查程序时很难发现。为了避免出现这类问题，比较好的做法是在 ASSUME 伪指令之后，马上就对其指定的对应关系中涉及的段寄存器进行赋值。

习 题

3.1 试根据以下要求写出相应的汇编语言指令。

（1）把 BX 寄存器和 DX 寄存器的内容相加，结果存入 DX 寄存器中。

（2）用寄存器 BX 和 SI 的基址变址寻址方式把存储器中的一个字节与 AL 寄存器的内容相加，并把结果送到 AL 寄存器中。

（3）用寄存器 BX 和位移量 0B2H 的寄存器相对寻址方式把存储器中的一个字和（CX）相加，并把结果送回存储器中。

（4）将 0B5H 与（AL）相加，并把结果送回 AL 中。

3.2 现有 DS = 2000H，BX = 0100H，SI = 0002H，(20100) = 12H，(20101) = 34H，(20102) = 56H，(20103) = 78H，(21200) = 2AH，(20201) = 4CH，(21202) = B7H，(21203) = 65H，试说明下列各条指令执行完后 AX 寄存器的内容。

（1）MOV AX，1200H

（2）MOV AX，BX

(3) MOV　AX, [1200H]

(4) MOV　AX, [BX]

(5) MOV　AX, 1100 [BX]

(6) MOV　AX, [BX] [SI]

(7) MOV　AX, 1100 [BX] [SI]

3.3　下列程序段中的每条指令执行完后，AX 寄存器及 CF，SF，ZF 和 OF 的内容是什么？

```
MOV  AX,0
DEC  AX
ADD  AX,7FFFH
ADD  AX,2
NOT  AX
SUB  AX,0FFFH
ADD  AX,8000H
SUB  AX,1
AND  AX,58D1H
```

3.4　简述 ASSUME 伪指令的作用，如何使用？

第4章　数据的表示和常用伪指令

数据（Data）是计算机处理的对象，处理器指令操作的对象称为操作数。计算机中的数据需要用二进制的0和1组合表示，程序设计语言中使用常量和变量形式表达和定义。

4.1 常量

常量（Constant）是程序中使用的一个确定数值，在汇编语言中有多种表达形式。

1. 常数

常数是指由十进制、十六进制和二进制形式表达的数值，如表2.1所示。各种进制的数据以后缀字母区分，默认不加后缀字母的是十进制数。十六进制常数若以字母A～F开头，则要添加前导0来避免与以这些字母开头的标识符混淆。例如，十进制数10用十六进制表达为A，汇编语言需要表达成0AH；如果不用前导0，则会与寄存器名AH相混淆。在C和C++语言中，十六进制数使用0x前导，因此就不会出现这个问题。

表2.1　各种进制的常数

进制	数字组成	举例
十进制	由0～9数字组成，以字母D或d结尾（默认情况下可以省略）	100，2550
十六进制	由0～9，A～F组成，以字母H或h结尾； 以字母A～F开头前面要用0表示，以避免与标识符混淆	64H，0FFH 0B800H
二进制	由0或1两个数字组成，以字母B或b结尾	01101100B

2. 字符和字符串

字符或字符串常量是用英文缩略号（形态上很像单引号，一般也就称为单引号）或双引号括起来的单个字符或多个字符，其数值是每个字符对应的ASCII码值。例如，'d'（=64H）、'AB'（=4241H），'Hello，Assembly！'在支持汉字的系统中，也可以括起汉字，每个汉字是两个字节，为汉字机内码或Unicode。

如果字符串中有单引号本身，可以用双引号，反之亦然。例如：

```
"Let's have a try. "
'Say "Hello", my baby. '
```

也可以直接用单引号或者双引号的ASCII值，其中单引号为27H，双引号为22H。

3. 符号常量

符号常量使用标识符表达一个数值。常量若使用有意义的符号名来表示，可以提高程序的可读性，同时更具有通用性。程序中可以多次使用符号常量，但修改时只需改变一处。例如，高级语言中把常用的数值定义为符号常量并保存为常量定义文件，通过包含该文件，在程序中就可以直接使用它们。MASM 汇编语言当中也可以如此应用。MASM 提供的符号定义伪指令有"等价 EQU"和"等号 ="。它们用来为常量定义符号名。

4. 数值表达式

数值表达式是指用运算符（MASM 中统称为操作符，Operator）连接各种常量所构成的算式。

汇编程序在汇编过程中计算表达式，最终得到一个确定的数值，所以也属于常量。由于表达式是在程序运行前的汇编阶段计算，所以组成表达式的各部分必须在汇编时就确定。汇编语言支持多种运算符，但主要应用算术运算符 +（加）、-（减）、*（乘）、÷（除）和 MOD（取余数）。当然，还可以运用圆括号表达运算的先后顺序。

MOD 用于进行除法取余数，例如，"10 MOD 4"的结果是"2"。

对于整数数值表达式或地址表达式，参加运算的数值和运算结果必须是整数，除法运算的结果只有商没有余数。地址表达式只能使用加减，常用"地址 + 常量"或"地址 - 常量"的形式指示地址移动常量表示的若干个存储单元，需要注意的是，存储单元的单位是字节。

4.2 变量

虽然把数据存放在 CPU 的寄存器中使用起来比较快速、方便，但寄存器的数目很少，能够存放的数据量有限，因此大量数据通常是放在内存中。外存上的数据也是需要先调入内存才能处理的。内存中存放的数据种类繁多，用途复杂，使用内存中存放的数据时，不可避免会遇到这样几个问题：数据放在内存的什么地方？数据占据了多少字节？数据超过 1 字节时如何存放？如何把数据放进去以及如何取出来？

高级语言对这些问题的解决方法是引入了变量的概念。变量的实质就是存放数据的存储区域。根据变量中能够存放的数据的类型和数量，可以确定变量占据存储空间的大小，这就是变量说明的作用。有些高级语言（比如 C 语言）还允许变量说明的同时在其中放一个初始数据，称为变量的初值。变量说明以后，可以把数据存入变量之中（称为对变量赋值），也可以从变量中取出数据使用。不论是赋值还是取值，编程时都以变量的名字作为使用变量的指称方式，并不关心变量究竟在内存的哪个地方。

与高级语言相反，机器语言中没有变量，只有内存的地址，无论是把数据放入内存的某一指定位置，还是从某一地址中取出数据，都需要在指令中明确指出逻辑地址。如果用机器语言编写程序，编程者需要直接面对内存地址，并且需要自己安排数据存储的所有细节。

汇编语言介于高级语言与机器语言之间，一方面引入了变量的概念，可以像高级语言一样使用变量的名字，另一方面变量与内存地址之间又有明确的对应关系，汇编程序在翻译时为各个变量分配内存地址，在变量名字与内存地址之间架起一座连接的桥梁。因此，在汇编语言中对变量的操作既可以用变量的名字，也可以直接用变量所在的地址。

4.2.1 变量名

变量的名字是它的外包装，是用来区分不同的存储区域的标识符号，是一种标识符。不同的语言对标识符命名的规定有所不同，但大体上都把“以字母开头的字母数字串”作为基本规定。8088 的汇编语言还允许用“?”“@”“$”“%”“-”运行特殊符号作为标识符的构成符号。

标识符是由一个或多个符号构成的符号串，汇编语言对标识符命名的完整规定是：

（1）可用符号包括字母、数字和特殊符号“?”“@”“$”“%”“-”。

（2）不允许用数字作为第 1 个符号。

（3）名字的长度没有严格限制，但一般不超过 10 个符号。

（4）最少由一个符号构成，可以是字母、“-”或“@”。

（5）不区分字母的大小写。

从实用角度而言，这些规定过于复杂，难以记忆，所以不妨只记住基本规定——以字母开头的字母数字串，编程时就足够使用了。

4.2.2 定义变量的方法

变量的实质是存放数据的内存区域，所谓定义变量就是告诉汇编程序，在翻译时从某个地址起预留一定数量的内存空间，并在其中填上初值，还要建立变量与地址间的对应关系。所以变量定义是伪指令而不是指令。

格式：变量名　类型　初值表

说明：

（1）“类型”只能是 DB、DW、DD、DQ、DT 这几种内部保留字，用以说明初值表中的每个数据占几个字节，对应关系如下：

DB——字节型，每个数据占 1 字节；

DW——字型，每个数据占 2 字节；

DD——双字型，每个数据占 4 字节。

DQ 与 DT 很少用，这里不做说明。

（2）初值表是用逗号分隔的若干个数据项，每个数据项的值是变量的初值，占据“类型”规定的字节数，所以初值表一方面说明变量的初值是多少，另一方面也指明了变量占多少字节的存储空间。

（3）对于 DW 和 DD 类型，每个数据项遵照“高字节在高地址，低字节在低地址”的原则存储。

（4）每个数据项的书写方法可以是任何数制的整数或者由整数构成的计算式，也可以是字符，如果用整数书写，可以是无符号数，也可以是带符号数。

（5）当类型是 DB 时，初值表可以是任意长度的字符串，而 DW 类型只允许长度不超过 2 的字符串。字符串的两端必须加引号，可以用单引号也可以用双引号。

（6）如果初值表需要填写若干个相同的值，可以用下面的形式表示把一个值重复若干次：

重复次数 DUP（数据项）

（7）初值表中可以用问号“?”作为数据项，含义是用户程序不设定初值而由汇编程序安排，对此汇编程序将在翻译时把这类初值项都以 0 填充。

（8）任何段中都可以写变量定义，也允许把指令与变量定义写在一个段内，但通常是把程序用到的所有变量集中在一个段内进行定义，而把指令写在另一个段中。习惯上把定义变量的段称为数据段，写指令的段称为代码段或指令段。

例 4.1 说明各变量的类型及初值情况，以及每个变量占据的内存字节数。

```
d1    DB      1
d2    DW      1234H
d3    DD      12345678H
d4    DB      '1', '2','3'
d5    DB      '123'
d6    DB      30DUP(0)
d7    DB      1,3DUP(2), '3', -3,1001B
d8    DB      1,2,3,4,5,6
      DB      7,8,9,10
d9    DW      '12', 'AB'
d10   DW      3-5
```

[解]

（1）变量 d1 是字节型，初值是 01H，占 1 个字节。

（2）变量 d2 是字型，初值是 1234H，占连续的 2 个字节，并且地址号大的字节中放 12H，地址号小的字节中放 34H。

（3）变量 d3 是双字型，初值是 12345678H，占连续的 4 个字节，按地址由小到大的次序，4 个字节中的内容依次是 78H、56H、34H、12H。

（4）变量 d4 是字节型，共占 3 个字节，可视为字节型数组，按地址由小到大的次序，3 个字节中的值依次是 31H、32H、33H。

（5）变量 d5 是字节型，共占 3 个字节，初值情况与变量 d4 的完全相同，所以 d4 与 d5 的变量定义只是在写法上不同而已。

（6）变量 d6 是字节型，共占 30 个字节，每个字节中都是 0，其中使用了把初值 0 重复 30 次的写法。

（7）变量 d7 是字节型，共占 7 个字节，各字节的初值按地址由小到大的次序依次是 01H、02H、02H、02H、33H、0FDH、09H，把数据的各种写法混合在一个变量定义中使用。

（8）变量 d8 是字节型，共占 10 个字节，分别把 1 到 10 按地址由小到大依次填到这 10 个字节中，写法上把一个变量定义分作两行写，这是初值表中数据项很多、一行写不完而转行的写法。

（9）变量 d9 是字型，由两个数据项构成，分别被当作 3132H 和 4142H 看待，共占 4 个字节，按地址由小到大依次是 32H、31H、42H、41H。

（10）变量 d10 是字型，初值是一个可由汇编程序直接计算的计算式，计算结果 -2 码形式填写到 2 字节的内存中，低地址中是 0FEH，高地址中是 0FFH。

4.2.3　变量的 3 个基本属性

任何变量表面上都以一个标识符的形式出现，也就是它的名字，每个变量除了内部存放的数据之外，还有 3 个数据与之相对应，这就是变量的三属性。

4.2.4　段属性

变量的段属性也就是变量所在段的段地址。变量定义必须写在一个段的起止标志之间。在程序被调入内存时，每个段被操作系统安排一个确定的段地址，在编写程序时可以用段的名字指出某处要使用段地址，而这个段中的所有变量都统一地以这个段地址作为逻辑地址中的段地址部分。

如果在编写程序时需要使用某个变量的段地址，一种方法是用该变量所在段的段名。比如，对例 4.1 中定义的变量 d1，如果要把它的段地址取到寄存器 AX 中，可以写作：

```
MOV   AX,data
```

标识符 data 在例 4.1 中是段的名字而不是变量名。取段地址的另一种方法是在变量名的前面加上保留字 SEG。下面的写法与上述指令的功能完全相同：

```
MOV   AX,SEG d1
```

保留字 SEG 是伪指令，用于告诉汇编程序上述指令的源操作数是变量 OPRD1 所在段的段地址，而不是变量 d1 中存放的数据。保留字 SEG 后面加上变量名构成的是立即寻址方式，操作数就在指令当中。这与指令“MOV AX，d1”有着本质上的差异，后者的源操作数是直接寻址方式，操作数在内存当中，是“MOV AX，[d1]”的变形。

4.2.5　偏移属性

变量的偏移属性也就是变量所在的段内偏移地址。在第 2 章中已经说明，偏移地址表示段内某一位置到段起始地址的距离，偏移地址为 0 表示就在段的起始处。一个段中可以定义多个变量，每个变量在段内不同位置占据一定的内存空间，到段起点的距离也就不一样，所以一个段内的各个变量都具有不同的偏移地址。在编写程序时，指令中使用某变量就是按照它的偏移地址到所在段中取出数据，或把数据存到相应内存中。

如果在编写程序时需要使用变量的偏移地址，一种方法是在变量名的前面加上保留字 OFFSET。比如，把例 4.1 中的变量 d1 的偏移地址取到寄存器 AX 中，写作：

```
MOV AX,OFFSET d1
```

这条指令中的源操作数是把保留字 OFFSET 加在变量 d1 的前面，表示取 d1 的偏移地址，是立即寻址方式操作数就在指令当中。请注意与前面所提到的取段地址以及取值的写法进行比较。

取偏移地址的另一种方法是在汇编语言中用一条专用指令。

格式：LEA　目的操作数，源操作数

功能：把源操作数的偏移地址取到目的操作数中。

说明：

(1) 这是一条数据传递类指令，不影响标志位。

(2) 该指令专用于取源操作数的偏移地址，所以源操作数一定是内存型寻址方式，可以是内存型操作数 5 种寻址方式中的任何一种。

(3) 当源操作数是变量名形式的直接寻址方式时，变量名两边的方括号可以省略。

(4) 目的操作数一定是寄存器型寻址方式，且必须是 16 位的字型通用寄存器，不能是段寄存器。

LEA 指令专门用于取偏移地址，而 MOV 指令中把变量名字的前面加上保留字 OFFSET 作为源操作数，也可以取出偏移地址。这两种取偏移地址的方法在很多时候可以相互替代，但它们也有一些不同的地方，有必要把两者进行对比。

(1) 寻址方式不同。用 OFFSET 后接变量名的形式出现的操作数是立即寻址方式；LEA 指令中的源操作数是内存型寻址方式。下面两条指令都可以把例 4.1 中的变量 OPRD1 的偏移地址取到寄存器 AX 中，执行效果是一样的，可以相互代换。

```
MOV   AX,OFFSET OPRD1
LEA   AX,[OPRD1]
```

(2) LEA 指令在功能上比 OFFSET 更强。通过例 4.2 中的几条语句的语法正误对比，可以准确地掌握两者的差别。

例 4.2 设 VAR 是一个变量，偏移地址是 10H，BX = 1000H，SI = 200H，判断下列各语句的正确性，对正确的指令说明其功能。

```
(1)MOV     AX,OFFSET VAR
(2)MOV     AX,OFFSET VAR + 3
(3)MOV     AX,OFFSET[BX]
(4)MOV     AX,OFFSET[BX + 3]
(5)MOV     AX,OFFSET VAR[BX]
(6)MOV     AX,OFFSET VAR[BX][SI]
(7)LEA     AX,VAR
(8)LEA     AX,[VAR]
(9)LEA     AX,[VAR + 3]
(10)LEA    AX,[13X + bur]
(11)LEA    AX,[BX + 3]
(12)LEA    AX,[BX + SI]
(13)LEA    AX,[BX + SI + VAR]
```

[解]

(1) 正确，常规用法，功能是把 VAR 的偏移地址 10H 作为立即数送到 AX 中。

(2) 正确，把“OFFSET VAR”作为立即数，是 10H，与另一个立即数 3 相加，结果 13H 送到 AX 中。

(3) 错误，应该写作“MOV AX，BX”。

(4) 错误，应该先用 MOV 指令把 BX 的值送到 AX 中，再用 ADD 指令把 AX 的值加 3。

（5）正确，把“OFFSET VAR”作为立即数看待，是 10H，源操作数是把 BX 的值加上。立即数 10H，得到 1010H，再以 1010H 作为偏移地址，与 BX 对应的缺省段寄存器 DS 一起构成逻辑地址，到内存中寻找操作数。该指令的汇编结果相当于“MOV AX，[BX + 10H]”。

（6）正确，把“OFFSET VAR”作为立即数看待，是 10H。该指令相当于“MOV AX，[BX + SI + 10H]”。

（7）正确，常规用法，把 VAR 的偏移地址 10H 送到 AX 中。

（8）正确，与（7）的功能完全相同，是汇编语言中的两种不同写法。

（9）正确，计算出源操作数的偏移地址 13H，送到 AX 中。

（10）正确，计算出源操作数的偏移地址 1013H，送到 AX 中。

（11）正确，计算出源操作数的偏移地址 1003H，送到 AX 中。

（12）正确，计算出源操作数的偏移地址 1200H，送到 AX 中。

（13）正确，计算出源操作数的偏移地址 1210H，送到 AX 中。

4.2.6　类型属性

变量的类型属性也就是变量的类型，变量在定义时必须用 DB、DW 等伪指令说明类型。说明变量的类型，一方面告诉汇编程序在翻译时把该变量定义中的每个数据项用几个字节存放，另一方面说明该变量的使用方法。MOV 等双操作数指令中的两个操作数必须是同一种类型，汇编程序在翻译时要进行类型检查。当一个操作数是寄存器，另一个是变量时，两者类型一致是正常情况。当两者类型不同时，汇编程序将以寄存器的类型为准进行翻译，并提出警告（Warning）；当目的操作数是变量，源操作数是立即数时，以变量定义时的类型为准。

如果有必要，使用变量时可以临时改变类型，后面将以具体例子说明使用方法。

4.3　为变量分配内存

虽然在编写程序时，变量的定义和使用都是以名字的形式出现而不出现地址，但是，如果不能掌握变量的地址分配和数据填充方法，就不能熟练、灵活地在编写程序时加以运用。为变量分配内存是指把定义的各个变量安排在段内的什么位置、占多少字节，以及其中的值各是多少，用内存图的形式可以把这些信息清晰、直观地表示出来。

4.3.1　内存图

内存图表示的内容有两个方面。一方面是存储器，通常由若干个叠放在一起的小方框表示，每个方框代表一个字节。虽然每个字节都有自己确定的物理地址，但是，由于编写程序时使用的是逻辑地址，而逻辑地址到物理地址的转换由计算机自动实现，所以画变量的内存图时，一般标以各字节的偏移地址，段地址部分被忽略。在表示一个字节的小方框内填上数值，表示该字节中的内容。填写数值时可以用各种数制、各种写法，但用十六进制数会有助于理解。另一方面，内存图还要表示变量名与偏移地址的对应关系，把变量的名字写在对应方框的边上。图 4.1 是一个变量内存图的实例。

图 4.1 在结构上分为三部分，中间是表示内存各字节的方框，各方框的右边标以偏移地址，左边则标出变量的名字。从图中可以看到：变量名字 var1 标在代表偏移地址为 0 的方框的左边，表示变量 var1 是从段的最前面开始安排的；变量 var2 标在偏移地址为 3 处，一方面表示 var2 从偏移地址 3 开始安排，另一方面还表明变量 var1 占据偏移地址为 0 到 2 的 3 个字节；类似地，变量 var3 的起始偏移地址是 5，所以变量 var2 占 2 个字节。图中还可以清楚地看到每个变量的取值情况。

变量	内容	偏移地址
var1	41	0000
	42	0001
	43	0002
var2	20	0003
	1F	0004
var3	0D	0005
	0A	0006
	24	0007

图 4.1 变量的内存图

从图 4.1 中无法看出 3 个变量的类型，这一点可以通过在变量名的下面标上类型加以弥补。从另一个角度看，不标类型还说明汇编语言是不注重变量类型的。换句话说，源程序翻译成机器语言之后，指令中没有变量只有地址，类型是通过寄存器的位数或者指令本身所带有的机器语言形式的 BYTE 或 WORD 类型指示加以区分的。

例 4.3 对于图 4.1 的各变量，确定下列指令中赋值操作的操作数是什么类型。

```
(1)MOV   AX,[var1]
(2)MOV   AL,[var1]
(3)MOV   WORD PTR[var2],3
(4)MOV   BYTE PTR[var2 +1],3
(5)MOV   [var2 +3],3
```

[解]

(1) 字型，由寄存器 AX 是 16 位可知。

(2) 字节型，由寄存器 AL 是 8 位可知。

(3) 字型，由伪指令 WORD PTR 指明。

(4) 字节型，由伪指令 BYTE PTR 指明。

(5) 是变量 var2 定义时的类型，由图 4.1 不能分辨究竟是哪一种类型。

图 4.1 表示的是变量的内存分配情况，并没有表示各变量的类型，但变量定义时必然要用 DB、DW 等伪指令说明类型，这个类型是变量的缺省类型，因此例 4.3 的第(1)小题与第(2)小题中至少有一个与变量的缺省类型不符。不相符的一个作临时改变类型处理，汇编程序可以按临时改变后的类型正确翻译，但会提出警告（Warning）。第(3)小题与第(4)小题则不论变量 var2 定义时是什么类型，都用伪指令指明临时按字型（第（3）题）、字节型（第（4）题）处理，汇编程序不提出警告。第（5）小题是使用变量 var2 缺省类型（定义时所用的类型）的情况。请注意，第（5）小题的指令执行效果将会把立即数 3 填到变量 var3 所占据的内存单元中，而不在变量 var2 所占据的 2 个字节中，汇编程序对此并不做检查，使用时请格外小心。

4.3.2 变量定义与内存分配的关系

掌握变量在内存中的分配情况是非常必要的，它有助于对各种内存型寻址方式的理解和灵活运用。汇编程序在为变量安排内存时遵照下面的规则：

(1) 同一段内的变量具有相同的段地址；

(2) 按照段中变量定义的次序，依次对各变量分配偏移地址；

(3) 除非有其他伪指令说明，段内的第 1 个变量被分配在偏移地址为 0 处；

(4) 一个变量分配内存的字节数由其类型和初值表中的项数决定；

(5) 除非有其他伪指令说明，一个变量分配完后，紧接着分配下一变量。

例 4.4 说明下面的数据段中各变量的内存分配情况，画出相应的内存图。

```
data   SEGMENT
x1      DB      '123'
x2      DW      'AB'
x3      DB      2 DUP(32),13,10
x4      DD      1017H
data    ENDS
```

[解] 按照为变量安排内存的规则，变量 x1 是数据段 data 段中的第 1 个变量，安排在偏移地址为 0 处，字节型，初值是 3 个字符构成的字符串，占偏移地址为 0 到 2 的 3 个字节；变量 x2 紧接在 x1 的后面分配，安排在偏移地址为 3 处，字型，初值表中只有一项，占 2 个字节；x3 安排在 x2 的后面，从偏移地址为 5 处开始，字节型，初值表中共有 4 项，占 4 个字节；x4 安排在偏移地址为 9 处，双字型，只有 1 个数据，占 4 个字节。整个 data 段中的 4 个变量共占 13 个字节，内存图见图 4.2。

变量	内容	偏移地址
x1	31	0000
	32	0001
	33	0002
x2	42	0003
	41	0004
x3	20	0005
	20	0006
	0D	0007
	0A	0008
x4	17	0009
	10	000A
	00	000B
	00	000C

图 4.2　例 4.4 的 data 段的内存分配情况

4.4 常用伪指令

4.4.1 OFFSET

变量是数据的存放地，对变量最常见的操作是从变量中取出数据和把数据放入变量中。实现这些操作有直接法和间接法两种方法。

直接法是在程序中直接使用变量的名字以表明对哪个变量进行操作。比如，设 var 是一个字型变量，则指令“MOV AX, [var]”会从变量中取出数据送到 AX 中，而指令“MOV [var], AX”则会完成反方向的数据传递。这两条指令中，“[var]”都是直接指明需要使用的变量，是直接寻址方式。

间接法则是先把变量的地址放到某个 16 位的基址寄存器或变址寄存器中，然后程序中以该寄存器加方括号的形式指明是用寄存器中的内容作为偏移地址，操作数在相应的内存中。这就涉及如何取变量的偏移地址的问题。解决方法之一是用前面已经介绍的 LEA 指令，方法之二是用 OFFSET 伪指令。

把保留字 OFFSET 加在变量名字的前面，表示取该变量的偏移地址。汇编程序把

“OFFSET 变量名”作为一个常量处理，而常量本身是没有类型的。

不论变量在定义时是什么类型，在它的名字前面加上 OFFSET 后就变成了一个常量。就像上面的例子中“OFFSET disp”就相当于 5CH，不再具有类型。所以，指令“MOVBL，OFFSET disp”是可以由汇编程序正确翻译的。但是，既然“OFFSET 变量名”是用来取变量的偏移地址，而偏移地址是有可能超过 255 的，超过 255 时当然就不能把它送到字节型寄存器中。也就是说，在没有准确掌握某个变量的偏移地址时，不要想当然地认为它的偏移地址会小于 255。

既然“OFFSET 变量名”是常量，就可以参与常量的算术运算，因此指令“MOV BX，OFFSET disp + 5”是符合语法的。并且汇编程序 MASM 5.0 还认可上述写法与下面的三种写法完全相同：

```
MOV   BX,OFFSET[disp]+5
MOV   BX,OFFSET [disp+5]
MOV   BX,[OFFSET disp+5]
```

但是建议读者不要使用这三种写法，以免出现概念上的混乱。

把一个变量的偏移地址取到某个基址或变址寄存器后，就可以用该寄存器间接寻址方式实现对变量的处理。前面所述的直接法中，“MOV [var]，AX”用于把 AX 的值送往变量 var，这个操作用间接法实现可以写作：

```
LEA   BX,var
MOV   [BX],AX
```

间接法在高级语言中有着广泛的应用，在 C 语言中表现为指针及其相关处理。这里的 var 相当于普通的整型变量，BX 相当于指向整数的指针变量，对 BX 所指向对象的操作也就是对变量 var 的操作。

4.4.2 SEG

无论按直接法还是间接法使用变量，都会涉及变量的段地址问题。在汇编语言程序中，使用变量需要把其所在段的段地址放在某个段寄存器中，一般是放在 DS 或 ES 中。取变量的段地址也有两种方法。一是用变量所在段的段名。比如例 4.4 指令“MOV AX，data”就是取 data 段的段地址送到 AX 中。另一种方法是用 SEG 伪指令放在某变量的前面，表示取该变量所在段的段地址。比如变量 disp 是在 data 段中定义的，所以把指令“MOV AX，data”换成“MOV AX，SEG disp”也是可以的。不论是用段名还是用“SEG 变量名”的形式，汇编程序都是把它作为常量处理的。

“SEG 变量名”的形式甚至还可以用于 ASSUME 伪指令中。

4.4.3 PTR

PTR 是用于指定操作数类型的伪指令，它需要与类型保留字配合使用。其基本用法是：

类型 PTR 操作数

用法中的“操作数”要求必须是内存型寻址方式。程序中有两种情况需要用到指定类型伪操作：一是操作数本身没有类型，当需要明确该操作数的类型时使用这种用法，比如寄存器间接寻址方式的“［BX］”；另一种情况是已定义的变量本身有确定的类型，程序需要临时当作另一种类型来处理。

下面是几个使用 PTR 伪操作的例子：

MOV BYTE　PTR［BX］，1　；明确指出是字节型操作

MOV WORD　PTR［BX］，1　；明确指出是字型操作

MOV AX，WORD PTR［v1］　；临时把 v1 作字型使用

前两行如果没有类型指定伪操作，因为两个操作数都没有类型，所以汇编程序无法处理，将作出错误提示（Error）。最后一行如果没有类型指定，汇编程序会提出警告（Warning），指出该指令中的用法与变量定义时的类型不一致，但仍然可以正确翻译该指令。最后一行指令将从 v1 所在的偏移地址 0 处取一个字型数据给 AX，值是 4101H。

4.4.5　ORG

ORG 伪指令单独占一行，其基本格式是：

ORG 地址表达式

不论段中写的是变量定义还是指令序列，汇编程序总是把段中各有效操作逐行翻译。在偏移地址的安排上，总是把段中第 1 个有效操作从偏移地址 0 开始逐个安排。如果某一行指令或变量定义安排的最后一个字节在偏移地址 n，则其下一个有效操作总是从偏移地址 n+1 开始安排。ORG 伪指令的功能就是改变这种安排方式，它用“地址表达式”指定一个新的偏移地址，ORG 伪指令后面的内容就从该地址开始安排。

例 4.5 分析下面数据段定义中各变量的偏移地址。

```
data SEGMENT
v1   DB    1
     ORG   6
v2   DW    2
     ORG   2
v3   DB    3
v4   DW    4
data ENDS
```

［解］　段中第 1 个变量 v1 的前面没有 ORG 伪指令，按正常情况安排在偏移地址为 0 处，占 1 字节；然后的 ORG 伪指令指出后面的内容从偏移地址为 6 处开始，因而变量 v2 被安排在偏移地址为 6 的地方，占 2 字节；后一个 ORG 伪指令指出它后面的内容从偏移地址 2 安排，于是 v3 的偏移地址是 2；其后的 v4 接在 v3 的后面，偏移地址是 3。图 4.3 是 data 段对应的内存图。

变量	内容	偏移地址
v1	01	0000
		0001
v3	03	0002
v4	04	0003
	00	0004
		0005
v2	02	0006
	00	0007

图 4.3　例 4.5 的数据段的内存分配情况

ORG 伪指令可以改变段中各变量在定义时原有的次序，按指定情况安排各变量的偏移地址。例 4.5 的 data 段定义中各变量的次序是 v1、v2、v3、v4，而内存图上按偏移地址由小到大依次是 v1、v3、v4、v2。图 4.3 中的两个空格表示数据段中没有对此进行定义，

但实际上汇编程序会填上 0。

4.4.6　$

这里所说的 $ 是汇编语言中的一个特殊符号，在汇编语言程序中直接书写，不加引号，这与加引号的字符是不同的。$ 代表汇编程序在处理到 $ 所在位置时应该安排的偏移地址值。序中出现的 $ 可以作为常量看待，但是不同位置上的 $ 代表的值是不同的。与一般的数据不同的是，通常所说的常量（数值）是没有类型的，包括“OFFSET　变量名”也没有类型，但 $ 所表示的数据一定是字型。$ 一般作为字型变量定义时的一个初值使用。

例 4.6 分析下面数据段中各 $ 符所表示的值。

```
data   SEGMENT
a      DB     '$'
b      DW     $,$
c      DB     $
data   ENDS
```

［解］　变量 a 的定义中出现的 $ 是带引号的，表示 ASCII 码值为 24H 的符号而不是偏移地址；定义变量 b 时用的两个 $ 没有加引号，表示偏移地址，按照地址分配原则，第 1 个 $ 代表 0001H，第 2 个 $ 代表 0003H；在变量 c 的定义中，$ 出现在数值表达式中，是当前偏移地址 0005H，变量 a 的起始偏移地址是 0000H，两者相减的结果是 5，并且不再有类型，因此可以作为字节型变量的一项初值。图 4.4 是该数据段对应的内存图。

4.4.7　= 和 EQU

应用高级语言编程时，对于程序中经常使用的一个特定的数值，很多程序员喜欢把它定义成一个常量标识符，在书写后面的程序时若遇到该数值，就写相应的常量标识符而不写数值本身。这种做法的最大好处在于方便程序的修改，如果需要把一个程序中使用到的某一数据统一改为另一数据，如果该数据已经定义为常量就只要在定义处修改一次即可，而没有定义成常量时就需要对该数据的每一次出现都做修改。汇编语言也支持类似的做法。常量定义的基本格式是：

标识符 = 数值表达式

常量定义可以写在源程序的任何地方，单独占一行，并且遵照“先定义后使用”的原则。

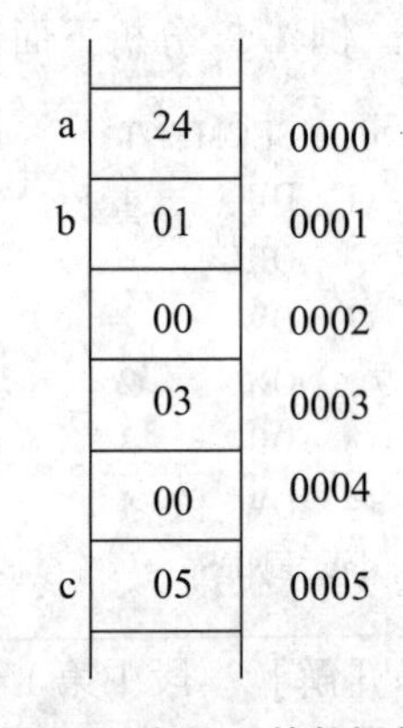

图 4.4　例 4.6 的数据段的内存分配情况

在很多高级语言中，都规定常量不可重复定义，即把一个标识符定义为某数据之后，不能再在程序的某处修改该定义，使其与另一数据相对应。但是在汇编语言中没有这一限制。

例 4.7 分析下面程序段中标识符 X 每一次使用所表示的含义。

```
X =3
  MOV   AL,X
  MOV   BX,x
```

```
X  =5
  MOV   BYTE PTR[BX],x
X  =x+1
  ADD   SI,X
```

［解］第1行是常量定义，定义标识符X代表数值3；第2行和第3行上的x都是对常量标识符的引用，代表x对应的数值3，但x本身没有类型，所以在第2行上做字节型处理，第3行上却做字型处理；第4行是对标识符x的重新定义，令其代表数值5；第5行中的标识符x按新的常量定义，表示数值5；第6行再次把X重新定义，令其表示的值是原值加1，即6；第7行中的x按新定义，表示数值6。该程序段等价于下面的不用常量标识符的写法：

```
MOV AL,3
MOV BX,3
MOV BYTE PTR[BX],5
ADD SI,6
```

程序设计中除了经常会用到某些常量外，还会出现一些特定的符号串。有时一个符号串很长，并在程序中出现多次，这对于编写程序并输入计算机而言是件比较麻烦的事，EQU伪指令就是为解决这一问题而设计的。

EQU被称为符号定义伪指令，在使用方式上，EQU与常量定义的“=”很相似，分为定义部分和使用部分，其定义格式是：

标识符　EQU　符号串

格式中的符号串可以由分号以外的任何符号构成，长度不限，但必须在一行内写完。用EQU进行符号定义可以写在源程序的任何位置。与常量定义“=”不同，对同一个标识符不允许用EQU进行两次定义，对EQU定义的标识符也无须遵照“先定义后使用”的原则。

例4.8 用不带符号定义的形式对下面的程序段进行改写。

```
      MOV   AX,s1
s1    EQU   WORD PTR[BX]
s2    EQU   BX+SI
s3    EQU   'BX'
      MOV   BX,s3
      MOV   CX,[s2]
      MOV   DX,[s2]5
```

［解］　改写的结果如下：

```
MOV   AX,WORD PTR[BX]
MOV   BX,'BX'              ;其中的'BX'相当于数值4258H
MOV   CX,[BX+SI]
MOV   DX,[BX+SI+5]
```

从例4.8中可以看出，符号定义EQU实际上是一种代换措施。对于每一个用EQU定义的标识符，当程序中任何位置引用该标识符时，汇编程序在翻译时首先会用其对应的符号串代替，然后再检查代换后的结果是否有语法错误。

常量定义和符号定义都是为了简化程序的书写、增加程序的可读性而设计的，都由汇编程序在翻译时进行相应的代换处理，被定义的标识符并不占据内存空间。

习　题

4.1　按下面要求写出相应的数据定义语句（未指定变量名的，可任意指定或省缺）。

（1）定义一个字节区域，第一个字节的值为 20，其后跟 20 个初值为 0 的连续字节；

（2）定义一个以 0 为结束符的字符串，其初值为：The course is easy；

（3）定义一个以'$'为结束符的字符串，该串中含有换行符和回车符；

（4）定义 100 个字，其初值为 0；

（5）从一个偶地址开始定义一个字变量 word。

4.2　画图说明下列伪指令所定义的数据在内存中的存放形式。

```
(1) ARR1   DB   6,34H,-7
(2) ARR2   DW   3C5DH,1,?
(3) ARR3   DB   'HELLO'
(4) ARR4   DB   '1234'
```

4.3　问 T 的值是多少？它表示什么意义？

4.4　已知一个数据段定义如下：

```
DATA    SEGMENT
VV1     DB      'xyz',13,10,'$'
VV2     DW      'xy',12AH
CC      =       $ -VV2
PP      DB      CC,CC+1
QQ      DW      $
DATA    ENDS
```

画出 DATA 段相应的内存图。

第 5 章　顺序程序设计

顺序结构、分支结构和循环结构的程序称为基本结构程序，利用它们可以设计出功能强大的汇编语言程序。根据汇编语言的语法规则，汇编语言源程序要满足一定的结构要求，本章介绍汇编语言的源程序结构和简单的顺序程序设计。

5.1 程序设计基础

程序是为解决某一问题而设计的一系列指令。设计一个程序通常要从两方面入手：一是要认真分析问题的需求，选择好的解决方法；二是要针对选定的算法，编写高质量的程序。一个高质量的程序不仅要满足设计要求，实现预定功能，而且还应尽可能实现以下几点。

（1）结构清晰、简明、易读、易调试。

（2）执行速度快。

（3）占用存储空间少。

下面给出汇编语言程序设计的一般步骤和教材中所使用的几种框图符号的说明。

汇编语言程序设计的一般步骤具体如下所示。

（1）分析问题，选择合适的解题方法。

（2）根据具体问题，确定输入输出数据的格式。

（3）分配存储区并给变量命名（包括分配寄存器）。

（4）绘制程序的流程图，即将解题的方法及步骤用流程图的形式表示出来。

（5）根据流程图编写程序。

（6）静态检查，即在上机调试之前，检查程序是否满足设计要求，有无语法或逻辑错误等。程序经过静态检查且修改完善之后再上机调试、运行，将事半功倍。

以上几个步骤中，对初学者来说，特别要注意的是画流程图。流程图由特定的框和图形符号及简单的文字说明组成，它用来表示数据处理过程的步骤，能形象地描述逻辑控制结构及数据的流程，清晰地表达出算法的全貌，具有简洁、明了、直观的特点，便于简化结构、推敲逻辑关系、排除设计错误、完善算法，对设计程序很有帮助。初学时，有人不习惯画流程图，总想动手就写指令，这样容易出漏洞，造成逻辑上的混乱，往往在上机调试时出现语法错或逻辑错，程序很难顺利通过，不仅浪费机时，而且难以设计出高质量的程序。

对于复杂的问题，应首先考虑程序的总体结构，画出各功能模块间的结构图，然后再将各模块的问题细化，画出各模块的流程图。依照细化了的流程图编写程序，工作效率会高得多。

另外，在确定输入输出数据格式、分配存储区及寄存器、命名变量时，应依据机器硬件的特性，精确到字节、字或双字。

几种框图符号如图5.1所示：

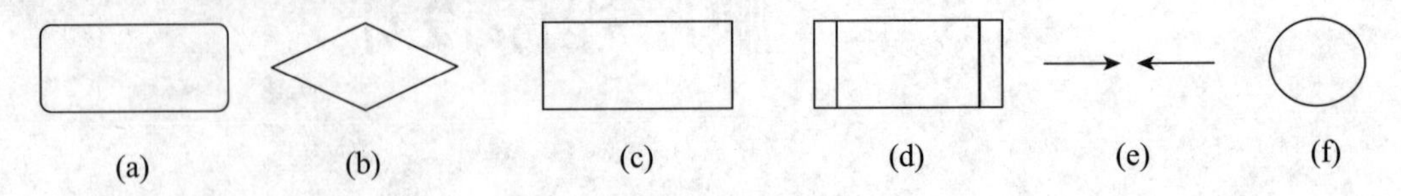

图5.1 框图符号

(a) 起始、经止框；(b) 判断框；(c) 处理说明框；(d) 子程序或过程调用框；(e) 流向线；(f) 连接框

1）起始、终止框：见图5.1（a），它用来表示程序的开始和结束。

2）判断框：见图5.1（b），它表示程序在这里进行判断以决定程序的流向。判断的条件记入此框中。它具有两个出口，在每个出口处应标明出口的条件。

3）处理说明框：见图5.1（c），它用来代表一段程序（或一条指令）的功能。其功能应在框内进行简单、明确的说明。

4）子程序或过程调用框：见图5.1（d），它用来说明要调用的子程序或过程。框中要说明子程序或过程的名字。

5）流向线：见图5.1（e），它总是指向下一个要执行的操作，即表示程序的流向。

6）连接框：见图5.1（f），框中可标入字母或数字。当框图较复杂或分布在几张纸上时，就用连接框来表示它们之间的关系。相同符号的连接框是互相连接的。

最后要说明的是，一个程序员，无论其经验多么丰富，也很难保证设计的程序没有错误。因此，只有经过上机调试，排除了所有语法错和逻辑错，确认运行结果正确无误的程序，才算正确的程序。

5.2 源程序的基本格式

5.2.1 行的格式

“行”是程序编写的基本单位。源程序的一行可以是一条指令、伪指令，也可以是变量定义。汇编指令是汇编语言程序的基本组成部分。8086汇编语言一个指令行的基本格式如下：

[标号:]　指令助记符　[操作数[，操作数]]　[；注释]

各个部分的顺序不可改变，其中的方括号表示可选项。

说明：

(1) 标号用来表示一行指令所在的逻辑地址，后面的冒号不可省略。标号是一个标识符，它生成一个表示指令出现位置的符号地址，以方便其他指令引用，与指令本身无关。

标号通常按其用途来命名，可由字母、数字和一些专用字符（?、_ 、@、.、$）组合而成。

并且要注意几点要求：最长不能超过31个字符；第一个字符不能为数字；? 和 $ 是保留

字符，不能单独使用作为标号；小数点（.）只能作为标号的第一个字符；标号不能与保留字重复。

（2）指令助记符是一个指令行必不可少的成分。指令本身还规定了助记符的后面应带有一个操作数、两个操作数，还是根本没有操作数。指令助记符与操作数之间至少要有一个空格，其余的空格仅仅是为了使程序清晰，便于阅读。最简单的情况下，一行就只有一个指令助记符。

（3）操作数是指令要处理的数据，它可以由变量、常量、表达式或保存在寄存器、存储器中的数值构成。

（4）写注释是为了增加程序的易读性，是写给编程人员自己或其他阅读者看的。阅读汇编语言程序是一件相当困难的事，甚至一个人看自己以前编写的程序都需要花费大量的时间和精力，所以养成写注释的习惯不仅仅是方便别人，也会方便自己。汇编程序在把源程序翻译成目标代码时会忽略一行中的分号及其后面的内容，不做任何处理。就易读性而言，把程序中的所有指令助记符对齐，把注释对齐，把变量名、标号等自定义标识符对齐，都是良好的编程习惯。

汇编语言源程序中允许空行。在较长的源程序中，把完成一个功能的各行连在一起不空行，而用一到两个空行把完成不同功能的程序段分开也有助于程序的阅读。

如果需要，可以在一行上只写注释，甚至连续写多行注释，要求行的第一个有效符号（不计前面的空格）是分号。如把标号单独占一行，下一行再写指令。这也是允许的，这时标号所代表的地址仍然是其后面的第一条有效指令的地址。如果在这样的两行之间再插入若干个空行就不是好习惯了。

5.2.2　段的格式

由若干行加上段的起止标记构成源程序的一个“段”，与第 1 章所说的逻辑段相对应。段的基本格式如下：

```
段名  SEGMENT
      ……
      ……
段名  ENDS
```

这里列出的是段的基本结构，保留字“SEGMENT”和“ENDS”用以表示一个段从哪里开始，到哪里结束，就像一对括号一样把其中的内容括起来，告诉汇编程序这是一个整体。

一个段只能写一个“SEGMENT”和一个“ENDS”，并且它们前面的“段名”必须相同。“段名”是程序设计者给一个段起的名字，起名时必须符合标识符的命名规定（变量的命名规则见后续章节）。

一个段中可以写若干行指令，也可以写若干变量定义。其中只写指令的段称为代码段或指令段，只写变量定义的段称为数据段。把指令序列和变量定义分别写在代码段和数据段中是较好的编程习惯，有利于阅读程序。但有时为了程序设计的需要，也可以把指令和变量定义混合着写在一个段中，这种做法属于汇编语言编程的特殊方式，很容易造成程序的逻辑错误，建议不要使用。

汇编语言中还有一种特殊的段——堆栈段，具体内容将在后续章节中介绍。

如果在一条指令的源操作数部分出现某个段的名字，表示源操作数是该段的段地址，属于立即寻址方式。

5.2.3 程序格式

一个汇编语言源程序由至少一个段和表示程序结束的伪指令 END 构成。源程序的基本格式如下：

```
段名1   SEGMENT
        ......
段名1   ENDS
段名2   SEGMENT
        ......
段名2   ENDS
段名n   SEGMENT
        ......
段名n   ENDS
        END     标号
```

格式中的最后一行是程序结束的标记，写在该行之后的任何内容都被当作注释。这行中的“END”表明整个程序到该行结束，其后面的标号表示程序的第一条指令在何处即程序的入口地址，这个标号必须在程序某一行的指令助记符前面出现一次。

完整的汇编语言源程序由段组成。一个汇编语言源程序可以包含若干个代码段、数据段、附加段或堆栈段，段与段之间的顺序可以随意排列。所有的可执行性语句必须位于某一个代码段内，说明性语句可根据需要位于任一段内。

5.3 单个字符的输入输出

有了最基本的指令，就可以完成一些简单的计算问题。这类程序通常需要从输入设备获得数据，经过计算后，结果送往输出设备。这就要求在程序执行过程中，人与计算机能及时进行信息交流。在高级语言中，这个问题通常是用内部函数或内部过程解决的，就如同 C 语言中通常用 scanf 和 printf 来完成数据的输入输出一样。这种处理方法的实质是在高级语言的工作环境（如 Turbo C）中已编写好两段程序，用户编写的程序以 scanf 或 printf 这两个名字申明该处需要使用这两段固定程序之一，用户程序需要经过工作环境的处理与这两段程序连接在一起，形成计算机可执行的机器语言程序的形式。

汇编语言处理输入输出的方法与高级语言有类似之处。操作系统（本书以 DOS 为基本环境）在启动时把其基本功能部分调入内存，并长期留在内存中。这部分程序中就含有简单的输入输出功能，可以供用户编写的程序使用。操作系统是每一台计算机必须配备的基本软件，它以两种方式为用户提供服务：一是操作界面，DOS 以命令行的方式提供操作界面，而 Windows 以窗口、鼠标、键盘协同工作的方式提供操作界面；二是系统功能调用，用户编写的程序以语句或指令的形式调用操作系统提供的功能。这里所说的输入输出方法是后一种情况，DOS 提供的调用方法是 21H 号（即 33 号）软件中断。

绝大多数的 DOS 系统功能都用 INT 21H 这一条指令来调用，其中的 21H 是数值，指明中断号码，该指令的作用是调用内存中 21H 号中断的服务程序。这个服务程序是在计算机开机启动时就由 DOS 预先存放好了的。DOS 在这一段程序中放了很多有固定功能的程序段，包括单个字符的输入输出、字符串的输入输出等等。应用程序以 INT 21H 指令调用这些功能前，必须要申明调用其中的哪一种功能。做法是在寄存器 AH 中放一个表示功能编号的号码，称为 DOS 子功能号。另外还要按被调用功能的要求在指定的寄存器中放一定的数据，称为入口参数。使用不同的功能需要不同的入口参数。下面说明的单字符输入输出就是众多 DOS 子功能中的 1 号和 2 号子功能。调用过程中，由 DOS 提供的程序段完成用户需要的操作。如果操作结果需要以数据的形式交给用户程序，将放在特定的寄存器或内存中，称为出口参数。调用完成后，用户程序可以从那些特定的寄存器或内存中取出数据使用，或者判断操作完成的情况。

5.3.1　DOS 的 1 号子功能——单字符输入

功能：从键盘上读取一个按键的 ASCII 码值。

入口参数：AH 中放子功能号 1。

出口参数：AL 中是按键的 ASCII 码。

说明：

（1）该功能只要求在执行 INT21H 指令时 AH 中的值是 1，而不论 AH 是在何时、以何种指令被赋的值。这一点对所有 DOS 系统功能调用都是一样的。

（2）调用时，计算机的屏幕上将出现一个闪烁的光标，等待操作人员按键。当有键被按下后，该按键的 ASCII 值将被放入 AL。

（3）与 C 语言的标准输入函数 scanf 不同，1 号子功能在输入时只需要按一个键即可，而不像 scanf 那样要等到操作人员按下回车键。

（4）1 号子功能每次只读取一个按键，并且按下的符号会显示在屏幕上，退格键、回车键等特殊按键也会被当作有效输入。下面是几个特殊按键与 AL 中读取结果的对应关系：

按 ESC 键——AL = 1BH

按回车键——AL = 0DH

按退格键——AL = 08H

（5）如果读回按键的 ASCII 码值是 0，表示按下的是一个扩展 ASCII 范围的键，比如 F1 键，这时可再读一次，以获得该键的扩展 ASCII 值。

（6）该功能调用不改变除 AL 外的其他寄存器的值，包括 AH 中的 1。

例 5.1　编写一个程序段，从键盘读入一个数字键，计算出对应的数值，放入寄存器 DL 中。不考虑按键不是数字键的情况。

［解］　程序段如下：

```
MOV  AH,1
INT  21H      ;调用DOS的1号子功能
SUB  AL,'0'   ;把读入键的ASCII值减去字符0的ASCII值
MOV  DL,AL    ;结果放到DL中
```

键盘上的数字键0~9对应的ASCII值是30H~39H，因此在例5.1中，读入的按键必须经过转换才能得到正确的数值，在程序段中表现为把读到AL中的键减去字符0（即ASCII值30H）。

5.3.2 DOS的2号子功能——单字符输出

功能： 在屏幕上光标当前所在位置显示一个字符，并把光标向后移一格。

入口参数： AH中放子功能号2，DL中放待输出字符的ASCII值。

出口参数： 无。

说明：

（1）该子功能在执行时不论DL中数据的来源如何，都当做是一个ASCII值，经过内部转换变成相应字符的形状显示在屏幕上。

（2）该子功能调用会改变寄存器AL的值，所以必要时可把AL的值放在另一寄存器或内存中临时保存，其他寄存器的值都不受影响。

（3）有些特殊的ASCII值可以控制计算机产生特定的效果。比如，当DL中放7并调用该子功能时，计算机的扬声器会发出“嘀”的一声响，而屏幕上并没有任何字符输出。部分特殊效果与ASCⅡ值的对应关系见表5.1。

表5.1 特殊输出效果相应的ASCII值

ASCII值	特殊效果
07H	发出“嘀”声
08H	光标在同行上向左移动一格
0AH	光标在同列上向下移动一行
0DH	光标移到所在行的最左端

表5.1中列出的ASCII值10（0AH）与13（0DH）分别是“换行”和“回车”的功能。在高级语言中，回车换行被认为是同一个操作，实际上它们是两个完全不同的概念。对屏幕这种输出设备而言，回车（0DH）是指把光标从当前位置移到同一行的最左边，而换行（0AH）是把光标从当前位置向下移动一行但不改变列的位置。所以在汇编语言中，完成C语言的printf（“\n”）的功能需要向屏幕输出回车符和换行符两个符号，而次序是无关紧要的。当光标已经到达屏幕的最下面一行时，输出换行符会使屏幕向上卷一行。

例5.2 编写程序段完成回车换行功能。

［解］ 程序段如下：

```
MOV  AH,2
MOV  DL,13      ;回车符的ASCII码值
INT  2lH
```

```
MOV   DL,10        ;换行符的 ASCII 码值
INT   21H          ;输出回车符时已把 AH 放 2,且调用后未变
```

5.3 字符串输入输出方法

字符串的输入输出是人与计算机进行信息交流的一个重要途径，与单个字符的输入输出相比，它允许一次人机交换的信息量更大，内容更丰富。在 DOS 提供的内部功能中，1 号和 2 号子功能解决了单字符的问题，9 号与 10 号子功能就是对字符串的处理，调用的方法与单字符一样，都是“INT 21H”的调用形式，调用前必须准备好相应的入口参数。对于字符串的输入，还必须掌握调用完成后，输入的字符串以什么形式存放在什么地方。

5.3.1 字符串输出

入口参数： AH =9，是 DOS 的子功能号

DS：DX = 待输出字符串的首字符的逻辑地址

出口参数： 无

说明：

（1）被输出的字符串的长度不限，但必须连续存放在内存的某个地方，且以 ASCII 值为 24H 的字符“ $ ”结束，中间可以含有回车符、换行符、响铃符等有特殊功能的符号。1 个字符串的起始逻辑地址必须放在指定的寄存器 DS 和 DX 中。

（2）调用结果是把字符串中的各个字符从光标当前所在位置起，依次显示在屏幕上，直至遇到“ $ ”为止，光标停在最后一个输出符号的后面。“ $ ”仅仅作为字符串的结束符号，本身不输出到屏幕。如果程序中需要输出“ $ ”，只能用 2 号子功能实现。

（3）9 号子功能调用将影响 AL 的内容，不改变其余寄存器及标志寄存器的值。

例 5.3 分析下面的程序，写出程序执行后的结果。

```
data    SEGMENT
VAR1    DB   'Hello',13,10, 'this is an example. $ ',13,10
VAR2    DB   '—END -- $ '
data    ENDS
code    SEGMENT
        ASSUME   CS:code,DS:data
main:   MOV   AX,data
MOV     DS,AX
LEA     DX,[VAR1]
MOV     AH,9
INT     21H
MOV     DX,OFFSET   VAR2
INT     21H
MOV     AX,4C00H
INT     21H
code    ENDS
        END   main
```

[**解**]　执行结果如下：

```
Hello,
this is an example. —END --
```

分析一下例 5.3 的程序。

(1) 程序包括两个段，data 段中只有变量定义，是数据段，code 段中只写指令，是代码段。

(2) ASSUME 伪指令只用来说明 code 段中定义的各标识符（实际上只有标号 main）以 CS 为缺省段寄存器，data 段中的各标识符（变量 VAR1 和 VAR2）以 DS 为缺省段寄存器。ASSUME 伪指令本身并没有对 CS 和 DS 赋值的功能，所以在代码段的最前面用两条指令对 DS 赋值，因为后面的字符串输出功能要求把输出字符串的段地址放到 DS 中。

(3) 程序中没有与 DS 类似的指令对 CS 赋值，这是因为操作系统 DOS 把该程序调进内存后，会把 CS 和 IP 修改为该程序的入口地址（这是由源程序的最后一行指定的，是 END 伪指令后面的那个标号所在的逻辑地址），从而把机器的控制权交给该程序。也就是说，DOS 在移交控制权时就已经把 CS 和 IP 都放好了正确的值，不需要用户程序进行处理。

(4) 程序中第 1 次“INT 21H”调用前，用 LEA 指令把变量 VAR1 的偏移地址取到寄存器 DX 中，用 MOV 指令把 AH 赋值为子功能号 9，而在此之前 DS 已被赋值为 VAR1 所在的 data 段的段地址。这样，字符串输出的入口参数就准备好了。

(5) 变量 VAR1 中的第 1 个字符是字母“H”，9 号子功能从该字母开始，逐个显示后续字符，遇到 13 和 10 分别进行回车换行处理，直到遇到“ $ ”为止，“ $ ’，本身并不出现在屏幕上。此时的输出情况是：

```
Hello,
this is an example.
```

并且光标停在了第 2 行的最后一个符号“.”的后面。虽然定义 VAR1 时在“ $ ”后面还有内容，但这些内容都不会被输出。

(6) 由于 9 号子功能调用的结果并不改变除了 AL 以外的其他寄存器的值，调用后 AH 中仍然是 9，所以第 2 次调用“INT 21H”时只对 DX 重新赋值，取的是 VAR2 的偏移地址，因而第 2 次“INT 21H”调用仍然是 9 号，从光标所在位置输出 VAR2 的内容直到“ $ ”，于是得到前面所述的输出结果。

对例 5.3 的程序稍做修改，成为下面的例 5.4，用来说明使用 DOS 的 9 号子功能进行字符串输出时的一种特殊情况。

例 5.4　写出下面程序执行后的结果。

```
data      SEGMENT
VAR1      DB   'Hello, ',13,10,'this is an example. ',13,10
VAR2      DB   '--END--$'
data      ENDS
code      SEGMENT
ASSUME    CS:code,DS:data
main:     MOV   AX,data
MOV       DS,AX
```

```
LEA     DX,[VAR1]
MOV     AH,9
INT     21H
MOV     AX,4C00H
INT     21H
code    ENDS
END     main
```

［解］　执行结果如下：

```
Hello,
this is an example.
--END--
```

尽管 data 段中定义了两个变量，而代码段中只有一次输出功能调用，仍然把两个变量中的字符串都输出到了屏幕。请记住，源程序一定要翻译成机器语言后才能执行，而机器语言中是没有变量只有地址的。所以对于 DOS 的 9 子功能调用来说，只看当前 DS 和 DX 中的内容，然后以它们为逻辑地址，把内存中的内容连续输出直到“ $ ”为止，并不考虑输出的这些内容是如何定义以及起什么作用。因此，如果变量 VAR2 中也没有“ $ ”，则输出会一直持续下去而不管后面是什么，以至于有可能屏幕上会出现杂乱无章的符号。

5.3.2　字符串输入

入口参数： AH =0AH，是 DOS 的子功能号 100

DS：DX = 输入缓冲区的起始逻辑地址

输入缓冲区有特定的要求，其内存图如图 5.2 所示。

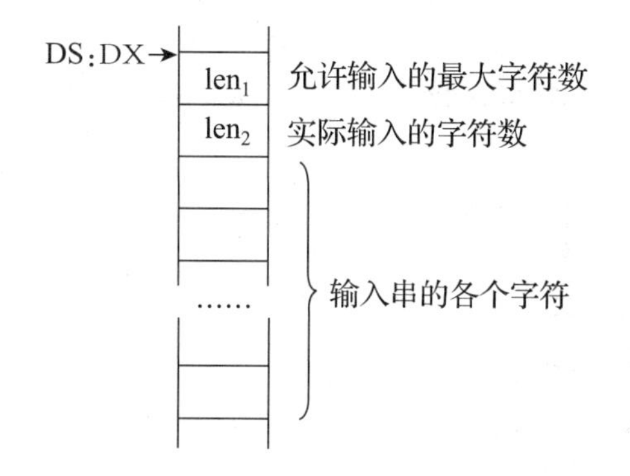

图 5.2　DOS 的 10 号子功能对输入缓冲区的要求

出口参数： 由 DOS 的 10 号子功能在输入缓冲区中填写实际输入情况，即根据键盘输入情况，对图 5.2 中的“实际输入字符数”和“输入串的各个字符”两部分进行填写。

说明：

（1）输入缓冲区是一段连续的内存区，首字节的逻辑地址必须在调用 10 号子功能前放到指定的寄存器 DS 和 DX 中。

（2）程序执行到 10 号子功能调用时，机器将等待操作员从键盘上按键，直到按下回车键为止。按键情况会显示在屏幕上，最后按下的回车键会使光标移动到同一行最左端。如果在按回车键之前发现输入有错误，可以使用退格键或向左的箭头进行修改。

(3) 输入缓冲区的最前面一个字节（图 5.2 中 len_1 处）的值由用户程序填写，用以指出允许输入的最大字符数，最后按的回车键也计算在内。该值是字节型无符号数，有效范围是 0 到 255。当已输入 len_1-1 个字符后就只能按回车键了，按其他键都会被认为是不正确的输入而被机器拒绝，并且扬声器还会发出“嘀”的一声响以示警告。如果 $len_1=1$，表示只能按 1 个键，这个键只能是回车键，其他键都会以“嘀”的一声警告。如果 $len_1=0$，表示一个键都不能按，包括回车键在内的任何按键都会被拒绝并且发出“嘀”的警告声，但机器又在等待输入，这一矛盾将导致无限期等待，即死机。

(4) 输入缓冲区的次字节（图 5.2 中 len_2 处）是由 DOS 的 10 号子功能填写的，在调用前用户程序可把它设为任意值，用户程序填写的这个值对 10 号子功能调用没有任何影响。

(5) 子功能调用完成后，输入的字符串以 ASCII 的形式从输入缓冲区的第 3 个字节起连续存放，最后一个字符是回车键（0DH）。第 2 个字节中放的是输入字符串的有效长度，最后的回车键不计算在内。用户程序可以从缓冲区的相应位置取到输入字符串的长度及串中各个字符。

例 5.5 设有数据段定义如下：

```
d   SEGMENT
VAR   DB   10,11 DUP(0)
d   ENDS
```

画出数据段的内存图，然后执行下面的程序段。设 VAR 的缺省段寄存器为 DS。

```
MOV   AX,d
MOV   DS,AX
MOV   AH,10
LEA   DX,[VAR]
INT   21H
```

假设执行时键盘上的输入情况是依次按下 A、1、B、2 和回车键共 5 个键，画出程序段执行后的数据段的内存图。

[解]　见图 5.3。

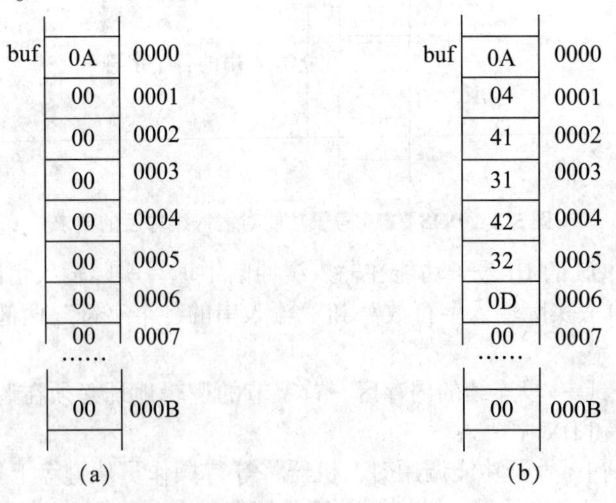

图 5.3　例 5.5 的程序段执行前后数据段的内存图

(a) 程序段执行前的情况　　(b) 程序段执行后的情况

在例5.5中，首先定义变量VAR作为DOS的10号子功能调用的输入缓冲区。作为调用前的准备工作，VAR首字节必须放入一个值用来表示最大允许输入符号数。这个值可以用变量初值的形式放入，也可以在程序执行过程中赋值。例5.7是以初值形式放入数据10（即84 汇编语言程序设计 0AH），表示最大允许输入10个符号，这个数字包含最后必按的回车键，因此最多能输入9个有效字符。调用10号子功能后，变量VAR中的数据有所变化，这正是10号子功能的效果。DOS根据实际情况，把5个按键的ASCII写到VAR第3字节起的内存中。不计回车键，实际有效按键数是4，因此VAR的次字节被填入4。

习　题

5.1　试编写一个程序实现将从键盘输入的小写字母以大写字母的形式显示出来。

5.2　编写程序，从键盘读入一个符号，如果它的ASCII值是偶数则输出0，是奇数则输出1［提示：输出除以2的余数］。

5.3　从键盘读入一个小写字母，输出字母表中倒数与该字母序号相同的那个字母。例如输入首字母a则输出最后一个字母z，输入第4个字母d则输出倒数第4个字母w。

5.4　编写一个程序段，把AL中的高4位与低4位交换位置。

5.5　用十进制输出一个按键的ASCII值。

5.6　从键盘输入两个一位数（按键时保证按下的是数字键），显示它们的积。

5.7　从键盘输入一个两位数，显示它的平方值的十位数字。

第 6 章　分支程序设计

在实际问题中，往往需要对不同的情况作出不同的处理。解决这类问题的程序要选用适当的指令来描述可能出现的各种情况及相应的处理方法。这样，程序不再是简单的顺序结构，而是分成若干个支路。运行时，让机器根据不同的情况自动作出判断，有选择地执行相应的处理程序。通常称这类程序为分支程序，实现这类程序的设计过程称为分支程序设计。

具备逻辑判断能力是电子计算机的重要特点，最典型的逻辑判断就是比较两个数据的大小。在高级语言中是用关系比较符号连接两个数据进行大小比较，比如在 C 语言中把 a 与 b 中大的一个送到变量 c 可以写作：

```
If(a>b)   c=a;
else   c=b;
```

其中 if 语句的条件 a>b 就是进行大小比较的关系表达式。在汇编语言中，上述分支操作需要分成两个步骤进行；首先把 a-b 或 b-a 的情况反映到标志寄存器的标志位上，然后根据标志位的设置情况决定下一步如何处理。汇编语言的分支程序设计必须解决两个问题：一是标志位如何设置，哪些指令可以设置哪些标志位；二是如何根据标志位的值让计算机转向正确的位置继续执行。

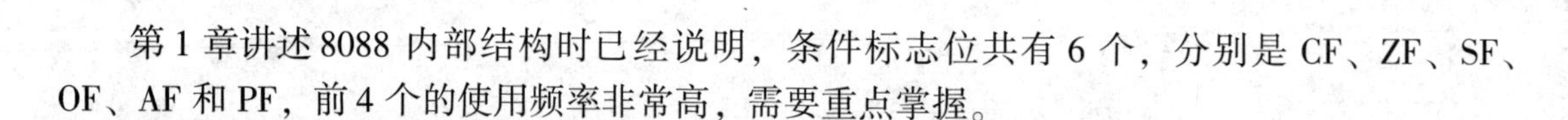

6.1　条件标志位的设置规则

第 1 章讲述 8088 内部结构时已经说明，条件标志位共有 6 个，分别是 CF、ZF、SF、OF、AF 和 PF，前 4 个的使用频率非常高，需要重点掌握。

6.1.1　CF（进位和借位标志）

CF 主要用于记载两个数据相加或相减时，最高位向外的进位或借位情况。如果有进位或借位，则 CF 被置 1，否则清 0。参与运算的数据可以是 16 位的，也可以是 8 位的。

CPU 在加减运算设置 CF 时都是当作 8 个或 16 个二进制位处理的。实质上，CF 中记载了无符号数加法运算最高位向前的进位值（无进位可视为进 0），或者是减法运算向外的借位值（不需要借位可视为借 0）。

对于两个无符号数，如果相减后 CF 的值是 1，表示不够减，当然就有“被减数小于减数”的结论；反之，相减后 CF 为 0 则表示够减，可知“被减数大于或等于减数”。

6.1.2　SF（符号标志）

SF 用于记载两个有符号数运算结果的符号位。CPU 执行加减法运算时，把运算结果的最高位复制在 SF 中。

SF 用于记载两个有符号数运算结果的符号位。CPU 执行加减法运算时，把运算结果最高位复制到 SF 中。

SF 总是反映结果的正负情况，也就是说，不论编程者对操作数如何看待，SF 的值总是反应运算结果的最高位，以表示操作数当作带符号数时运算结果是正的还是负的。

6.1.3　OF（溢出标志）

如果 CPU 执行两个带符号数的加法或减法运算，结果超出了带符号数的表示范围，则把 OF 置 1，这种现象称为带符号数加减运算溢出，没有超出范围则把 OF 清 0。

那么，是不是对 OF 的设置都需要经过准确计算，然后与带符号数表示范围进行比较才能确定呢？其实计算机并不做范围检验，而是按表 6.1 中列出的情况进行设置的。

表 6.1　加减法运算对 OF 的设置方法

加法				减法			
第 1 加数符号位	第 2 加数符号位	和的符号位（SF）	设置 OF	被减数符号位	减数符号位	差的符号位（SF）	设置 OF
0	0	0	0	0	0	0	0
0	0	1	1	0	0	1	0
0	1	0	0	0	1	0	0
0	1	1	0	0	1	1	1
1	0	0	0	1	0	0	1
1	0	1	0	1	0	1	0
1	1	0	1	1	1	0	0
1	1	1	0	1	1	1	0

从表 6.1 可以看出，两个带符号数相加，只有“正 + 正 = 负”和“负 + 负 = 正”这两种情况会使 OF 置 1；相减则只有“正 - 负 = 负”和“负 - 正 = 正”两种情况使 OF 置 1。

6.1.4　ZF（零标志）

ZF 的设置比较简单，如果运算结果为 0，则 ZF 被置 1；结果不为 0，则 ZF 被清 0。

加减法运算指令对 4 个标志位的设置都有具体规定，一条加法指令或一条减法指令在计算出结果的同时，还把 4 个标志位根据运算情况设置了相应的值。编程者对各标志位应有所取舍，如果程序涉及的操作数是无符号数，应该根据 CF 和 ZF 的值做相应处理，如果操作数是带符号的，则应该看 SF、OF 和 ZF。

除了加减法运算外，还有很多指令都对标志位的情况有所影响。可以说，运算类指令除了计算出结果之外，还把结果的特征反映到标志位上。具体可参阅附录中的指令总表。

6.1.5 CMP（指令）

格式：CMP　操作数1，操作数2

功能：操作数1－操作数2

其中：

（1）CMP 指令专门用于两个数据的比较，被比较的数据可以是无符号数，也可以是带符号数。

（2）CMP 指令关于操作数寻址方式的要求与 SUB 指令完全相同。

（3）CMP 指令对各标志位的设定规则也与 SUB 指令相同。

CMP 指令专门用于两个数据的比较，只要符合指令的语法规定，操作数的来源不受限制。比如，一个来自内存的字节型数据可以与指令中的一个立即数进行比较，类似于“CMP BYTE PTR [BX]，30H”。在 CMP 指令的后面接一条条件跳转指令，从而根据 CMP 所设置的条件标志位决定是否跳转，这是汇编语言中分支结构的基本模式。

6.2 转移指令

转移是指让计算机不按照指令编写的顺序去执行下一条指令，而是转到另一个地方去，这与高级语言中的 GOTO 语句类似。程序执行过程中，CPU 中的 CS 和 IP 总是存放着下一条将要执行的指令的逻辑地址，转移正是通过修改这两个寄存器的值来实现的。

6.2.1 无条件转移指令——JMP

格式：JMP　标号

功能：JMP 指令将无条件地控制程序转移到目的地址去执行。

通常情况下，标号定义与 JMP 指令应该在同一段中，这种情况下的跳转称为段内跳转，只需要改变 IP 的值即可实现转移。标号定义的位置与 JMP 指令的位置之间没有先后限制，JMP 指令即可以实现向前跳转，也可以用于向后跳转。程序中还可以多处使用 JMP 指令转到同一个标号。如果标号的定义与 JMP 指令不在同一段中，跳转就需要同时修改 CS 和 IP 才能实现，这种跳转称为段间跳转。

例 6.1 下面的程序段用来说明 JMP 指令的用法。指令的注释是该指令所在的偏移地址。

```
……
JMP   lab          ;0100
MOV   AX,BX        ;0102
ADD   AX,CX        ;0104
Lab: MOV   DX,AX        ;0106
……
```

计算机本应该依照指令编写的次序逐条执行，但在执行到“JMP lab”这条指令时，将跳过下面的两行，直接转到标号 lab 所指的那一行去执行“MOV DX，AX”指令。

再看一下 CPU 执行 JMP 指令的细节。当“JMP lab”指令被取到 CPU 之后，IP 的值已经是0102，用于指出下一条将要执行的指令在偏移地址 0102 处。但是，CPU 执行当前的“JMP lab”指令，会把 IP 的值改为0106，从而使 JMP 指令执行后转到偏移地址0106 处继续执行。例 6.1 用来说明段内跳转的情况，JMP 指令在偏移地址 0100 处，lab 标号定义在偏移地址0106 处，JMP 指令与标号 lab 定义在同一个段内，具有相同的段地址，在程序段的执行过程中 CS 保持不变。如果是段间跳转，JMP 指令在修改 IP 的同时还将修改 CS 的值。

6.2.2　条件跳转指令

JMP 指令会强制 CPU 改变指令执行的次序。这种强制改变是没有任何条件的，但很多时候需要根据程序执行时的情况决定是否转移，就如同本章开始所举的 C 语言的例子中，要根据两个数据比较的结果选择执行哪一种操作，这种功能是由条件跳转指令实现的。

8086/8088 指令系统中具有丰富的条件转移指令，它可以根据某一个标志位的状态进行条件转移，也可以由多个标志位状态形成一个多条件的条件转移。条件转移指令都有一个共同的特点，即都属于段内短转移指令，SHORT 类型。这组指令代码将提供目的地址的 8 位相对偏移量，并与 IP 内容相加，用新的地址的段内偏移值替换原 IP 的内容。由于有 8 位相对偏移量，所以偏移量在 -128 ~ +127 之间。如果条件转移的目标超出此范围，则需要借助于无条件转移指令。

条件跳转类指令不影响标志位。它是根据对某些标志位的测试结果或两个数的比较结果，决定如何转移。

6.2.2.1　以单个标志位为条件的跳转指令

1. JZ 指令（Jump if ZF set）

格式： JZ　标号

功能： 如果 ZF 标志位的值是 1，则转到“标号”所在处继续执行，否则按正常顺序执行下一条指令。

2. JNZ 指令（Jump if ZF Not set）

格式： JNZ　标号

功能： 如果 ZF 标志位的值是 0，则转到“标号”所在处继续执行，否则按正常顺序执行下一条指令。

3. JC 指令（Jump if CF set）

格式： JC　标号

功能： 如果 CF 标志位的值是 1，则转到“标号”所在处继续执行，否则按正常顺序执行下一条指令。

4. JNC 指令（Jump if CF Not set）

格式： JNC　标号

功能： 如果 CF 标志位的值是 0，则转到“标号”所在处继续执行，否则按正常顺序执行下一条指令。

5. JS 指令（Jump IF SF set）

格式：JS　标号

功能：如果 SF 标志位的值是 1，则转到“标号”所在处继续执行，否则按正常顺序执行下一条指令。

6. JNS 指令（Jump if SF Not set）

格式：JNS　标号

功能：如果 SF 标志位的值是 0，则转到“标号”所在处继续执行，否则按正常顺序执行下一条指令。

7. JO 指令（Jump if OF set）

格式：JO　标号

功能：如果 OF 标志位的值是 1，则转到“标号”所在处继续执行，否则按正常顺序执行下一条指令。

8. JNO 指令（Jump if OF Not set）

格式：JNO　标号

功能：如果 OF 标志位的值是 0，则转到“标号”所在处继续执行，否则按正常顺序执行下一条指令。

这 8 条指令在指令格式和功能描述上都非常接近，每两个一组，关于一个标志位，读者要只要记住其中的任何一组，以及常用的 4 个标志位，这些指令就已经在大脑中了。

6.2.2.2　相等和不等比较的跳转

不论是无符号数还是带符号数，都可以做相等和不等的比较。比较通常用 CMP 指令实现，结果反应到标志位上。下面的指令可以根据比较的结果决定是否跳转。

1. JE 指令——等于跳转（Jump if Equal）

格式：JE　标号

功能：如果 ZF 为 1，则转到“标号”处继续执行，否则按正常顺序执行下一条指令。

比较两个数据是否相等，通常先用 CMP 指令把两个操作数相减，根据计算结果设置标志位，然后用 JE 指令根据 ZF 的值决定是否跳转。JE 与 JZ 实质上是同一条指令，并且汇编程序翻译成机器码后的结果也是相同的，JE 与 JZ 是同一机器指令在汇编语言中的两种不同写法。

2. JNE 指令——不等于跳转（Jump if Not Equal）

格式：JNE　标号

功能：如果 ZF 为 0，则转到“标号”处继续执行，否则按正常顺序执行下一条指令。

不难看出，JNE 指令的功能描述与 JNZ 的完全相同，JNE 是 JNZ 的另一种写法。

6.2.2.3　无符号数大小比较的跳转

1. JA 指令——无符号数大于跳转（Jump if Above）

格式：JA　标号

功能：如果 ZF 和 CF 都是 0，则转到“标号“处继续执行，否则按正常顺序执行下一条指令。

对于两个无符号数 OPRD1 和 OPRD2，当“CMPOPRD1，OPRD2”指令设置了标志位后，如果 ZF 和 CF 都是0，表示两数相减的结果不为0，最高位也不需要向外借位，则可判定 OPRD1 > OPRD2。

与 JA 指令完全等同的写法是 JNBE（Jump if Neither Below nor Equal）。

2. JNA 指令——无符号数不大于（即小于或等于）跳转（Jump if Not Above）

格式：JNA　标号

功能：如果 ZF 为1，或者 CF 为1，则转到“标号”处继续执行，否则按正常顺序执行下一条指令。

用“CMPOPRD1，OPRD2”指令设置标志位之后，ZF 为1表示 OPRD1 = OPRD2，而 CF 为1表示把两个数作无符号数看待时，两数相减最高位向外有借位，所以可判定 OPRD1 < OPRD2。这是两个条件的“或”关系，只要其中一个满足即可判定 OPRD1≤OPRD2。

与 JNA 指令完全等同的写法是 JBE（Jump if Below or Equal）。

3. JB 指令——无符号数小于跳转（Jump if Below）

格式：JB　标号

功能：如果 CF 为1，则转到“标号”处继续执行，否则按正常顺序执行下一条指令。

这是根据两个无符号数是否满足“小于”关系决定是否跳转的指令。与 JB 指令完全等同的写法有 JNAE（Jump if Neither Above nor Equal）和 JC。

4. JNB 指令——无符号数不小于（即大于或等于）跳转（Jump if Not Below）

格式：JNB　标号

功能：如果 CF 为0，则转到“标号”处继续执行，否则按正常顺序执行下一条指令。

这是根据两个无符号数是否满足“不小于”关系来决定是否跳转的指令。与 JNB 指令完全等同的写法有 JAE（Jump if Above or Equal）和 JNC。

6.2.2.4　带符号数大小比较的跳转

1. JG 指令——带符号数大于跳转（Jump if Great）

格式：JG　标号

功能：如果 ZF 为0并且 SF 与 OF 值相同，则转到“标号”处继续执行，否则按正常顺序执行下一条指令。

如果把两个带符号数 OPRD1 - OPRD2 的结果反映到标志位上，ZF 为0表示两数不等。再看 SF 与 OF，当 SF 与 OF 同为0时，表示相减结果非负且没有超出带符号数表示范围，故可判定 OPRD1 > OPRD2；而当 SF 与 OF 同为1时，参照表6.1可知，只有在 OPRD1≥0 且 OPRD2 <0 时才可能，同样可判定 OPRD1 > OPRD2。

与 JG 指令完全等同的写法是 JSLE（Jump if Neither Less nor Equal）。

2. JGE 指令——带符号数大于或等于跳转（Jump if Great or Equal）

格式：JGE　标号

功能：如果 SF 与 OF 值相同，则转到“标号”处继续执行，否则按正常顺序执行下一条指令。

参与 JG 指令的分析，当 SF = OF = 1 时可知 OPRD1 > OPRD2，而 SF = OF = 0 时可判定 OPRD1 ≥ OPRD2。

与 JGE 指令完全等同的写法是 JNL（Jump if Not Less）。

3. JL 指令——带符号数小于跳转（Jump if Less）

格式：JL　标号

功能：如果 SF 与 OF 值不同，则转到“标号”处继续执行，否则按正常顺序执行下一条指令。

如果把两个带符号数 OPRD1 - OPRD2 的结果反映到标志位上，当 SF = 1 而 OF = 0 时，表示相减结果是负数且没有超出带符号数表示范围，故可判定 OPRD1 < OPRD2；当 SF = 0 而 OF = 1 时，参照表 6.1 可知，只有在 OPRD1 < 0 且 OPRD2 ≥ 0 时才可能，同样可判定 OPRD1 < OPRD2。

与 JL 指令完全等同的写法是 JNGE（Jump if Neither Great nor Equal）。

4. JLE 指令——带符号数小于或等于跳转（Jump if Less or Equal）

格式：JLE　标号

功能：如果 SF 与 OF 值不同，或者 ZF 为 1，则转到“标号”处继续执行，否则按正常顺序执行下一条指令。

参与 JL 指令的分析，当 SF 与 OF 不同时可判定 OPRD1 < OPRD2，而 ZF = 1 则说明 OPRD1 = OPRD2。所以不论是 SF 与 OF 不同，还是 ZF = 1，都可判定 OPRD1 ≤ OPRD2。

与 JLE 指令完全等同的写法是 JNG（Jump if Not Great）。

6.2.2.5　JCXZ 指令（Jump if CX is Zero）

格式：JCXZ　标号

功能：如果 CX 为 0，则转到“标号”处继续执行，否则按正常顺序执行下一条指令。

这是一条带有条件的跳转指令，但与前面所说的条件跳转都不同。前面的指令都是以一个或几个标志位的情况作为是否跳转的依据，而 JCXZ 指令则只看寄存器 CX 的值是否为 0，与各标志位无关。

条件跳转指令是高级语言中 if 语句的最终实现方法，指令的数量繁多，同一种跳转条件的指令又可以有多种写法，记忆起来比较困难。不妨仔细分析一下指令助记符，可以看出绝大多数都是由 7 个英文单词的首写字母拼接在一起构成的，分别是 Jump、Equal、Not（Neigher、Nor）、Above、Below、Great 和 Less。

6.3　分支程序设计

分支是重要的程序结构，典型的分支流程见图 6.1。不论是哪一种分支流程，在汇编语言中通常都是由设置标志位的指令与条件跳转指令配合实现的。

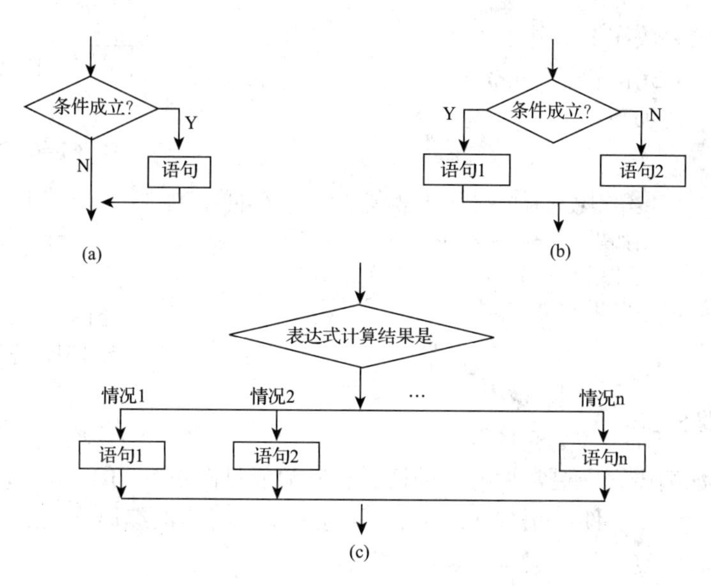

图 6.1　典型的分支流程

(a) 简单分支；(b) 两路分支；(c) 多路分支

6.3.1　简单分支

这是最简单的一种分支形式，如图 6.1（a）所示。如果条件成立则需要完成图中“语句”对应的操作，反之则跳过这些操作直接执行后续的指令。汇编语言简单分支的基本模式为：

设置标志位的指令

条件跳转指令　　　　标号

需要完成的操作

标号：　后续指令

例 6.2 已知 AX 中放有一个带符号数，编写程序段，计算它的绝对值。

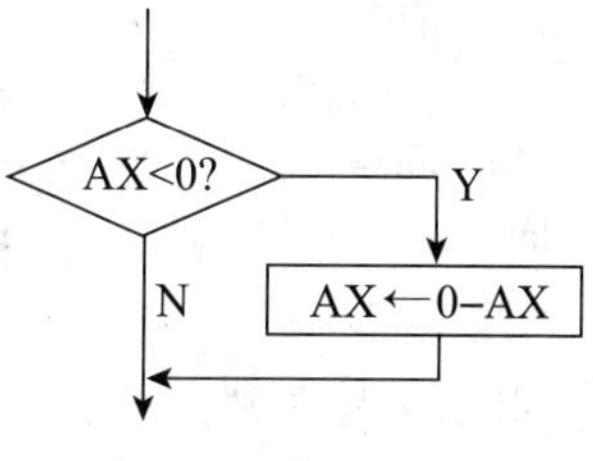

[分析]　图 6.2 是完成例 6.2 的流程图。

图 6.2　计算 AX 绝对值的流程

[解]　程序段如下：

```
……
CMP   AX,0        ;把 AX 的值减去 0,结果设置标志位
JGE   lab1        ;带符号数大于或等于跳转,转到标号 lab1 处
MOV   BX,AX       ;把 AX 的值复制到 BX 中
MOV   AX,0
SUB   AX,BX       ;AX←0 – BX
lab1:……
```

设置标志位并不一定要用 CMP 或 SUB 等减法指令，其他指令也可以用作设置条件的方式。下面的例子用来说明 ADD 指令设置条件标志位的用法。

例 6.3 已知 AX 中放有一个 16 位无符号数，BL 中放有一个 8 位无符号数，编写程序

段把两者相加，结果放在 DX 中。

[分析]　图 6.3 是完成例 6.3 的流程图。

[解]　程序段如下：

```
……
ADD   AL,BL          ;字型数据的低 8 位与字节型的 BL 相加,并设置 CF
JNG   lab2           ;如果 CF=0,表示加法没有进位,则高 8 位不变
ADD   AH,1           ;如果 CF=1,高 8 位加上进位值 1
lab2:MOV   DX,AX     ;结果放到 DX 中
  ……
```

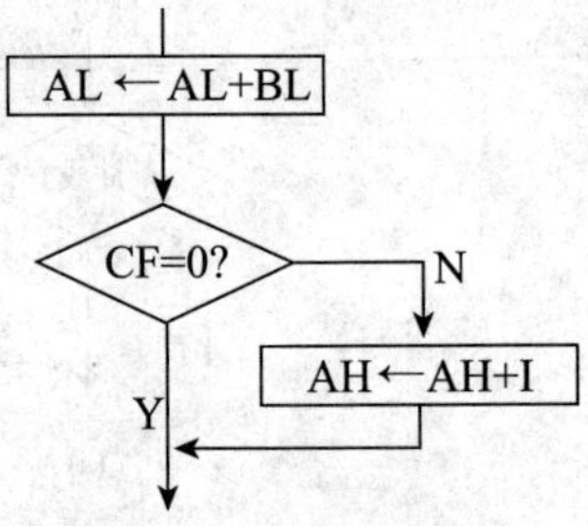

图 6.3　字型无符号数与字节型无符号数相加的流程

6.3.2　两路分支

两路分支是汇编语言中更常见的一种情况，其流程见图 6.1（b），它相当于 C 语言中两路齐全的 if 语句“if（条件）语句 1；else　语句 2;”。由于汇编语言没有这一类结构化指令，所以实现上较为复杂，一般做法是：

```
设置条件标志位
条件跳转指令      标号 1
“语句 1”对应的指令序列
JMP         标号 2
标号 1:“语句 2”对应的指令序列
标号 2:后续指令
```

例 6.4　写一个程序段，把 BX 与 DX 中较大的一个无称号数放到 AX 中。

[解]　……

```
CMP   BX,DX            ;比较 BX 与 DX 的大小,设置标志位
JA    lab3             ;作为无符号数,BX>DX 转
MOV   AX,DX            ;JA 指令不能转移时,说明 BX≤DX,则应取 DX
JMP   lab4             ;取到较大的一个后,转到后续指令
lab3:MOV   AX,BX       ;当 BX>DX 时转到此处,取 BX 到 AX
lab4:  ……              ;已取到大的一个放在 AX 中,此处写后续指令
```

例 6.4 是实现两路分支的典型方法，需要注意的是，其中的无条件跳转指令“JMP lab4”必不可少。如果没有该指令，当 BX≤DX 时，虽然先把 DX 的值放到了 AX 中，但按照顺序执行的规则，马上又执行“MOV　AX，BX”，把 BX 的值放到 AX 中，使刚刚取得的 DX 值不复存在。这样会使 AX 必定取 BX 的值，而不论 BX 与 DX 的大小关系如何，这显然是不符合题目要求的。

6.3.3　复杂条件的处理

在高级语言中经常会出现用逻辑运算符连接两个或两个以上的关系比较作为判断条件。比如在 C 语言中，判断字符变量 ch 中放的是不是大写字母就写作：

```
if(ch>='A'&&ch<='Z')
printf("Y");
```

```
else
printf( "N" ) ;
```

其中的条件部分是用“&&”对两个关系比较进行“逻辑与”运算。这种复杂条件判断在汇编语言中被分解成两个简单判断进行处理。上述分支语句的实现方法可以用图 6.4 的流程表示。可以看出，“逻辑与”运算实际上是被分解成两个分支的嵌套来实现的。

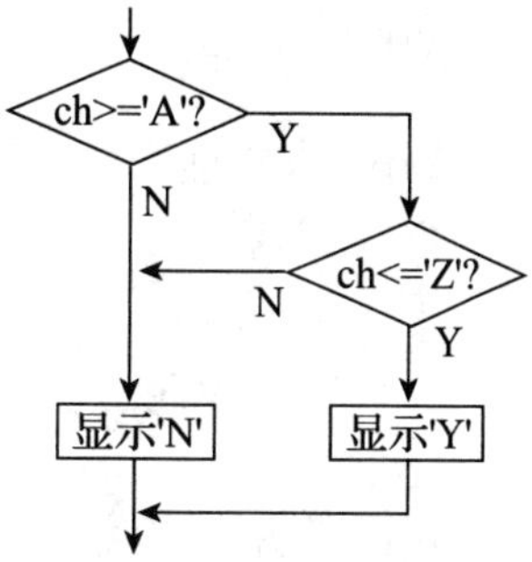

图 6.4 所描述的流程是一种典型的范围判断问题。下面的例 6.5 也是一种范围判断，不过判断的对象是数字而不是字母。

ch>='A'?
Y
N
ch<='Z'?
N
Y
显示'N'
显示'Y'

图 6.4 汇编语言中“逻辑与”运算的处理流程

例 6.5 从键盘读入两个一位数，输出它们的积。

[解]

```
code   SEGMENT
       ASSUME   CS:code
main:MOV      AH,1
      INT      21II              ;读入第 1 个数符
CMP     AL, '0'
JB      lab1                    ;ASCII 值比'0'小则不是数字,转 lab1
CMP     AL, '9'
JA      lab1                    ;ASCII 值比'9'大也不是数字,转 lab1
MOV     BL,AL                   ;把第 1 个数符临时保存在 BL 中
MOV     AH,2
MOV     DL,13
INT     21H                     ;回车
MOV DL,10
INT     21H                     ;换行
MOV     AH,
INT     21H                     ;读入第 2 个数符
CMP     AL, '0'
JB    lab1                      ;ASCII 值比'0'小则不是数字,转 lab1
CMP     AL, '9'
JA      lab1                    ;ASCII 值比'9'大也不是数字,转 lab1

SUB     AL,30H                  ;把后读入的数符转换成数值
SUB     BL,30H                  ;把先读入的数符转换成数值
MUL     BL                      ;两个一位数相乘,积在 AX 中
MOV BL,10
DIV     BL                      ;分解出积的十位数字与个位数字
ADD     AX,3030H                ;转换成相应的 ASCII
MOV     BX,AX                   ;在 BX 中暂存
MOV     AH,2
MOV     DL,13
INT     21H                     ;回车
```

```
MOV    DL,10
INT    21H                    ;换行
MOV    DL,BL
MOV    AH,2
INT    21H                    ;输出十位数字
MOV    DL,Bh
INT    21H                    ;输出个位数字
JMP    lab2

lab1: MOV   AH,2
MOV    DL, 'E'
INT    21H
lab2: MOV                     AH,4CH
INT    21H                    ;交还控制权给 DOS
code ENDS
END    main
```

两个条件的“逻辑或”运算的处理方法和“逻辑与”的处理方法非常类似。其实“逻辑与”和“逻辑或”之间存在着相互转换关系，比如前面提到的判断变量 ch 中放的是不是大写字母的 if 语句完全可以写成：

```
if(ch < 'A'||ch > 'Z')
printf("Z");
else
printf("Y");
```

而这里的“逻辑或”操作在处理流程上与图 6.4 的流程完全一样。

6.3.4 多路分支

图 6.1（c）的多路分支与下面的图 6.5 所表示的流程等效，而图 6.5 不过是把多个两路分支层层嵌套在一起而已，用汇编语言实现并不困难。

多路分支经常出现在根据多种按键情况进行多种不同处理的程序中，比如按键式菜单选择程序。下面是一个实现多路分支的程序实例。

例 6.6 从键盘接收一个按键，如果按键是小写字母则输出“L”，是大写字母则输出“U”，如果是数字则输出“N”，都不是输出“ * ”。

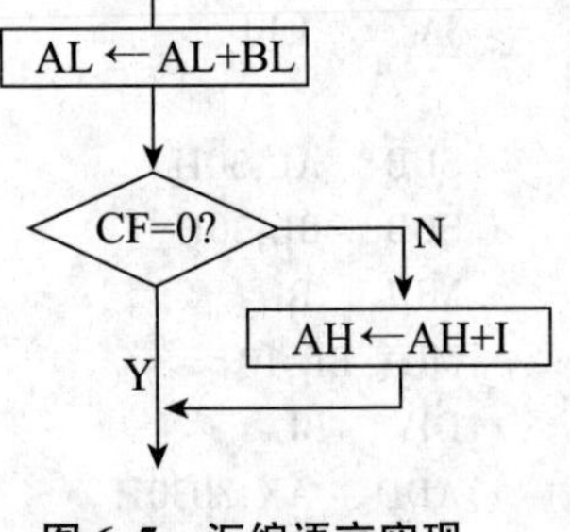

图 6.5 汇编语言实现多路分支的流程

[解]

```
code  SEGMENT
      ASSUME   CS:code
start:MOV      AH,1
      INT      21H
CMP      AL, '0'
JB       lab1                ;按键的 ASCII 小于'0',则不是字母和数字
```

```
        CMP     AL, '9'
        JA      lab2            ;不是数字传输
        MOV     DL, 'N'         ;是数字,准备输出'N'
        JMP     lab3
lab2:CMP    AL, 'A'
        JB      lab1            ;不是字母和数字,转 Lab1
        CMP     AL, 'Z'
        JA      lab4            ;不是大写字母转
        MOV     DL, 'U'         ;不是大写字母,准备输出'U'
        JMP     lab3
lab4:CMP    AL, 'a'
        JB      lab1            ;不是字母和数字,转 Lab1
        CMP     AL, 'Z'
        JA      lab1            ;不是字母和数字,转 lab1
        MOV     DL, 'L'         ;是小写字母,准备输出'L'
        JMP     lab3
lab1:MOV    DL, '*'             ;不是字母和数字,准备输出'*'
lab3:MOV    A,H,2
        INT     21H             ;输出准备好的字符
        MOV AH,4CH
        INT     21H             ;交还控制权给 DOS
code    ENDS
        END     start
```

在汇编语言中，如果要根据一个带符号数是正、负或0的情况进行处理，有一种特殊的方法，一次比较三路分支，下面的例子具体说明了这种用法。

例6.7 设BX中放有一个带符号数，编写程序段根据BX值是负、0或正的情况，令AL取值为-1、0或+1。

[解]

例6.7中只设置了一次标志位，却用JL与JG指令做了两次条件分支，或者说在设置条件标志位的CMP指令与使用这些标志位的JG指令之间插有其他指令。这样使用的前提是插入的指令不能影响CMP所设置的标志，而JL指令可以保证这一点。

另外，例6.7中没有必要在JG指令之后再加一条JZ指令转到指令“MOV AL, 0”去，因为当BX<0和BX>0都不成立而不能由JL或JG指令实现转移时，一定有BX=0的结论，只要接着往下去做相应的处理即可。

习　题

6.1　试编写一个程序，要求比较两个字符串STRING1和STRING2所含字符是否相同，若相同则显示‘MATCH’，若不同则显示‘NO MATCH’。

6.2　编写程序，将一个包含有20个数据的数组M分成两个数组：正数数组P和负数数组N，并分别把这两个数组中数据的个数显示出来。

6.3 从键盘输入一系列以 $ 为结束符的字符串，让后对其中的非数字字符计数，并显示出计数结果。

6.4 阅读下面的程序段，说明其功能，并用更少的指令简化该程序段，完成同样的功能。

```
……………
CMP   AX,0
JGE    LAB1
MOV   DX,0FFFFH
JMP    LAB2
LAB1:  MOV  DX,0
LAB2:  ……
```

提示：把 DX 和 AX 一起作双字型数据理解

6.5 试比较指令“SUB　AX，0”与“CMP　AX，0”的异同，两者在编程时是否可以相互替代?

6.6 编写完整的程序，判断一个按键是不是回车键。

6.7 从键盘输入一系列字符（以回车符结束），并按字母、数字及其他字符分类计数，最后显示出这三类的计数结果。

6.8 已定义了两个整数变量 A 和 B，试编写程序完成下列功能。

(1) 若两个数中有一个是奇数，则将奇数存入 A 中，偶数存入 B 中。

(2) 若两个数均为奇数，则将两数均加 1 后存回原变量。

(3) 若两个数均为偶数，则两个变量均不改变。

第7章　循环程序设计

前面已经讨论了顺序程序、分支程序。在顺序结构的程序中，每一个语句均被执行一次，而分支程序中的语句，有的被执行一次，有的却从未被执行过。显然，出现在顺序程序或分支程序中的任何一条语句，至多只被执行一次。但在实际问题的处理程序中，常常需要按照一定规律，多次重复执行一串语句，这类程序叫循环程序。

循环程序一般由4部分组成，如图7.1所示。

（1）置循环初值部分：这部分是为了保证循环程序能正常进行循环操作而必须做的准备工作。循环初值分两类，一类是循环工作部分的初值，另一类是控制循环结束条件的初值。

（2）工作部分：即需要重复执行的程序段。这是循环程序的核心，称之为循环体。

（3）修改部分：按一定规律修改操作数地址及控制变量，以便每次执行循环体时得到新的数据。

（4）控制部分：用来保证循环程序按规定的次数或特定条件正常循环。

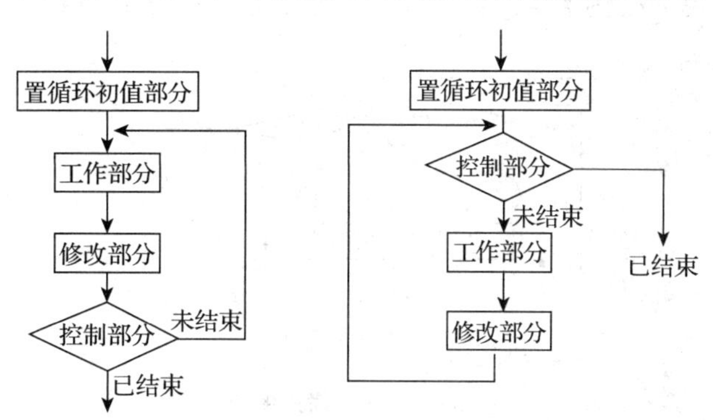

图7.1　循环程序的结构形式

循环的实质是相似重复，是把一段程序连续执行多次。被重复执行的部分称作循环体。要想把循环体多次执行，就必须在循环体的前后有相应的指令实现循环控制。根据循环控制命令与循环体的相对位置不同，循环有两种流程，如图7.2所示。图7.2（a）对应于C语言中的for循环和while循环的流程，而图7.2（b）则对应于C语言的do-while循环。

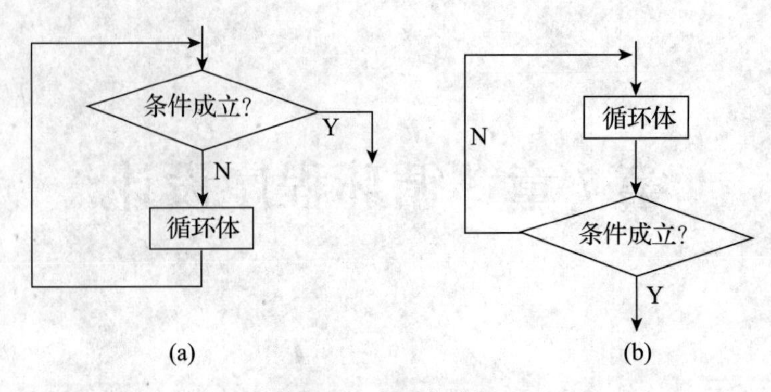

图 7.2 循环的流程

(a) 先判断再重复的循环; (b) 先重复后判断的循环

7.1 先判断再循环

图 7.2 (a) 描述的循环是先做条件判断，由判断结果产生两路分支，其中一路（图中的“Y”分支）直接跳转到循环体的后面，另一路进入循环体，循环体执行一次之后转回到条件判断部分，再次进行条件判断。如此重复直到条件满足为止。如果第一次条件判断就选择了图中的“Y”分支，这种情况下循环将一次都不执行。汇编语言没有类似于 C 语言的 for 或 while 的结构化控制语句，需要用跳转指令进行循环控制。

例 7.1 设 DS：SI 中存放了一个字符串的首地址，该字符串以“ $ ”结束。编写程序段，把该字符串显示到屏幕上，结束符“ $ ”不显示。

[分析] 图 7.3 是完成例 7.1 的流程图，它与图 7.2 (a) 具有相同的结构。

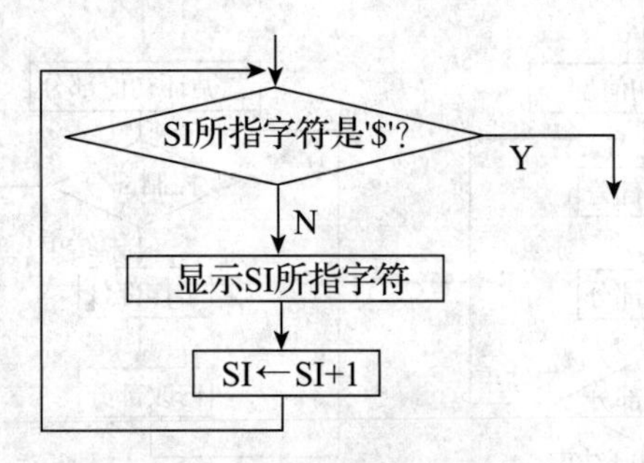

图 7.3 例 7.1 对应的流程

[解] 程序段如下：

```
lab1:  CMP    BYTEPTR[SI],'$'
       JE     lab2                ;遇'$'则跳出循环
MOV    AH,2
MOV    DL,[SI]               ;把字符取到 DL 中
INT    21H                   ;把 DL 中的字符输出到屏幕
ADD    SI,1                  ;使 SI 指向下一字符
JMP    lab1                  ;转回再做条件判断
lab2:  ……ZKK))
```

7.2 先循环再判断

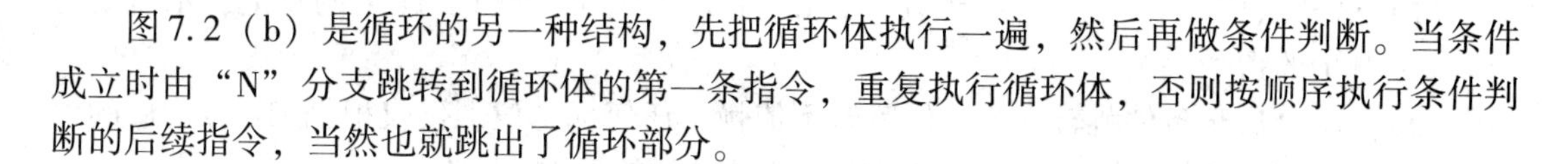
图7.2（b）是循环的另一种结构，先把循环体执行一遍，然后再做条件判断。当条件成立时由“N”分支跳转到循环体的第一条指令，重复执行循环体，否则按顺序执行条件判断的后续指令，当然也就跳出了循环部分。

例7.2 要求与例7.1相同，但最后的结束符“＄”也要显示在屏幕上。

［**分析**］图7.4是完成例7.2的流程图，它与图7.2（b）具有相同的结构。

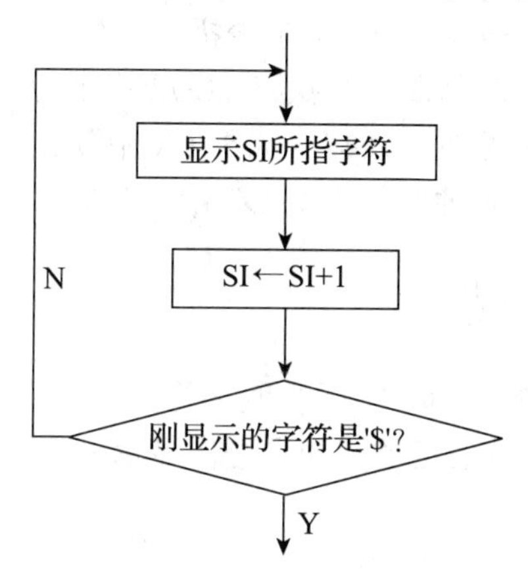

图7.4　例7.2对应流程

［**解**］　程序段如下：

```
lab3:MOV   AH,2
MOV   DL,[SI]      ;把字符取到DL中
INT   21H          ;把DL中的字符输出到屏幕
ADD   SI,1         ;使SI指向下一字符
CMP   DL,'$'       ;判断刚刚输出的符号是不是'$'
JNE   lab3         ;已显示'$'则跳出循环
……
```

两种循环结构的最大不同在于，图7.2（b）的循环体部分至少执行一遍，而图7.2（a）的循环体可以一次都不执行，这就是例7.1与例7.2在遇到的第一字符就是结束符'＄'时出现的情况。

7.3 计数型循环

计数是计算机最常用的功能之一，在汇编语言中设计有一条专用指令控制已知执行次数的循环。

格式：LOOP 标号

功能：先把寄存器CX的值减1送回CX中，若这时CX值不是0，则转到标号所指向的指令继续执行，否则按正常顺序执行下一条指令。

说明：

（1）这是把 CX 当作递减计数器使用，LOOP 指令包含了把 CX 减 1 的功能，不需要另外写 CX 减 1 的指令。

（2）LOOP 属于条件跳转指令，但跳转不依赖于任何标志位，仅仅根据 CX 减 1 后的值是否为 0。与其他条件跳转一样，跳转的距离不能超过前后 128 字节。

（3）由 LOOP 指令构成的循环，通常是在循环之外先将 CX 中放预定的循环次数，然后是循环体，循环体的最后是 LOOP 指令跳转到前面定义的标号处。这种结构是图 7.2（b）所描述的“先重复再判断”的循环，循环体最少执行一次。

（4）由于是对 CX 先减 1 后判断，若执行 LOOP 指令时 CX 的值是 0，则减 1 后变成 0FFFFH，不为 0，则会转到标号处。所以，如果 CX 中预先放的值是 0，循环体将会执行 65536。为预防这样的情况出现，通常先用 JCXZ 指令判断一下 CX 值是否为 0，不为 0 时再进入循环部分。

（5）LOOP 指令不影响标志位。

例 7.3 编写完整程序，在一行上依次显示 26 个大写英文字母。

［分析］英文字母的数目是确定的，如果每次显示一个字母，则循环一定执行 26 次，这是已知次数的循环。

［解］

```
Code    SEGMENT
        ASSUME   CS：code
Start：  MOV    CX，26          ；预定的执行次数 26
        MOV    DL，'A'
lab1：   MOV    AH，2
        INT    21H            ；显示一个字母
        ADD    DL，1           ；准备好下一个字母
        LOOP   lab1           ；循环控制
        MOV    AX，4C00H       ；AL 中放交还控制权时附带的返回码
        INT    21H            ；交还控制权
Code    ENDS
        END    start
```

例 7.3 中，程序结束交还控制权给 DOS 时在 AL 中放了一个数据，这是附带的一个返回码，用于用户程序结束时传递给 DOS 一个信息，一般以 0 表示程序正常结束。另外，程序中并没有用 JCXZ 指令判断 CX 的值是否为 0，这是因为进入循环前确切地知道 CX 中放的是 26，不可能为 0。

例 7.4 设内存中存放有一个由若干字符构成的符号串，起始逻辑地址已放在 DS：SI 中，串长（>0）放在 CX 中，编写程序段把该串中各字符的位置颠倒排列，结果仍放回原处。

[分析] 这是一个交换问题，需要把串的第 1 个字符与最后一个字符交换，第 2 个字符与倒数第 2 个交换，……。交换操作的次数是串长的一半，比如串长为 6，则只要进行 3 次这样的交换。若串长是 7，仍然进行 3 次交换，中间一个字符是不需要改变位置的，因此可以先用 DI 取最后一个字符的偏移地址，即 DI←SI + CX - 1，再求出 CX ÷ 2 的商，然后在 DS 段中，用 SI 所指向的字符与 DI 所指向的字符交换，每次交换后把 SI 的值加 1，DI 的值减 1，重复进行，循环次数是串长的一半。

[解]

```
……
        MOV   DI,SI
        ADD   DI,CX
        SUB   DI,1        ;DI←SI + CX - 1
        MOV   AX,CX
        MOV   DX,0
        MOV   BX,2
        DIV   BX
        MOV   CX,AX       ;CX←CX ÷ 2 的商,作为循环次数
        JCXZ  lab2

lab1:   MOV   AL,[SI]     ;取出 SI 所指的字符
        MOV   AH,[DI]     ;取出 DI 所指的字符
        MOV   [SI],AH     ;串后部取出的字符放在串前部
        MOV   [DI],AL     ;串前部取出的字符放在串后部
        ADD   SI,1
        SUB   DI,1
        LOOP  lab1
lab2:   ……
```

7.4 循环嵌套

在一个循环的循环体中又出现了另一个循环，这种现象称为循环嵌套。当这种嵌套关系只有内外两层时，程序设计并不非常困难。在高级语言中有比较规范的结构化语句实现循环嵌套，但在汇编语言中，循环都是由编程者自己用跳转指令控制的，所以编写程序时需要很仔细地区分内外循环，要把内循环所有指令套在外循环的循环体当中，不能出现两个循环交叉的情况。

例 7.5 在屏幕上显示如下由数字拼成的形状：

0123456789
1234567890
2345678901
3456789012

4567890123
6789012345
7890123456
8901234567
9012345678

[**分析**] 这是典型的内外循环相套的情况，用外循环控制10行，内循环控制每一行上的10个符号，尽管内外循环都确切地知道执行次数，但只能把其中之一用LOOP指令实现。

[**解**]

```
Code    SEGMENT
        ASSUME   CS:code
Main:   MOV   BL,0          ;外循环用BL从0数到9控制
lab1:   MOV   CX,10         ;内循环用LOOP指令,CX中放次数10
        MOV   DL, '0'
        ADD   DL,BL         ;DL中放每行第1个要显示的字符
lab2:   MOV   AH,2
        INT  21H            ;显示DL中的字符
        ADD   DL,1
        CMP   DL, '9'
        JBE   lab3
        MOV   DL, '0'       ;DL逐个递增取下一符号,超过'9'则回'0'
lab3:   LOOP  lab2          ;内循环控制
        MOV   DL,13
        INT    21H          ;回车
        MOV   DL,10
        INT    21H
ADD   BL,1
CMP     BL,10
        JB      lab1        ;外循环控制
        MOV   AX,4C00H
INT     21H         ;交还控制权
  code  ENDS
        END   main
```

习　题

7.1 在ADDR单元中存放着数Y的地址，试编制一程序把Y中1的个数存入COUNT单元中。

7.2 在附加段中，有一个首地址为LIST和未经排序的字符数组。在数组的第一个字中，存放这个该数组的长度，数组的首地址已存放在DI寄存器中，AX寄存器中存放着

一个数。要求编制一程序：在数组中查找该数，如果找到此数，则把它从数组中删除。

7.3　试编制一个程序：从键盘输入一个字符，要求第一键入的字符必须是空格符，如不是，则退出程序；如是，则开始接收键入的字符并顺序存放在首地址为 BUFFER 的缓冲区中（空格不存入），直到接收到第二个空格符时退出程序。

7.4　有一个首地址为 A 的 N 字数组，编制程序使该数组中的数按照从大到小的次序整序。

7.5　在附加段中有一个字符数组，其首地址已存放在 DI 寄存器中，在数组的第一个字中存放着该数组的长度。要求编制一个程序使该数组中的数按照从小到大的次序排列整齐。

第8章 子程序

子程序是程序设计的重要方法与技术之一。程序设计中经常会遇到重复出现的程序段，如果把这种程序段每次出现时都抄写一遍，一方面会使程序冗长，不易于阅读，另一方面则会给程序的调试和维护带来很多不便。通常，对于有规律重复的程序段可以编制成循环程序，而无规律的重复就无法用循环实现。比如，实现回车换行功能虽然是一个很短小的程序段，却在很多程序中经常使用，并且在程序中的位置没有什么规律可寻，这时使用子程序就是一个很好的方法。

为了能更好地把握子程序的编写和使用方法，必须先掌握堆栈的有关概念。

8.1 堆栈

在8088系统的汇编语言和机器语言中，堆栈在物理结构上是存放数据的一段连续内存区域，以及一个称为栈顶指针的专用存储单元。堆栈中只能存放16位的字型数据。存入数据的操作称为“进栈”或“压栈”。已存入的数据也可以取出，称为“出栈”或“弹出”。数据的存取操作由专用指令完成。从逻辑上说，堆栈是一种按“先进后出”原则进行操作的数据结构，栈顶指针用于指出入栈操作和出栈操作的位置。

8.1.1 堆栈段

图8.1是堆栈的物理结构示意图，图中标出的SS和SP是与堆栈密切相关的寄存器，SS存放堆栈所占用内存区域的段地址，与SP一起构成逻辑地址，所指向的位置称为栈顶。

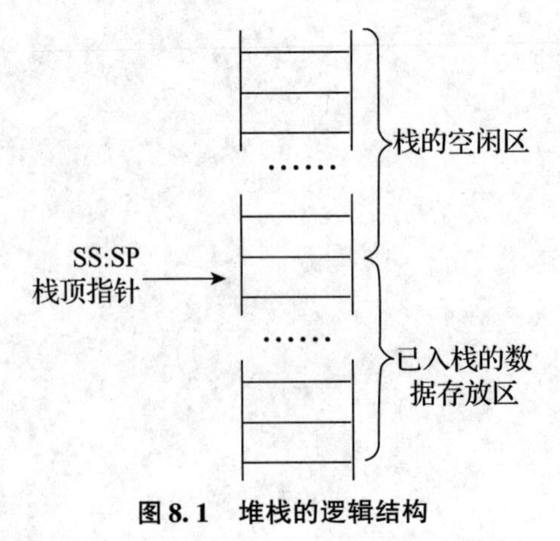

图8.1 堆栈的逻辑结构

一个程序如果要使用堆栈，必须先留出一片连续内存区域，方法是在程序中定义一个堆栈段。

格式：

```
段名  SEGMENT   STACK
      DW        n DUP (?)
段名  ENDS
```

说明：

（1）STACK 是汇编语言的保留字，是堆栈段的专用符号，在 SEGMENT 后面写上 STACK 表明这个段专供堆栈使用。

（2）段定义中用“DW n DUP（?）”说明堆栈所用内存区的大小为 2n 字节，其中 n 是一个常量，可根据程序需要，调节堆栈段的大小。因为堆栈只能存放字型数据，所以习惯上都是用 DW 伪指令来定义栈的大小。这并不是说用其他伪指令不行。

（3）按基本格式定义的栈是一个空栈，栈中没有存放有效数据。

（4）为了使 SS 和 SP 在程序执行时取得正确的值，必须在源程序中写一条伪指令：

ASSUME SS：堆栈段段名

但不需要像 DS 和 ES 一样在程序中用指令进行赋值。对 SS 和 SP 的赋值是由操作系统在把可执行文件调入内存时由 DOS 本身完成的。DOS 将 SS 赋值为堆栈段的段地址，把 SP 赋值为 2n。

8.1.2 进栈与出栈指令

栈操作指令以它特有的方式存取数据，属于数据传递类指令，但又与 MOV 等指令有很大的区别。

8.1.2.1 PUSH 指令

指令格式： PUSH 源操作数

功能： 先把 SP 的值减去 2，然后把字型源操作数放入以 SS 为段地址、SP 为偏移地址所对应的内存单元中。

说明：

（1）这是单操作数指令，源操作数可以是包括段寄存器在内的任何字型寄存器，或者内存型寻址方式，但不能是立即寻址。当源操作数是内存型寻址方式时，不论源操作数的类型是不是字型，汇编程序都作为字型处理。

（2）PUSH 指令的功能包括移动栈项和存入数据两部分，两部分连续完成，密不可分。

（3）源操作数进栈是以减 2 以后的 SP 的值作为偏移地址，但程序中不允许出现“[SP]”的写法。不要与基地址寄存器或变址寄存器用作偏地址时的写法相混淆，也就是说，把 PUSH 指令理解成下面两条指令的组合是不正确的：

```
SUB   SP, 2
```

MOV [SP]，源操作数

因为指令“MOV [SP]，源操作数”存在语法错误。

（4）PUSH 指令会导致栈顶指针的移动，如果用多条 PUSH 指令把很多数据进栈，使 SP 不断减 2，就有可能超出栈的有效范围。在一些高级语言中这种现象会导致堆栈溢出错误，但 8088 对此并不做任何检测和警告。因此要求编程人员自己注意控制堆栈的大小，估计可能进栈的数据量，以免由于栈溢出导致不可预测的结果。

8.1.2.2 POP 指令

指令格式：POP 目的操作数

功能：从 SS 为段地址、SP 为偏移地址对应的内存中取出一个字型数据，送给目的操作数，然后把 SP 的值加 2。对目的操作数寻址方式的限制与 PUSH 指令相同。 堆栈通常用于临时保存数据。一般做法是先用 PUSH 指令把需要保存的数据入栈，然后执行一段指令序列完成某任务，再用 POP 指令把原先保存的数据出栈。用堆栈保存数据的特点是不用定义变量，不必关心被保存的数据到底在栈的什么位置，只要保证出栈和进栈的对应关系即可。当 CPU 中的寄存器不够使用时经常用堆栈 l 临时保存数据。例 8.1 用来说明 PUSH 指令和 POP 指令的具体执行情况。

例 8.1 设 AX = 4F8AH，BX = 307CH，SP = 1000H，分别逐条执行下列指令，用内存图的形式画出堆栈的变化情况，并分析程序段执行完后 AX 和 BX 寄存器的值。

```
PUSH   AX
PUSH   BX
POP    AX
POP    BX
```

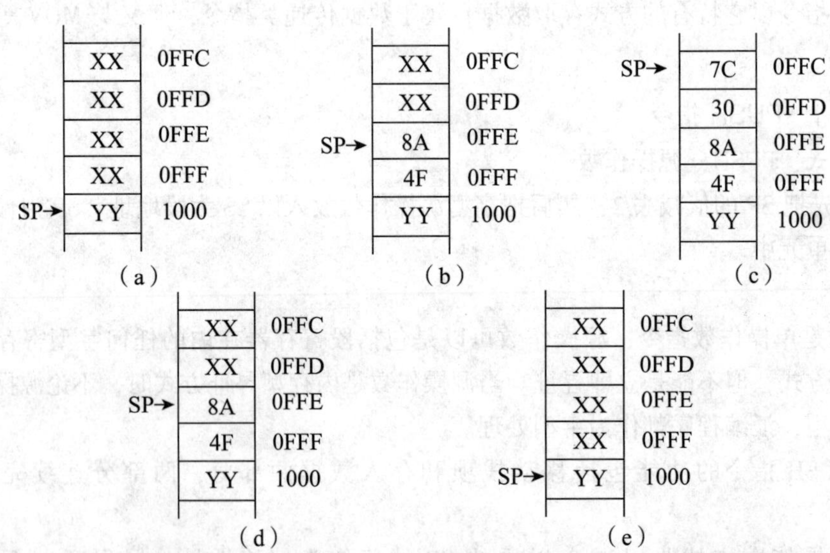

图 8.2 执行 PUSH 和 POP 指令对堆栈的影响

（a）执行前；（b）PUSH AX 后；（c）PUSH BX 后

（d）POP BX 后；（e）POP AX 后

8.1.2.3　PUSHF 和 POPF 指令

指令格式：PUSHF

功能：把 SP 的值减 2，并把 16 位的标志寄存器送入 SS：SP 所指向的内存，即把标志寄存器入栈。

指令格式：POPF

功能：把栈顶的一个 16 位的字型数据送入标志寄存器，并把 SP 的值加 2。

这两条指令除了用于临时保存标志寄存器的值之外，还可以与 PUSH、POP 指令配合用于设置标志寄存器中的任意一个标志位。一般的做法是先用两条指令

```
PUSHF
POP     AX
```

把标志寄存器的值复制到 AX 中，然后按标志位的分布情况和实际需要，用 AND、OR、XOR 等指令修改 AX 的相应位，再用两条指令

```
PUSH   AX
POPF
```

把修改后的值送到标志寄存器中。

8.2　子程序的基本格式和有关指令

8.2.1　汇编语言子程序格式

子程序是具有固定功能的程序段，并且有规定的格式。不同的计算机语言对子程序格式的规定不同，汇编语言的子程序基本格式如下：

```
子程序名   PROC   类型
           指令序列
子程序名   ENDP
```

格式中的首尾两行表示一个子程序的开始和结束，都属于伪指令。“子程序名”是一个标识符，是编程者给子程序起的名字。子程序名同时还代表子程序第一条指令所在的逻辑地址，称为子程序的入口地址。“类型”只有 NEAR 和 FAR 两种，它将影响汇编程序对子程序调用指令 CALL 和返回指令 RET 的翻译方式。被夹在子程序起止伪指令之间的指令序列是完成子程序相应功能的程序段。通常指令序列的最后一条指令是返回指令 RET。

8.2.2　子程序相关指令

8.2.2.1　CALL 指令

指令格式：CALL　子程序名

功能：这是调用子程序的指令。根据被调用的子程序的类型不同，CALL 指令的功能分为以下两种情况。

（1）如果子程序是 NEAR 类型，则先把当前指令指针 IP 的值入栈，这会使 SP 的值减 2，然后把 IP 改成子程序的第一条指令所在的偏移地址。这种只修改 IP 不修改 CS 的子程序调用称为段内调用。

（2）如果子程序是 FAR 类型，则先把当前 CS 的值入栈，再把 IP 的值入栈，结果会使 SP 的值减 4，然后把 CS 和 IP 改为子程序第一条指令的逻辑地址。这种同时修改 CS 和 IP 的子程序调用称为段间调用。

CALL 也是一种跳转指令，与无条件跳转及条件跳转指令不同的是，CALL 在跳转之前会把 IP 的当前值（段间调用则是 CS 与 IP 的当前值）入栈保存，从而预留了回来的方法。当 CALL 指令被调入 CPU 并正在执行时，CS 与 IP 存放着在编写顺序上 CALL 的下一条指令的逻辑地址，而执行 CALL 指令将使这个逻辑地址入栈保存。于是回来的方法就显而易见了，只要从栈中取回由 CALL 保存的逻辑地址，送回 IP（或者 CS 与 IP），就将使 CPU 转去执行 CALL 的下一条指令。这种返回操作就是由 RET 指令实现的。

8.2.2.2 RET 指令

指令格式：RET

功能：这是子程序返回指令，必须写在子程序的指令序列之中。根据所在的子程序的类型不同，RET 指令的功能也分为以下两种情况。

（1）如果 RET 所在子程序是 NEAR 类型，则从堆栈中出栈一个字送到 IP，这会导致 SP 的值加 2。这种只修改 IP 的返回称为段内返回。

（2）如果 RET 所在子程序是 FAR 类型，则先从堆栈中出栈一个字送到 IP，再出栈一个字送到 CS，这会导致栈顶指针 SP 的值加 4。这种同时修改 CS 和 IP 的返回称为段间返回。

实际上，8088 的指令系统中有两条机器指令与 CALL 相对应。在子程序格式中，第一行的“类型”就是用来告诉汇编程序把调用该子程序的 CALL 翻译成哪一条机器指令。同样，指令系统中也有两条机器指令与 RET 相对应。RET 指令必须写在一个子程序内部，通过子程序的类型，汇编程序可以分辨出应该把 RET 翻译成哪一种情况。

CALL 指令和 RET 指令都具有跳转的能力，与条件跳转及无条件跳转一样，都是通过修改 IP 或者 CS 与 IP 来实现的。不论跳转是由哪一条指令造成的，对于只改变 IP 的段内跳转或段内返回，由于 CS 保持不变，在编写源程序时必须保证转移的目的地与跳转指令在同一个代码段内。而段间跳转同时改变了 CS 和 IP 的值，这就允许跳转的目的地在整个内存空间的任何位置，不必限制与跳转指令在同一个段中。

8.2.3 子程序的调用与返回

子程序具有固定的功能，这种功能在一个程序或多个程序中经常反复使用。使用子程序的目的就在于编程时不愿意把相同的程序段在每个需要使用的地方抄写一遍。在汇编语言程序中，子程序分为定义和调用两种情况：子程序定义是指按 8.2.1 节的格式编写程序段；而子程序调用是指用“CALL 子程序名”告诉 CPU 在执行到此处时转到相应的子程序去执行。在较短的程序中，可以把子程序定义与其余指令写在同一个代码段内。一个代码段中可以定义多个子程序，并且都定义成NEAR类型。对于代码较长的程序，可以把子程序与主程序分别在不同的段中编写，并把允许段间调用的子程序定义成FAR类型。下面是含有子程序的一种程序结构：

```
段名A      SEGMENT
           ASSUME     CS:段名A
子程序1    PROC       FAR
           ……
子程序1    ENDP
段名A      ENDS
段名B      SEGMENT
           ASSUME     CS:段名B
子程序2    PROC       NEAR
           ……
段名B      ENDS
           END        入口标号
```

从“入口标号”处编写主程序部分，整个程序从“入口标号”所在的那条指令开始执行。主程序可以调用子程序1，也可以调用子程序2。在语法规则上，一个子程序可以调用另一个子程序，还可以调用它自身，并且在书写次序上没有“先定义后调用”的限制。子程序1是FAR类型，不管“CALL 子程序1”出现在哪个段内，所有对它的调用都是段间调用。子程序2是NEAR类型，对它的调用都是段内调用，调用指令“CALL 子程序2”，必须与子程序2在同一段内，否则无法正确实现转向及返回。在上面的例子中，从子程序1中调用子程序2就是错误的。

源程序在经过汇编程序的翻译后，所有伪指令都不存在了。作为CALL指令的操作数，“子程序名”部分会翻译成子程序第一条指令的逻辑地址。当CALL指令被取到CPU时，CS和IP已经是CALL的下一条指令的逻辑地址了。执行CALL指令将保存当前CS和IP的值(如果是段内调用则只保存P的值)，并修改其值使CPU转去执行子程序的第一条指令，并依次执行后续指令，完成子程序的功能，直至遇到RET指令。RET指令将从栈中取出由CALL保存的数据，恢复在执行CALL指令时的CS与IP值，从而回到CALL的下一条指令继续执行。下面的例8.2用来说明调用及返回的具体过程。

例8.2 分析下面的程序段的执行过程，以及在执行过程中堆栈及指令指针1P的变化情况。假设当前正准备执行的是CALL指令，此时SP的值是0FEH。

```
subp  PROC   NEAR
      INC    AL        ;假设本指令所在的偏移地址是1234H
      ……
      RET
subp  ENDP
      ……
      CALL   subp
      MOV    AX,BX  ;假设本指令所在的偏移地址是5678H
      ……
```

[解]

(1) 当计算机把“CALL subp”对应的机器指令取到CPU中时，IP值已经是CALL的下一行MOV指令所在的偏移地址5678H，此时还未进栈，栈的情况如图8.3 (a) 所示。

(2) 子程序subp是NEAR类型，按照CALL指令功能的第一种情况执行，把IP的值入栈，并把IP的值改为subp子程序的入口地址1234H，此时堆栈的情况如图8.3 (b) 所示。

(3) 执行完CALL指令后，IP的值已经变成1234H，CS没变，CPU按新的IP值，在CS段下取出一条指令，即“INC AL”指令。

(4) 执行INC指令时，CPU自动把IP变成INC的下一行指令的偏移地址，如此逐条执行子程序中的各指令，直至遇到子程序subp的最后一条指令RET。

(5) 执行RET指令时，堆栈中的情况仍然是图8.3 (b)，执行RET就是取出栈顶所指的一个字，即5678H，并把它送给IP，执行完RET指令后堆栈的情况如图8.3 (c) 所示。

(6) 执行完RET指令后，IP的值已经变成5678H，CPU按新的IP值，在CS段下取出一条指令，即“MOV AX，BX”指令，并继续执行下去。

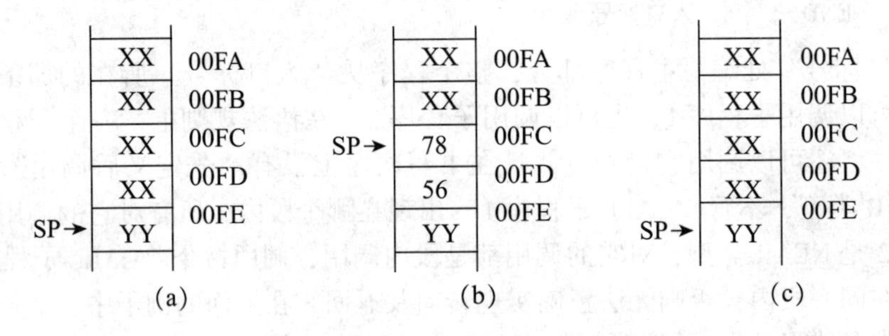

图8.3 例8.2的程序执行过程中堆栈的变化情况

(a) CALL指令执行前；(b) CALL指令执行后；(c) RET指令执行后

例8.2描述了段间调用与返回的过程。对于段间调用与返回，仅在CALL指令和RET指令的执行效果上不同。如果把例8.2中的子程序类型改成FAR，执行过程中栈的变化情况又将如何？

例8.2中隐藏着一个非常严重的问题，就是如何保证执行完CALL指令后堆栈的情况与执行RET指令前堆栈的情况是相同的。这个问题确实存在，并且是程序员不可回避的。完成子程序的功能需要执行多条指令，这些指令有可能改变栈顶指针位置或者改动栈中数据。但是，无论是汇编程序还是计算机硬件本身对此都无能为力，需要程序员自己在编制程序时非常小心。如果不能保证执行CALL之后与执行RET之前堆栈的情况相同，执行到RET时，计算机仍然按照RET指令的功能正常处理，出栈一个字给m或者连续出栈两个字分别给CS及IP，就不会回到调用指令CALL的下一行，而不知跳转到什么地方去了。

[**注意**] 为了避免出现这种情况，编制子程序时应该注意以下几点：

(1) 子程序中的PUSH指令与POP指令数量应该相同，并且存在一一对应关系；

(2) 不要把SP用作MOV、ADD等指令的目的操作数，不要使用“INC SP”“DECSP”等指令，不要使用类似指令改变SP的值；

(3) 不要使用“POP SP”指令，该指令会用出栈的一个字型数据修改SP，而不像正常的 POP 指令一样把 SP 加 2；

（4）如果子程序中再次用 CALL 指令去调用子程序，只要被调用的子程序正确，便不会导致出现上述问题。

8.3 应用子程序进行编程

8.3.1 子程序实例

回车换行是汇编语言程序经常要用到的功能。完成这一功能需要 5～6 条指令，如果能把它设计成一个子程序，则源程序中任何需要回车换行的地方只要写上一条 CALL 指令就可以了。这不仅会使程序简短，也能减少编制程序时出错的可能性。下面的例 8.3 中就应用了回车换行子程序。

例 8.3 分析下列程序，描述它的功能。

```
dseg    SEGMENT
bur     DB  80,81 DUP(0)
dseg    ENDS
sseg    SEGMENT STACK
        DW  64 DUP(0)
sseg    ENDS
cseg    SEGMENT
        ASSLIME  CS:cseg,DS:dseg,SS:sseg
cr      PROCNEAR
        MOV  AH,2
        MOV  DL,13
        INT  21H
        MOV  DL,10
        INT  21H
        RET
cr      ENDP
main:   MOV  AX,dseg
        MOV  DS,AX
        LEA  DX,VAR
        MOV  AH,10
        INT  21H                ;输入一个符号串
        CALL  cr
        MOV  AH,1
        INT  21H               ;输入一个字符
        MOV  BL,AL             ;用 BL 保存读入的字符
        CALL  cr
        MOV  CL,[VAR+1]
        MOV  CH,0
        JCXZ  lab1
        MOV  SI,OFFSET
```

```
lab2:   MOV   DL,[SI]
        CMP   DL,BL
        JZ    lab1                    ;等于第2次输入的符号则转
        MOV   AH,2
        INT   21H
        INC   SI
        LOOP  lab2
lab1:   MOV   AH,4CH
        INT   21H
cseg    ENDS
        END   main
```

[解]　代码段 cseg 中先定义了一个子程序，名为 cr，功能是回车换行。程序的入口在标号 main 处，即程序是从 main 所在的那一行开始执行的，而不是从 cr 子程序开始。执行时，首先读入一个长度不超过 80 的符号串，调用 cr 回车换行，再读一个字符，再次回车换行；然后从输入串的第 1 个字符起，依次取出每个字符显示到屏幕上，直至遇到某一字符与第 2 次输入的单字符相同，或者把输入串显示完毕。所以程序的功能可以描述成：把输入的一个字符串从指定的符号起截断，显示截断后的结果。

并不是一定要在程序中多次使用的程序段才能编写成子程序。有时候为了主程序的清晰、简洁，可以把整个程序分解成若干个功能块，把各个功能块编写成子程序，而主程序中就只有几条 CALL 指令，加上适当的注释，使程序的总体流程一目了然。

8.3.2　保护子程序中用到的寄存器

再分析一下例 8.3 的子程序 cr，看看调用该子程序对程序的执行有什么样的影响。例 8.4 中列出了两个程序段，功能都是把两个数据相加。其中一个程序段调用了一次子程序 cr，而另一个没有，但两段程序执行后得到的结果却不同。

例 8.4 设子程序 cr 的定义如例 8.3 所示，比较下面两个程序段，分析各自执行完后寄存器 AX 中的值是多少。

```
(a) MOV  AX, 102H
    MOV  BX, 304H
    ADD  AX, BX
(b) MOV  AX, 102H
    MOV  BX, 304H
    CALL cr
    ADD  AX, BX
```

[解]　程序段（a）中，先把 AX 赋值为 102H，再把 BX 赋值为 304H，然后用 ADD 指令把两数相加，和为 406H，并把结果放到 ADD 指令的目的操作数 AX 中。

程序段（b）的前两行与程序段（a）的完全相同，AX 取值 102H，BX 取值 304H，但在相加之前调用了子程序 cr。从例 6.3 中 cr 的具体实现方法可以知道，调用过程中寄存器 AH 的值被改为 2，因为“INT 21H”的输出功能，使 AL 的值也被修改，变成 0AH，并且这个值一直保持到调用结束。于是“CALL cr”指令调用子程序后，AX 的值不再是调用前的 102H，而变成了 20AH。当 ADD 指令进行两个寄存器相加时，结果是 50EH，并放到目的操作数 AX 中。

从例 8.4 可以看出，两个程序段仅仅相差一个子程序调用，而且子程序 cr 也只不过完成回车换行的操作，但两个程序段执行的结果却不一样。原因在于调用子程序前，寄存器 AX 中放了一个有用的数据 102H，但子程序中对 AX 重新赋了值，破坏了原来的数据。子程序中修改寄存器的值会给程序编制带来很大的麻烦。就如例 8.4（b）的情况，想要找出错误的原因是不太容易的。为此，做法之一是在调用前把有用的数据存放到适当的地方保护起来。比如，在例 8.4（b）的 CALL 指令之前可以把 AX 的值先找一个寄存器（比如 SI）临时存放，调用后再取回到 AX 中。另一个比较好的做法是在子程序中对所有使用到的寄存器进行保护，等到子程序的功能完成后，再恢复这些寄存器的原值，最后以 RET 指令返回。按照这个原则，把例 8.3 的子程序 cr 改写成如下形式：

```
cr PROC   NEAR
   PUSH   AX
   PUSH   DX
   MOV    AH,2
   MOV    DL,13
   INT    21H
   MOV    DL,10
   INT    21H
   MOV    DL,10
   INT    21H
   POP     AX
   RET
cr ENDP
```

修改后的子程序 cr 先把 AX 和 DX 的值入栈保护，完成回车换行操作后，再从栈中取出原来保存的数据恢复 AX 和 DX 的原值。用堆栈临时保存数据是子程序中普遍使用的一种方法。经过这样的修改后，例 8.4 的两个程序段各自执行后，AX 中的值就会是一样的，调用子程序 cr 进行回车换行操作就不会影响程序的正常执行。

入栈指令 PUSH 和出栈 POP 指令必须一一对应。从栈操作的“先进后出”方式可以知道，入栈次序与出栈次序是相反的，所以 PUSH 指令序列中操作数的次序与 POP 指令序列中操作数的次序相反，就如同上面的子程序 cr 中两条 PUSH 指令是先 AX 再 DX，而两条 POP 则是先 DX 再 AX。

8.3.3 带参数的子程序

子程序的功能往往与数据处理有关。通常，子程序在编写时并不知道需要处理的数据是多少，只知道被处理的数据是什么形式，包括被处理数据的类型、数量和存放方式。子程序总是以同一种模式对数据进行处理，就是子程序的功能。因此，调用子程序时，需要按子程序要求的类型、数量及存放方式，告诉它被处理的数据。这种被处理的数据称为子程序的入口参数。子程序把接收到的数据进行处理，处理的结果要么送到显示器、打印机等输入设备上，要么通知它的调用者。由子程序传递给调用者的数据称为子程序的出口参数。高级语言也有类似的参数传递问题。C语言中，函数定义中的形式参数就是在说明函数将处理的数据的类型、数量及存放形式，而调用时的实际参数则是某一次被处理数据的具体情况，处理的结果通常作为函数的返回值。

例8.5 编写一个子程序，对一个无符号的字型数组的各元素求和。在调用子程序之前，已把数组的段地址放在DS中，起始偏移地址放在寄存器SI中，数组元素个数（>0）放在CX中，要求子程序把计算结果以双字的形式存放，高位放在DX中，低位放在AX中。

[解]

```
sum     PROC   NEAR
        PUSH   BX              ;保护子程序中用到的寄存器BX
        XOR    AX,AX
        MOV    DX,AX           ;求和前先把存放结果的DX和AX清0
        MOV    BX,AX
s1:     ADD    AX,[BX+SI]      ;把一个元素加到AX中
        ADC    DX,0            ;若有进位,DX加1
        INC    BX
        INC    BX              ;BX加2,指向数组的下一元素
        LOOP   s1
        POP    BX              ;恢复寄存器BX的值
        RET
sum     ENDP
```

正如例8.5的问题中说明的，在调用带有参数的子程序之前，调用者必须做好准备工作，把需要传递给子程序的数据放在指定的地方。对例8.5的子程序sum而言，就是把数组的段地址放在DS中，起始偏移地址放在SI中，元素个数放在CX中。

子程序具有固定的功能，有时会在不同的程序中用到同一种功能，比如回车换行功能，把这种相对稳定的程序段编写成子程序的好处之一是避免编程的重复，在一个源程序中编写好的子程序可以复制到另一个源程序中使用。这种子程序在不同的源程序间“共享”会带来一个问题：在源程序A中曾经编写过一个子程序，过一段时间后在源程序B中要使用这个子程序，于是从源程序A中复制出来，却发现不记得在调用前应该把入口参数放在什么地方，调用后从哪里取得处理结果。解决这个问题的方法是为每个子程序编写说明。

子程序说明应该包含以下4个部分。

（1）子程序的功能。用来指明该子程序完成什么样的操作。

（2）入口参数。说明调用子程序前应该把什么样的数据放在什么地方。

（3）出口参数。说明调用后从什么地方取得处理结果。

（4）破坏的寄存器。指出子程序中哪些寄存器没有被保护。

比如对例8.5的子程序sum，应该在子程序的前面补上以下说明：

```
;功能:对字型数组中的各个无符号整数求和,结果是双字
;入口参数:DS:SI → 数组的逻辑地址
;         CX    → 数组元素个数,大于0
;出口参数:DX,AX→ 各数组元素的和,DX为高16位,AX为低16位
```

;破坏的寄存器:CX

经过这样的处理之后，不论什么时候在哪个程序中用到子程序 sum，都不需要阅读子程序的源代码，只看说明就可以知道该子程序如何使用了。

8.3.4　参数传递的方法

参数是子程序与调用者之间数据传递的途径，子程序与调用者之间必须达成一致，把参数放在双方都能取到的地方。总体来说，不论是调用者传递给子程序的入口参数，还是子程序返回给调用者的出口参数，传递的方式都有以下 5 种。

1. 通用寄存器传值

如果需要传递的数据量不大，比如一个字、一个字节，就可以用某个通用寄存器作为数据的载体。例如，例 8.5 中子程序 sum 的入口参数有两部分，其中数组元素个数是一个简单数据，使用 CX 寄存器进行传递；出口参数是 32 位的双字，使用两个寄存器 DX 和 AX 进行传递。

2. 通用寄存器传地址

通用寄存器能够存放的数据量是有限的。当需要传递的数据量较大时，可以把数据放在一段连续的内存区域中，然后把逻辑地址放在两个 16 位的寄存器中。通常是把段地址放在 DS 或 ES 中，偏移地址放在一个 16 位的通用寄存器中。例 8.5 中入口参数有一个字型数组，就是采取了这种参数传递方式。数组本身放在内存中，而把数组的起始逻辑地址放在段寄存器 DS 和通用寄存器 SI 中。

3. 标志寄存器传递逻辑数据

只有“是”或“否”两种情况的数据是逻辑数据，表示这种数据只需要一个二进制位就够了。一个二进制位如果要用于传递逻辑型数据，还要具备一定的条件：能够比较容易地在这个位上设置逻辑值，也能较容易地取出它的值进行处理。在 8088 中，标志寄存器中的 CF 标志位符合这一要求。对 CF 的处理方法有 JC、JNC、ADC、SBB 等指令，而对 CF 的设置除了影响条件标志位的那些指令之外，还有下面三条专用指令。

格式： CLC
功能： 把 CF 标志位清 0。
格式： STC
功能： 把 CF 标志位设置为 1。
格式： CLC
功能： 对 CF 标志位取反。若 CF 原值是 0 则设置为 1，原值是 1 则设置为 0。

例 8.6　编写一个子程序，以放在 AX 中的公元年份为入口参数，判断该年是否为闰年。另有一个应用程序，它已定义了一个字节型数组 t，依次存放着 12 个月的每月天数，其中 2 月份的天数是 28。应用程序已经在 DX 中存放了年份值，利用前面编写的子程序，编写程序段调整数组 t 中 2 月份的天数。

[**分析**] 题目中已明确入口参数必须放在 AX 中，而出口参数并没有指定存放位置。由于子程序的功能是完成一个判断操作，结果只有“是”与“否”两种可能，是逻辑值，可以放在 CF 上。

[解] 子程序清单如下：

```
;功能:判断一个年份是否闰年
;入口:AX=公元年份
;出口:CF,1表示是闰年,0表示非闰年
;破坏寄存器:AX
jud     PROC   NEAR
        PUSH   BX
        PUSH   CX
        PUSH   DX
        MOV    CX,AX        ;临时保存年份值
        MOV    DX,0
        MOV    BX,4
        DIV    BX           ;除以4,为预防溢出,用双字除以字
        CMP    DX,0
        JNZ    lab1         ;不能被4整除则不是闰年,转lab1
        MOV    AX,CX        ;取回年份值
        MOV    BX,100
        DIV    BX           ;除以100
        CMP    DX,0
        JNZ    lab2         ;能被4整除但不能被100整除则是闰年,转lab2
        MOV    AX,CX
        MOV    BX,400
        DIV    BX           ;除以400
        CMP    DX,0
        JZ     lab2         ;能被400整除,是闰年,转lab2
lab1:   CLC                 ;把CF清0表示非闰年,设置出口参数
        JMP    lab3
lab2:   STC                 ;把CF置1表示是闰年,设置出口参数
lab3:   POP DX
        POP    CX
        POP BX
        RET
jud     ENDP
```

对于DX中存放的年份值，需要先放到AX中，才能调用子程序jud，然后根据返回后的CF值决定是否把t数组中表示2月份天数的［t+1］加1。程序段如下：

```
MOV    AX,DX
CALL   jud
ADC    BYTE PTR[t+1],0      ;原值+0+CF
```

4. 用数据段中已定义的变量存放参数

用数据段中定义的变量作为参数传递的载体也是一种常用的方法。这种方法要求子程序与调用者之间约定好以哪一个或哪几个变量进行参数传递。具体做法是：对于用作入口参数的变量，调用者在调用子程序的CALL指令之前，先把变量赋以一定的值作为被处理数据，然后以

CALL 指令转到子程序执行，在子程序中取出该变量存放的数据进行处理：对用作出口参数的变量，也有赋值与取值两个阶段，子程序进行数据处理后，把处理结果放到约定好的变量中，然后以 RET 指令返回调用者，调用者可以从变量中取出处理结果使用。这种参数传递方法在高级语言中也偶有应用，比如在 C 语言中就有以全局变量进行参数传递的情况。

例 8.7 用变量传递参数，编写例 8.6 要求的子程序。

```
;功能:根据一个年份是否为闰年,设置该年 2 月份的天数
;入口:DS 段中的字型变量 year = 公元年份
;出口:DS 段中的字节型变量 day = 该年 2 月份天数
;破坏寄存器:无
jud   PROC NEAR
      PUSH AX
      PUSH BX
      PUSH CX
      PUSH DX
      MOV   BYTE PTR[day],28
      MOV   AX,[year]
      MOV DX,0
      MOV BX,4
      DIV   BX          ;除以 4
      CMP   DX,0
      JNZ   lab1        ;不能被 4 整除则不是闰年,转 lab1
      MOV   AX,[year]   ;取回年份值
      MOV   BX,100
      DIV   BX          ;除以 100
      CMP   DX,0
      JNZ   lab2        ;能被 4 整除但不能被 100 整除,是闰年,转 lab2
      MOV   AX,[year]
      MOV   BX,400
      DIV   BX          ;除以 400
      CMP   DX,0
      JNZ   lab1        ;能被 100 整除但不能被 400 整除,不是闰年,转 lab1
lab2:INC    BYTE PTR[day]   ;是闰年,把天数加 1,设置出口参数
      lab1:POP   DX
      POP   CX
      POP   BX
      POP   AX
      RET
jud   ENDP
```

对于例 8.7 的子程序，调用前需要先把入口参数（年份值）放到指定的变量 year 中，返回后，可以从变量 day 中取得结果。

5. 用堆栈传递

参数传递不仅要在传递者之间约定数据的类型，还要约定参数存放地。如果约定用通用寄存器存放参数，有可能会出现寄存器不够使用的情况；约定用变量存放参数又要求在子程

序和调用程序之外再写出变量定义，灵活性较差。用堆栈传递参数就可以克服这些缺点。对于调用者来说，传递给子程序的数据可以按字型（如果不是字型，先要转换成字型）用PUSH 指令压入堆栈中；对于子程序来说，如何准确地取到栈中数据就是关键性问题。下面的例 8.8 用一个实际例子说明在子程序中取得参数值的具体方法。

例 8.8 用堆栈传递入口参数，编写子程序，把接收的两个带符号整数中大的一个作为结果，出口参数放在 AX 中。

［解］

```
;功能:求两个带符号整数中大的一个
;入口参数:调用前把两个带符号整数入栈
;出口参数:AX
;破坏寄存器:无
_max PROC   NEAR
     PUSH BP                          ;暂时保存寄存器 BP 的值
     MOV BESP
     MOV AX,WORD PTR[BP+6]            ;取第 1 个参数到 AX
     CMP   AX,WORD PTR[BP+4]          ;与第 2 个参数比较
     JGE   lab
     MOV   AX,WORD PTR[BP+4]          ;取第 2 个参数到 AX
lab: POP     BP                       ;恢复寄存器 BP 的原值
     RET
_max ENDP
```

以堆栈传递入口参数，就是把需要传递的数据入栈，子程序再从栈中取出参数值。在调用子程序之前可以用 PUSH 指令把各参数依次压入栈中，然后以 CALL 指令调用子程序。子程序面临的情况是，栈顶存放着返回的有效地址，这是不能更改的，否则无法正确返回，被传递的参数就压在这个返回地址的下面，子程序要在不破坏堆栈有效数据的前提下取得参数。例 8.8 是常用的一种方法，为了在调用子程序前后不破坏 BP 的值，先把 BP 寄存器的值入栈，再把现在 SP 的值赋给 BP。这时从栈顶向下依次放着原 BP 值、返回地址、参数值。对 NEAR 型子程序，［BP+4］是最后一个进栈的参数，［BP+6］是倒数第 2 个进栈的参数，以此类推；对 FAR 型子程序，返回地址有两个字，因而［BP+6］是最后一个进栈的参数，［BP+8］是倒数第 2 个进栈的参数，以此类推。

当 RE'T 指令从子程序返回后，栈中仍然存放着的调用前的入口参数，需要调整 SP 的值，废弃这些已过时的参数。下面的程序段是调用子程序_max 的一个典型用法。

例 8.9 设寄存器 SI 和 DI 中分别放有两个带符号数，编写一个程序段，应用子程序 max 进行比较，把大的一个放到 DX 中。

［解］

```
PUSH   SI            ;第 1 个参数进栈
PUSH   DI            ;第 2 个参数进栈
CALL    _max         ;调用_max 子程序
ADD    SP,4          ;丢弃调用_max 前入栈的两个参数
MOV    DX,AX         ;把_max 子程序的处理结果由 AX 转到 DX 中
```

不妨把例8.8和例8.9联系起来看一下栈的变化情况，了解参数传递的细节。先假设执行例8.9的程序段之前SI = 1234H，DI = 90F7H，SP = 1000H，BP = 05A3H，指令“ADD SP，4”所在的偏移地址是200H，则两个例子的具体执行过程如下。

图8.4（a）表示的是例8.9的程序段执行前堆栈的情况。执行完两条PUSH指令后，栈中多了两个数据，如图8.4（b）所示。由于子程序_max是NEAR类型，CALL指令执行后，栈中又多了一个数据，是CALL的下一条指令“。ADD SP，4”所在的偏移地址，见图8.4（c）。在子程序中，第一条指令是PUSH指令，执行后栈的情况见图8.4（d）。寄存器BP的值入栈后，由MOV指令对BP重新赋值，结果是把SP的当前值0FF8H送到BP中。从图8.4（d）可以看出，以［BP+6］为操作数（缺省段寄存器SS）可以取到第一参数，［BP+4］可以取到第二参数。子程序进行带符号数比较，正数1234H大，放到AX中。再用POP指令出栈一个字恢复BP的原值，此时栈的情况又回到图8.4（c）。NEAR型子程序的RET指令从栈顶取出一个字给口，执行RET指令的效果就是转到偏移地址200H处，即“ADD SP，4”指令。此时调用已完成，子程序的处理结果也已放到约定的出口寄存器AX中，调用前入栈的参数当然就没有价值了，但它们还留在栈中，需要把堆栈恢复原状，这就是“ADD　SP，4”指令的目的。最后，作为例8.9题目中的要求，把处理结果转入DX寄存器中。

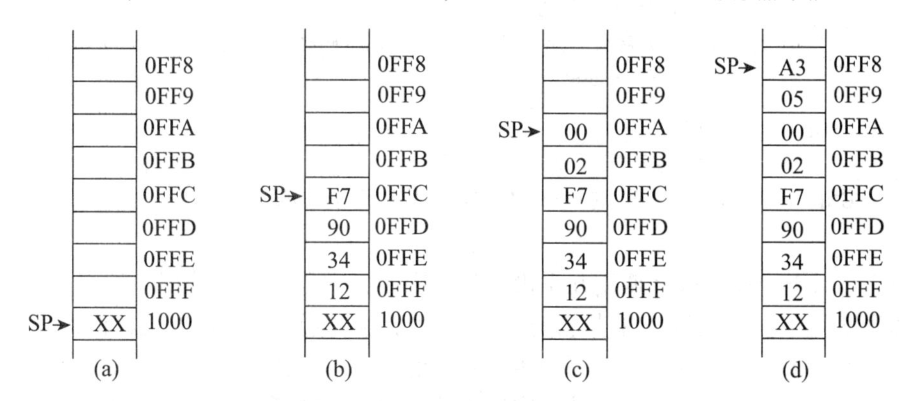

图8.4　利用栈作参数传递时栈的变化情况

例8.9的程序段中，在调用子程序的CALL指令之后，有一条指令“ADD SP，4”，用于废弃栈中还保留着的已失去作用的入口参数。但编写类似的调用时，程序员往往会忽略这一问题，从而导致栈中存放的数据对后续程序的执行产生很严重的影响，甚至造成“死机”现象。为解决这个问题，8088指令系统中，RET指令还可以带一个操作数，形式

指令格式：RET n

功能：完成RET指令的功能后，把SP的值加n，结果送回SP。

有了这样的功能，就可以把例8.8的子程序中的RET指令改为“RET 4”，这样，在例8.9的程序段中就不必再有“ADD SP，4”这一条指令了。

以堆栈传递参数有很广泛的适用性。C语言的子程序对入口参数就采用了这种参数传递方式。比如，例8.8的子程序修改RET指令后就是下面的C语言子程序的具体实现。

```
int max(a,b)
int a,b;
{int c;
```

```
if(a > b)
  c = a;
else
  c = b;
return(c);
}
```

8.3.5 子程序的嵌套调用

一个子程序总是有其固定的功能，子程序中的指令序列是实现这种功能的具体方法和步骤，这个指令序列中可能、也允许再出现 CALL 指令。这种由一个子程序中的 CALL 指令去调用另一个子程序的形式就是子程序的嵌套调用。下面是一个含有子程序嵌套的程序的基本结构：

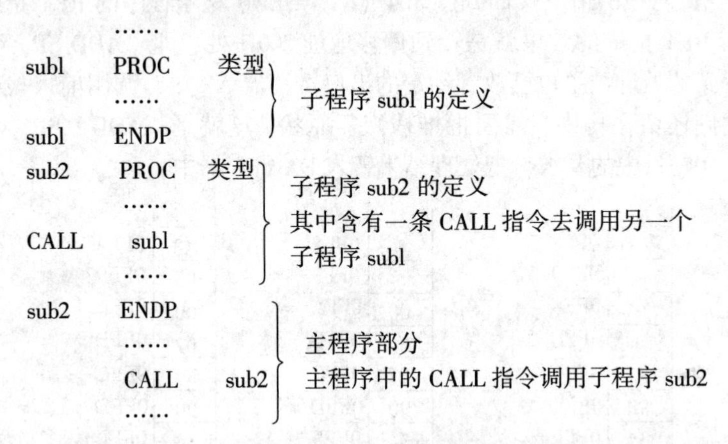

汇编语言对于子程序嵌套调用几乎没有什么限制，主程序可以调用子程序，子程序可以再调用其他子程序，也可以调用其自身（即后面所说的递归）。可以说，汇编语言源程序中，任何可以写指令的地方都可以写一条 CALL 指令，这与高级语言有很大的区别。

汇编语言规定，每个子程序都处于同等地位，源程序的任何地方都可以用 CALL 指令去调用任何一个子程序，而且，汇编语言中没有先定义后调用的限制。也就是说，把前面嵌套调用的基本结构中的两个子程序 sub1 和 sub2 互换位置，对整个程序没有任何影响。子程序嵌套调用的例子参见后面的实际应用程序。

8.4 整数输入与输出

对于高级语言来说，整数的输入输出是标准的输入输出语句或内部函数必备的功能。把数值型数据按正确写法写在输出命令中，就可以在屏幕上得到输出结果；在输入语句中写上正确的数值型变量，就可以把键盘上按键情况变成数值放到指定变量中。但是在汇编语言中，没有这类指令或功能可供直接调用，只有输入字符型数据（即 ASCII 值）的方法。这就需要程序员自己编写整数输入输出的程序段。不过这样的程序段功能固定、使用频繁，适合于编写成子程序的形式，在各个需要它的程序中共享。

例 8.10 编写子程序 write，把整型数据以十进制形式显示到屏幕上。

[分析]　参照高级语言中输出整数的功能，write 子程序应具备以下特点：

(1) 被显示的整数可以是无符号的，也可以是带符号的，但需要明确指出是哪一种情况。

(2) 整数在计算机内部是字型数据，范围在 -32768 到 +65535 之间。

(3) 被输出的数据是带符号数时，负号“-”必须输出，而正号“+”总是省略。

(4) 输出数据的最大位数是十进制的 5 位，当 5 位中的某一位是 0 时，需要判断这个 0 是否应该输出，当前面已经输出过非 0 数字或者这个 0 是个位数时，显示这个 0。write 子程序的流程图见图 8.5，流程中的 SI 就用于记载是否已输出过非 0 数字。

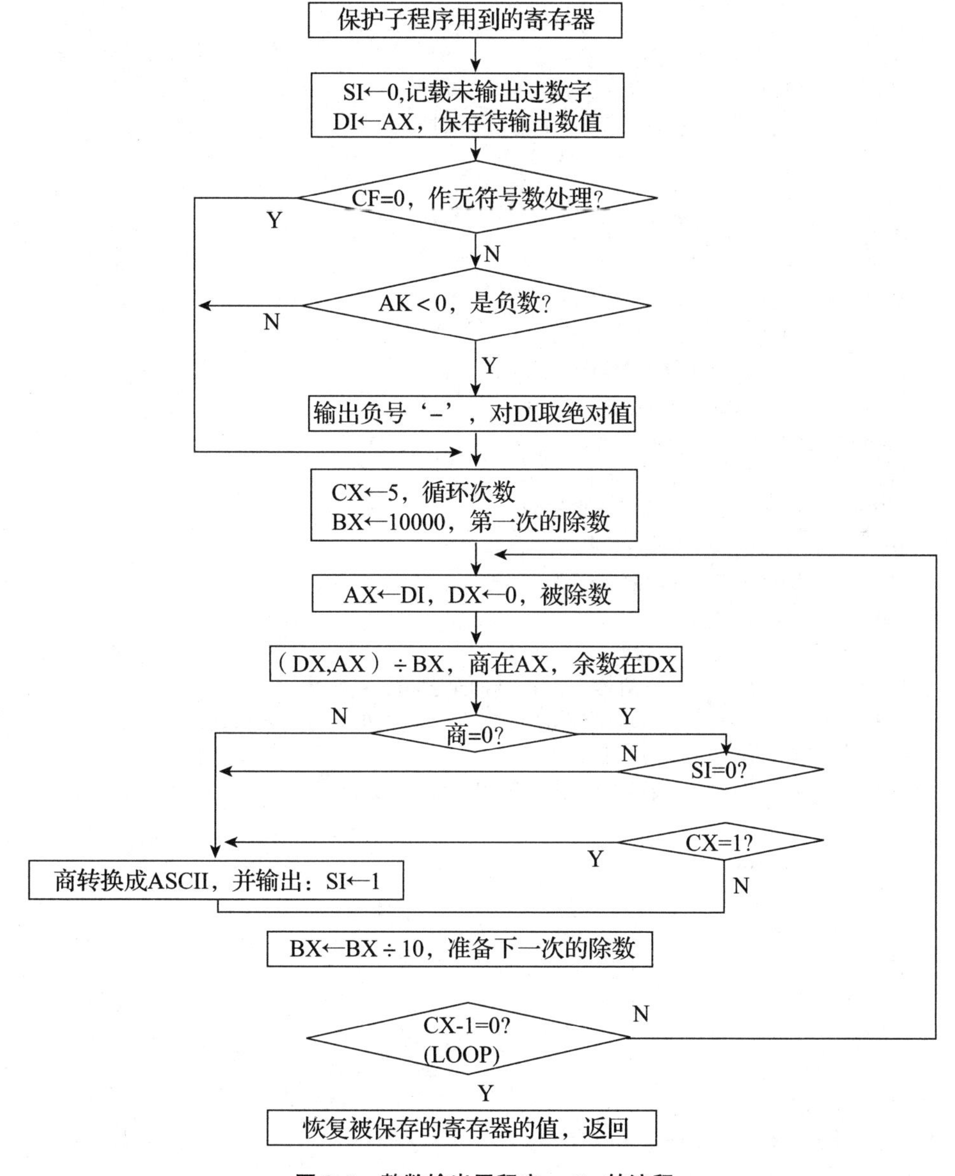

图 8.5　整数输出子程序 write 的流程

[解]　下面是按子程序格式编写的 write 的清单，并附有简单注释。

```
;功能:在屏幕上输出整数值
;入口:AX=待输出的整数
;     CF=为0表示输出无符号数,为1则输出带符号数
;出口:无
;破坏寄存器:无
write  PROC    NEAR
       PUSH    AX
       PUSH    BX
       PUSH    CX
       PUSH    DX
       PUSH    SI
       PUSH    DI
       MOV     SI,0        ;SI清0表示还没有输出过非0数字
       MOV     DI,AX       ;保存待输出的数值到DI中
       JNC     w1          ;作为无符号数转
       CMP     AX,0
       JGE     w1          ;AX>=0转
       MOV     DL,'_'
       MOV     AH,2
       INT     21H         ;输出负号
       NEG     DI          ;取绝对值放在DI中
w1:    MOV     BX,10000    ;第一次的被除数
       MOV     CX,5        ;重复次数
w2:    MOV     AX,DI       ;取回待输出数值
       MOV     DX,0        ;被除数高位清0
       DIV     BX          ;做双字除以字的除法
       MOV     DI,DX       ;余数保存在DI中
       CMP     AL,0
       JNE     w3          ;商非0转
       CMP     SI,0        ;商是0,判断前面是否输出过数字
       JNE     w3          ;前面已输出过数字,则当前的0应该输出,转
       CMP     CX,1        ;判断是否是个位
       JNE     w4          ;不是个位则不输出当前的0,转
w3:    MOV     DL,AL
       ADD     DL,30H
       MOV     AH,2
       INT     21H         ;输出当前这一位数字
       MOV     SI,1        ;用SI记载已输出过数字
w4:    MOV     AX,BX
       MOV     DX,0
       MOV     BX,10
       DIV     BX
       MOV     BX,AX       ;bx÷10→bx
       LOOP    w2
```

```
        POP       DI
        POP       SI
        POP       DX
        POP       CX
        POP       BX
        POP       AX
        RET
write   ENDP
```

相对于整数输出而言，整数的输入问题更加复杂，因为它不仅要提供操作人员输入整数的方法，而且还要处理操作员可能的操作错误。不妨考察一下高级语言中整数输入对按键情况的要求。

（1）等待键盘输入，直到操作员按下回车键。如果操作员在按下回车键前发现输入有误，可以用退格键删去错误部分并重新输入。

（2）输入串可以是一串数字。

（3）输入串可以是一个正（或负）号，再紧接着一串数字。

（4）输入串可以是若干个空格之后，再出现（2）或（3）的情况。

（5）当输入串是（2）至（4）的某一种情况，但后面有多余符号时，则当前一次输入只到正确的输入串为止，后续多余的符号留作下一次输入的符号串，也可以废弃多余的符号。

（6）当输入串是数字但超出正确范围时，多数高级语言的处理方法是忽略掉超范围部分，即整数的内部表示共16位，对超过16位的部分自动忽略。

（7）当输入串不正确时，不同的高级语言处理方法不同，但一个总的原则是要指出输入有错误。

例 8.11 编写子程序 read，从键盘上读入一个整数。

［分析］　为了尽可能与高级语言中整数输入的情况一致，子程序不仅要能读入正确输入时的数据，还要能对不正确的输入作出适当的反应，因此设计上要注意几个问题：首先，要用字符串输入方式（DOS 的 10 号子功能），因为这种方式支持退格键修改功能，因而需要准备相应的输入缓冲区；其次，出口参数需要两个，设置 CF 表示输入是否正确，当输入正确时把整数值放在 AX 中作为输入结果；要能够跳过若干个连续的空格符；要能够处理正负号。

［解］

```
;功能:从键盘读入整数值
;入口:CF = 为 0 表示废弃多余符号,为 1 则把多余符号留作下一次输入
;出口:CF = 0 表示正常读入,1 表示输入有错
;AX = 输入结果
;破坏寄存器:无
read    PROC    NEAR
        PUSH    BX
        PUSH    CX
        PUSH    DX
```

```
        PUSH    SI
        PUSH    DS                  ;以上寄存器保护
        PUSHF
        PUSH    CS
        PUSH    DS                  ;令 DS 取 CS 的值
rOPRD1: MOV     BX,CS:[point]       ;取上次输入后已读取输入串的位置
rOPRD2: INC     BX
        CMP     CS:[VARin+BX+1],' '
        JE      rOPRD2              ;跳过空格
        CMP     CS:[VARin+BX+1],13
        JNZ     rd4                 ;不是回车键,转读入数值处理
rd3:    LEA     DX,CS:[VARin]
        MOV     AH,10
        INT     21H                 ;没有有效输入就遇到回车键,要求再次输入
        MOV     AH,2
        MOV     DL,10
        INT     21H                 ;换行
        MOV     CS:[point],0
        JMP     rd1                 ;对新的输入再转去跳过前面没有意义的空格
rd4:    MOV     SI,BX
        DEC     SI                  ;令 SI 指向输入串的第 1 个有效字符
        MOV     AX,0
        MOV     BX,10
        MOV     CX,0
rd5:    CMP     CS:[VARin+SI+2],'+'
        JNZ     rd6                 ;不是正号转
        CMP     CL,1
        JE      rd10                ;已读到正确数值后,遇正号转
        CMP     CL,0
        JE      rOPRD10             ;正号是第 1 个有效字符转
        STC                         ;输入有错
        JMP     rd13
rd6:    CMP     CS:[VARin+SI+2],'-'
        JNZ     rd9
        CMP     CL,1                ;已读到正确数值后,遇负号转
        JE      rd10
        CMP     CL,0
        JE      rd7                 ;负号是第 1 个有效字符转
        STC                         ;输入有错
        JMP     rd13
rd7:    MOV     CH,1                ;记下读入的是负数
rd8:    MOV     CL,2                ;记下已读入正/负号
        INC     SI                  ;指向下一字符
        JMP     rd5
rd9:    CMP     CS:[VARin+SI+2]'0'
        JB      rd10                ;不是数字转
```

```
        CMP    CS:[VARin+SI+2],'9'
        JA     rOPRD10              ;不是数字转
        MUL    BX                   ;已读入的数值×10
        MOV    DL,CS:[VARin+SI+2]
        SUB    DL,30h
        MOV    DH,0
        ADD    AX,DX                ;乘以10后加上个位数字
        MOV    CL,1                 ;记下已读入正确数值
        INC    SI                   ;指向下一字符
        JMP    rd5
rd10:   CMP    CL,1
        JZ     rOPRD11              ;已读入正确数值转
        STC                         ;输入有错
        JMP    rd13
rd11:   CMP    CH,1
        JNZ    rOPRD12              ;已读入的数是正数转
        NEG    AX                   ;若读入的是负数,转换成补码
rd12:   CLC                         ;置正确读入标志
rd13:   MOV    CS:[point],SI        ;记下读完后的位置,供下次读入使用
        POP    BX                   ;取回进入子程序时入栈保护的PSW送BX
        PUSHF                       ;当前的PSW入栈保存,目的是保存已设置的CF
        TEST   BX,1                 ;判断进入子程序时的CF值
        JNZ    rOPRD14              ;进入子程序时CF为1,保留多余符号转
        MOV    CS:[VARin+2],13
        MOV    CS:[point],0
rd14:   POPF                        ;取回入栈保存的PSW
        POP    DS                   ;以下恢复各寄存器值并返回
        POP    SI
        POP    DX
        POP    CX
        POP    BX
        RET
VARim   DB     128,0,13,127 dup(0)  ;键盘输入缓冲区
point   DW     0                    ;用于记载下一次的读取位置
read    ENDP
```

8.5 子程序共享的方法

把一个程序中多次重复出现的程序段编写成子程序是为了个别程序的简化，而把具有固定功能的程序段写成子程序则是为了在多个程序间共享。例 8.4 经修改后的回车换行子程序，就可以在很多源程序中使用。因此，有必要对那些普遍适用的子程序进行适当的管理，当需要使用它们时，可以很方便地取出。子程序共享的方式大致有以下 3 种。

8.5.1 复制子程序的源代码

整理出每一个子程序的源代码清单，按汇编语言写注释的规定写上必备的说明，单独构成一个程序文件（文本文件）。把很多个这样的程序文件集中放在一个子目录（文件夹）中，构成一个子程序库。以后如果某个程序中需要一个子程序，只要从子程序库中以文件复制的方法，把所需要的子程序清单复制到需要它的源程序中即可。

为每个子程序建立一个文件，在管理上和使用上有以下特点。

（1）需要人工管理。人工地从一些源程序中截取出子程序清单，建立单独的文件；如果在特定目录中的子程序文件遇到同名问题，需要人工解决。

（2）以复制方式共享。一个程序中需要用到某个子程序时，可以从特定目录中挑选出需要的子程序文件，复制其中的程序清单到需要它的源程序中。

（3）子程序库易于维护。如果需要更新某个子程序文件，一种方法是把新版本的子程序以同名文件的形式复制到子程序库中，替代原有的旧版本；另一种方法是直接用编辑器对原有的文件进行修改。无论哪种方法，实现起来都简便易行。

（4）子程序需要多次汇编 a 由于子程序是以文本文件的形式存在，使用时是复制到需要它的源程序中，因此会随着使用它的源程序一道进行汇编。

（5）可能存在标识符冲突。子程序中，除了子程序名之外有可能还会用到一些标识符，如子程序内需要使用的变量、标号等。当子程序复制到某个源程序之后，子程序内的标识符有可能与程序其余部分的标识符同名，这种同名有可能造成标识符的重复定义，是不符合汇编语言语法规定的，需要修改。

8.5.2 INCLUDE 伪指令

把源程序和子程序分别放在不同的文件中，在源程序中很简洁地申明在何处需要引用哪个子程序文件，那么使用起来就方便多了。使用 INCLUDE 伪指令就可以解决这个问题。

格式： INCLUDE　文件名

功能： 告诉汇编程序，把“文件名”所指出的文本文件的内容调到 INCLUDE 伪指令所在处，对拼装后的源程序进行汇编。

例 8.12 设存放在磁盘上有 3 个文件 cr. asm、write. asm 和 read. asm，分别存放的是例 8.10 的子程序 write 和例 8.11 的子程序 read，以及回车换行子程序 cr 的程序清单。使用 INCLUDE 伪指令编写完整程序，从键盘上读入两个整数，求和。

［解］

```
data    SEGMENT
VAR      DB         13,10,'Input error.',13,10,'$'
data    ENDS
code    SEGMENT
        ASSUME     DS:data,CS:code
main:   MOV        DX,data
        MOV        DS,DX
        CLC
```

```
        CALL      read              ;读入第1个整数
        JC        err               ;输入有错转
        MOV       CX,AX
        CALL      read              ;读入第2个整数
        JC        err               ;输入有错转
        MOV       BX,AX
        CALL      cr
        MOV       AX,BX
        ADD       AX,CX             ;计算两个整数的和
        STC
        CALL      write             ;输出两个整数的和,带符号
        JMP       lab
err:    LEA       DX,VAR
        MOV       AH,9
        INT       21H               ;输出提示信息 Input error
lab:    MOV       AH,4CH
        INT       21H
        INCLUDE   cr. asm           ;此处调入文件 cr. asm
        INCLUDE   write. asm        ;此处调入文件 write. asm
        INCLUDE   read. asm         ;此处调入文件 read. asm
code    ENDS
        END       main
```

8.5.3　库文件（. LIB）

子程序共享还可以通过建立子程序的库文件（. LIB）实现。在 MicroSoft 提供的汇编语言工作环境中，有一个专门管理子程序库文件的工具 LIB. EXE，它的主要功能包括建立新的库文件、向库文件中放入新的子程序和从中取出子程序以及更新其中的子程序。使用 LIB 工具之前，必须先把子程序写入一个段中，并且用 PUBLIC 伪指令说明该子程序可供外部调用，然后把子程序汇编成目标程序。下面以回车换行子程序为例，具体说明操作过程。假设所有操作都在 C:\ MASM 子目录（文件夹）中完成。

（1）编辑子程序文件 cr. asm，在子程序清单上加上程序的基本格式及有关伪指令，构成一个完整的“模块”，成为如下的形式：

```
     PUBLIC    cr         ;用 PUBLIC 说明名字 cr 可以供其他模块调用
     ASSUME    CS:subp
Subp SEGMENT              ;写成一个段的形式
cr   PROC      FAR        ;子程序与调用者不在同一个段中,用 FAR 类型
     PUSH      AX
     PUSH      DX
     MOV       AH,2
     MOV       DL,13
     INT       21H
     MOV       DL,10
     INT       21H
```

```
        POP     DX
        POP     AX
        RET
cr      ENDP
subp    ENDS
        END             ;是子模块,不需要入口地址
```

程序清单中的 PUBLIC 是伪指令。当一个大型程序由若干个源程序（模块）组合而成时，用 PUBLIC 说明一个程序中的标识符是公用的，其他模块可以使用该标识符。程序结束伪指令 END 的后面没有入口地址，这是因为程序文件 cr. asm 不是完整程序，只是一个模块，需要与其他模块连接在一起。

（2）汇编。

在 DOS 的命令行状态下，用下面的命令把 cr. asm 汇编成 cr. obj。

```
C:\ MASM > MASM CR;
```

其中“C:\MASM >”是系统提示符。后面的叙述中也同样使用了该系统提示符。

（3）把目标文件放入库文件中。

完成以上两步操作之后，磁盘上就有了包含子程序 cr 的目标文件 cr. obj。下一步工作是建立一个子程序的库文件，把子程序 cr 放入库文件中。这时需要 LIB 软件的帮助。使用库管理程序 LIB 的一般格式是：

LIB　库文件名 × 目标文件名

其中符号 × 表示操作种类，有以下几种情况：

+　　把目标文件放入库文件中

-　　从库文件中删除目标文件

-+　用新的目标文件替换库文件中已有的同名目标文件

*　　从库文件中复制出目标文件，在盘上新建一个 obj 文件

-*　从库文件中取出目标文件，在盘上新建一个 obj 文件，并删除库中相应内容

格式中的“库文件名”是磁盘上已存在的一个库文件（. LIB）文件。在新建一个库文件时，如果盘上并不存在这样的文件，LIB 软件可以按给定的库文件名新建该文件。

继续上面的例子，要新建一个库文件 MYSUB. LIB，并把已汇编好的目标文件 cr. obj 放入其中，使用的命令是：

```
C:\ MASM > LIB   MYSUB   + CR
```

（4）使用库文件中的子程序。

正确完成前面的操作后，磁盘上就有了一个名为 MYSUB. LIB 的库文件，其中含有 FAR 类型的子程序 cr。那么又如何在编程时使用子程序 cr 呢？下面用一个例子说明具体方法。

例 8.13 在程序中使用子程序库 MYSUB. LIB 中的子程序 cr 完成回车换行操作。

```
        EXTRN   cr:FAR   ;说明标识符 cr 是一个外部定义的 FAR 型子程序
code    SEGMENT
        ASSUME  CS:code
```

```
main:MOV    AH,2
     MOV    DL, '1'
     INT     21H
     CALL    cr       ;调用外部子程序 cr
     MOV    DL, '2'
     MOV    AH,2
     INT    21H
     MOV    AX,4C00H
     INT    21H
code ENDS
     END   main
```

假设把上述程序输入计算机并以 T. ASM 为文件名存盘，经过 MASM 的翻译处理，得到一个目标文件 T. OBJ。这个文件与子程序库文件 MYSUB. LIB 拼装在一起才能构成一个完整程序。在使用 LINK 对目标文件进行连接时，必须指明需要连接的库文件名，即在 LINK 软件执行到询问库文件名（Libraries）时，输入 MYSUB. LIB。操作过程如下：

```
C:\ MASM > LINK↙
Object Modules[. OBJ]:T↙
Run File [T. EXE]:↙
List File[NUL. MAP]:↙
Libraries[. LIB]:MYSUB
```

其中带下划线的是 LINK 软件的提示部分，后面是操作者的输入，符号“↙”表示回车。经过上述操作，可以得到一个由两个模块拼装起来的可执行文件 T. EXE。

共享子程序有前面说到的 3 种常用方法。其中使用子程序库是 3 种方法中最好的一种，尤其是在编写一系列相互关联的程序时，子程序库更能显示出它的优势。

8.6 递归

人们在求解现实中比较复杂的问题时，经常使用分解的方法，先把复杂问题分解成几个比较简单的问题，如果分解出的几个问题都能求得答案，就可以把几个分离的答案组合成原问题的解。但有时会发现分解出的问题中，有一个或多个仍然比较复杂，需要再次分解，而这时需要分解的问题往往与原始问题是同一类型，不过要稍简单一点，于是这种分解过程会进一步进行下去，直到最后分解出的问题充分简单，可以直接解得。在求得各个分解出的子问题的解后，再按分解的逆过程对答案逐次进行组合，构成其上一级子问题的解，如此反复，直至求出原始问题的解。

这就是递归法解决问题的基本思路。可以看到，能够使用递归法进行求解的问题需要具备以下条件。

（1）原始问题可以分解成几个子问题，每个子问题的答案组合在一起可以得到原问题的解。

（2）分解出的每个子问题，要么可以简单解得，要么与原始问题是同一种类型，且比原问题稍简单。

（3）在经过有限次分解后，可以得到问题的最简形式，而且最简形式的问题是可解的。

递归与循环有一些相似之处，它们都是同类问题的相似重复，重复操作在达到一定的条件后可以终止。重复正是计算机的主要特长。用递归法解决问题时，从原始问题逐次分解到最简情况，其分解结果逻辑上构成树状结构。这种分解树的高度称为递归的深度。要想让计算机求解递归问题必须解决好这样几个环节：首先是用计算机语言描述出如何把问题分解，并且要让计算机记住分解出的是几个什么样的子问题；其次要告诉计算机对分解出的每个子问题如何处理，充分简单的问题如何求解，同型问题如何重复；再就是要告诉计算机，当分解出的子问题满足什么条件时不继续分解；最后还要能够让计算机把各个子问题的答案逐次组合成最终解。

要让计算机记住当前已把问题解决到何种程度，就必须有相应的存储机制和存储空间。以递归方式求解究竟需要多少存储空间往往在编写程序时并不知道，而是与需要求解的问题本身的大小有关：存储机制必须能够把较早期存储的分解情况在组装答案时较晚取出，也就是“先进后出”。堆栈是各种存储结构中比较符合条件的一种，“先进后出”是栈操作的基本特征。栈的总容量虽然必须在程序设计时确定，但可以根据计算机的性能设定为一个比较大的值。

无论是高级语言还是汇编语言，递归都是用带参数的子程序来实现的，其中的参数用来描述当前问题的复杂程度。递归则表现为在子程序的内部再调用它自身。

递归子程序的基本模式如下。

若参数满足问题的最简条件，则直接求解该参数下的答案，作为本次子程序调用的结果。

否则，要进行如下操作。

（1）求解分解出的子问题中可直接求解者；

（2）对子问题中的同型者，以更简单的参数调用自身；

（3）把各个子问题的答案拼装，作为本次调用结果。

下面是C语言的一个递归函数，用于求n!。

```
int fact(int n)
{int k;
    If(n< =1)
        k=1;
    else
    k=n * fact(n-1);
return(k);
}
```

在这个例子中，求n！被分解成两个子问题：求n和求（n-1)!。参照递归子程序模式，“求解分解出的子问题中可直接求解者”表现为直接取出变量n的值；“对子问题中的同型者，以更简单的参数调用自身”表现为以n-1为参数递归调用fact函数；“把各个子问题的答案拼装”则表现为把两个子问题的结果相乘。

高级语言中，子程序在递归调用自身之前，系统自动保存当前各局部变量的值，在调用结束后又自动恢复这些变量的值，汇编语言则需要程序员安排这一工作。下面的例子用来说明如何完成保存与恢复操作。

例 8.14 用汇编语言编写递归子程序，实现 C 语言 fact 函数的功能。

[解]

```
; ===============fact ================
;功能:计算 n!
;入口:调用前把无符号整数 n 入栈
;出口:AX = n! 的计算结果
;破坏寄存器:无
; ================================
fact    PROC   NEAR
        PUSH   BP
        MOV    BP,SP
        PUSH   BX
        PUSH   DX
        MOV    BX,[BP+4]
        CMP    BX,1
        JG     f1             ;参数 n>1 转
        MOV    AX,1           ;最简情况,把返回结果放到 AX 中
        IMP    f2
f1:     MOV    DX,BX
        DEC    DX             ;计算 n-1
        PUSH   DX             ;把 n-1 入栈,准备递归调用
        CALL   fact           ;递归调用,结果从 AX 带回
        POP    DX             ;丢弃调用前入栈的参数
        MUL    BX             ;AX×BX,在 AX 中的积作为拼装结果
f2:     POP    DX
        POP    BX
        POP    BP
        RET
fact    ENDP
```

那么这个子程序又是如何完成递归调用，并计算出 n! 的呢？为了清楚地说明这个问题，先把上面的子程序编写在一个完整程序中，再详细描述出程序的执行过程。

例 8.15 假设例 8.10 和例 8.11 编写的子程序 read 和 write 已建立在子程序库中。在例 8.14 的子程序 fact 的基础上，编写完整程序，从键盘读入一个正整数，显示出它的阶乘值。

[解]

```
        EXTRN    read:FAR,write:FAR,cr:FAR
Code    SEGMENT                        ;(2)
        ASSUME   CS:CODE,SS:s          ;(3)
Fact    PROC     NEAR                  ;(4)
        PUSH     BP                    ;(5)0000
        MOV      BP,SP                 ;(6)0001
```

```
        PUSH    BX              ;(7)0003
        PUSH    DX              ;(8)0004
        MOV     BX,[BP+4]       ;(9)0005
        CMP     BX,1            ;(10)0008
        JG      f1              ;(11)000B
        MOV     AX,1            ;(12)000D
        JMP     f2              ;(13)0010
f1:     MOV     DX,BX           ;(14)0013
        DEC     DX              ;(15)0015
        PUSH    DX              ;(16)0016
        CALL    fact            ;(17)0017
        POP     DX              ;(18)001A
        MUL     BX              ;(19)001B
f2:     POP     DX              ;(20)001D
        POP     BX              ;(21)001E
        POP     BP              ;(22)001F
        RET                     ;(23)0020
fact    ENDP                    ;(24)
        CALL    read            ;(25)0021    读入一个整数
        CALL    cr              ;(26)0026    回车换行
        MOV     BX,AX           ;(27)002B    保留读入的整数值n
        CALL    write           ;(28)002D    输出n的数值
        MOV     AH,2            ;(29)0032
        MOV     DL,'!'          ;(30)0034
        INT     21H             ;(31)0036    输出阶乘符号!
        MOV     DL,'='          ;(32)0038
        INT     21H             ;(33)003A    输出等号=
        PUSH    BX              ;(34)003C
        CALL    fact            ;(35)003D    计算n!
        POP     BX              ;(36)0040
        CLC                     ;(37)0041
        CALL    write           ;(38)0042    输出n!
        MOV     AX,4C00H        ;(39)0047
        INT     21H             ;(40)1304A
code    ENDS                    ;(41)
s       SEGMENT STACK           ;(42)        堆栈段
        DW      512 DUP(0)      ;(43)
s       ENDS                    ;(44)
        END     main            ;(45)
```

在例8.15的程序清单中，注释部分括号中的数字是各行的顺序号，括号后面的数字是十六进制表示的该行指令所在的偏移地址，若是伪指令则没有偏移地址。

尽管源程序的第一条有效指令在第5行，但第45行的END伪指令后面的标号指出程序的入口在第25行的CALL指令。操作系统把执行文件调入内存时，自动把CS置为code段的段地址，把P赋值为第25行的偏移地址0021H，并把SS置为s段的段地址，SP置为

0400H 表示空栈。程序执行时，首先调用 read 子程序读入一个整数。不妨设输入的是整数 3，在出口参数规定的 AX 寄存器中。然后在第28 到33 行输出“3！ =”字样，执行完第33 行后堆栈是空栈，如图 8.6（a）所示。第 34 行入栈的 BX 值是 3，这是在第 27 行赋的值，入栈后栈的情况见图 8.6（b）。当程序执行到第 35 行的 CALL 指令时，IP 已经是第 36 行的偏移地址 0040H，而 CALL 所调用的子程序 fact 是 NEAR 类型，所以执行结果 IP 的值被压入堆栈，并把 IP 修改为 fact 的入口地址 0000，此时堆栈的情况见图 8.6（c）。

按照 TP 的新值，计算机转入 fact 子程序继续执行。在第 5 行，把 BP 的当前值 0000 压入堆栈后，栈中情况见图 8.6（d）。第 6 行把 SP 的当前值 03FAH 送到 BP 中。然后是两条入栈指令，把 BX 和 DX 的当前值入栈。第 9 行以 BP 值 03FAH 加 4 后的 03FEH 作为偏移地址，在缺省段寄存器 SS 所指的堆栈段中取出一个字型数据，从图 8.6（d）中可看到取出的值是 3，是在第 34 行压入的参数值。由于 3 >1，将由第 11 行的 JG 指令转到第 14 行。接下来的 3 条指令把 BX 的值减 1，得到 2，并压入堆栈中。这是在准备递归调用的入口参数。第 17 行的 CALL 指令又调用 NEAR 型子程序 fact，先把 m 的当前值 001AH 入栈，再把 IP 改为 fact 的入口地址 0000，此时栈中情况见图 8.6（e）。根据 P 的新值再转到第 5 行，执行 PUSH 指令，把 BP 的当前值 03FAH 入栈，再把 BP 赋值为当前 SP 的值 03FOH。经两次压栈后，把 BP +4 的值 03F4H 作为偏移地址。到堆栈段中取出一个字型数据。由图 8.6（e）可知取出的是 2，送到 BX 中。因为 2 >1，再转到第 14 行，把减 1 后的参数值 1 压入栈中。再次调用 fact 子程序，把球的当前值 001AH 压栈后，P 改为 0000，转到第 5 行继续执行，此时栈中情况见图 8.6（f）。BP 值入栈后又重新赋值为 SP 的当前值 03E6H，两条压栈指令之后，从堆栈段的偏移地址 03E6H +4 =03EAH 处取出参数值 1，这一次第 11 行的 JG 指令不能实现转移，接着执行第 12 行，把 AX 赋值为 1，这是递归调用已把问题分解到最简情况了，此时栈的情况见图 8.6（g），递归深度为 3。

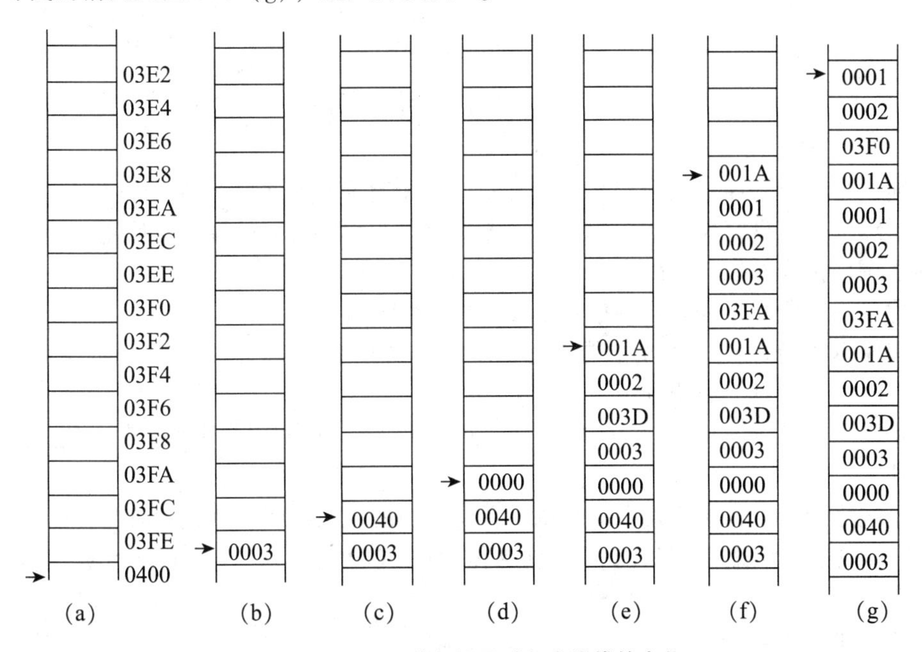

图 8.6　例 8.15 递归调用过程中堆栈的变化

处理完最简情况后，已在 AX 中准备好最深层调用的结果，即出口参数值，再由第 13 行跳转到第 20 行，连续三条出栈指令，从图 8.6（g）所示的栈中依次取出三个字 0001H、0002H 和 03FOH，分别给 DX、BX 及 BP，此时栈的情况又回到图 8.6（f）。现在，递归调用开始从最深一层逐步返回，并在每一层返回过程中要完成本层答案的组装。在求阶乘问题中，组装就是做本层参数与深一层调用结果的乘法操作。

按照 NEAR 型子程序 RET 指令的功能，从当前栈（图 8.6（f））中出栈一个字给 P，使 P 变为 001AH，从而转到第 18 行，回到深度为 2 的那一层。废弃栈顶存放的过时参数后，第 19 行完成乘法操作，把 AX 的值 1 与 BX 中的 2 相乘，结果刚好在 AX 中，准备好本层的出 El 参数，再连续出栈三个字 0002、0003 和 03FAH，分别给 DX、BX 和 BP，栈的情况回到图 8.6（e），栈顶数据 001AH 刚好是本层返回目的地。RET 指令完成返回操作，回到深度为 1 的那一层，再次废弃栈顶过时参数，把深度为 2 的那一层带回的 AX 值 2 与当前 BX 的值 3 相乘，结果还放在 AX 中作为本层出口参数，连续出栈三个字 003DH、0003H、0000H，分别给 DX、BX 和 BP，使栈的变化经过图 8.6（d）的情况到达图 8.6（c）。此时栈顶数据是 0040H，RET 指令使该数据出栈并送到 IP 中，使程序转到第 36 行继续执行。至此递归调用已结束，回到了主程序，只是栈顶还存放着一个过时的参数值，由主程序的 36 行废弃该值。

以递归调用完成 3！的计算之后，fact 的出口参数值 6 在 AX 中，刚好作为 write 子程序的入口参数，另一入口参数是在 37 行设置 CF 为 0，表示按无符号数输出，然后在 38 行调用 write 在屏幕上显示数值 6。所有功能完成后，程序把控制权交还给 DOS。

屏幕上完整的显示是：

```
3! =6
```

习　题

8.1　汇编语言的子程序是如何定义的？所使用的关键字有哪些？

8.2　为了编写具有良好风格的子程序，一般需要书写哪些重要的说明性信息？

8.3　简述调用指令 CALL 和转移指令 JMP 之间的主要区别。

8.4　简述段内和段间子程序调用指令 CALL 的主要区别。

8.5　子程序返回指令 RET 的功能能否用 JMP 指令来模拟，若可以，请用段内子程序的返回加以说明，否则，说明理由。

8.6　子程序返回指令“RET 6”的功能是返回数值“6”给调用程序吗？若不是，那其作用是什么？

8.7　在子程序中要使其所用寄存器对调用者是透明的，请举例说明达到其目的的方法。

8.8　编写子程序实现下列功能，参数的传递方式可自行决定（假设所有变量都是字类型）。

（1）$ABS(x) = |x|$

（2）$f(x) = 3x^2 + 5x—8$

（3）strlen（String）//返回字符串 String 的长度，该字符串以 0 结束。

（4）判断三条边 a、b、c 能否构成三角形，若能，CF 为 1，否则，CF 为 0。

8.9 编写计算将 CX 值三次方的子程序，结果也存入 CX（不考虑溢出问题）。

8.10 编写计算表达式 AX = DI × SI/100H 的子程序（不考虑溢出问题）。

8.11 如何指定子程序的传递参数是动态的，对动态参数有哪些规定？

8.12 编写一个子程序，其功能是把其所有参数数值之和存入 AX 中，每个参数都数 16 位二进制数，但个数不定。

8.13 如何创建和维护自己的子程序库？使用子程序库有什么优势？

第 9 章　字符串处理技术

这里所说的处理技术一方面指更多的数据处理方法，包括移位操作、串操作等指令及其应用。

9.1 移位指令与应用

9.1.1 逻辑左移

指令格式：SHL　OPR，CNT

功能：把操作数 OPR 的各个二进制位依次向左移动 CNT 位，最后移出的一位送到 CF 中，移动造成右边的空位填 0，结果放回操作数 OPR 中。

说明：

（1）操作数 OPR 必须是通过寄存器或内存型寻址方式，必须有确定的类型，可以是字节型，也可以是字型，若是内存型寻址方式可以使用段跨越。

（2）操作数 CNT 表示移动的位数，只能是立即数 1 或者寄存器 CL，当移动位数超过 1 位时，必须把移动位数放在 CL 中，以 CL 作为 CNT 操作数。

（3）操作数 OPR 各位移动的情况是从最高位起，将有 CNT 位移到操作数 OPR 之后，除了最后移动的一位放到标志位 CF 中之外，其余各位均被丢弃，移动造成右边的空位用 0 填充。

（4）移动后 OPR 中的数据是在其原值的后面加了 CNT 个 0，把原值扩大了 2^{CNT} 倍，当扩大后的值超过表示范围时，超过 OPR 的类型（字节或字）规定位数的高位部分会自动丢失。

（5）该指令对其余标志位的影响情况是：移动后的结果为 0 则 ZF 置 1，否则 ZF 清 0；移动后 OPR 最高位的值会复制到 SF 上；如果移动前后 OPR 的最高位不同则 OF 置 1，否则 OF 清 0。不过，这几个标志位的设置情况对编程没有大的作用。

移位指令涉及数值计算问题，但并不复杂。比如 AX 的值是 8D56H，CL 的值是 3，下面几条指令是 SHL 指令的正确用法，注释中也给出了移位后的结果。

```
SHL  AX,1      ;移位后,AL = 0ACH,CF = 0,AH 不变
SHL  AX,1      ;移位后,AX = 1AACH,CF = 1
SHL  AH,CL     ;移位后,AH = 68H,CF = 0,AL 不变
SHL  AX,CL     ;移位后,AX = 6AD0H,CF = 0
```

9.1.2　算术左移

格式：SAL　OPR，CNT

说明：这是一条与SHL完全相同的指令，该指令与SHL指令是同一条机器指令在汇编语言中的两种不同写法。

9.1.3　逻辑右移

格式：SHR　OPR，CNT

功能：把操作数OPR的各个二进制位依次向右移动CNT位，最后移出的一位送到CF中，移动造成左边的空位填0，结果放回操作数OPR中。

说明：

（1）对两个操作数的要求以及对标志位的设置情况都与SHL指令相同，见SHL指令说明的（1）、（2）和（5）。

（2）SHR指令在二进制位的移动方向上与SHL指令刚好相反，其他方面则很类似，向右移出的最后一位放到CF中，右移造成左边的空位以0填充。

（3）移动后的值是把OPR中的原值作为无符号数，除以2^{CNT}的商。

9.1.4　算术右移

格式：SAR　OPR，CNT

功能：把操作数OPR的各个二进制位依次向右移动CNT位，最后移出的一位送到CF中，移动造成左边的空位填OPR原值的最高位，结果放回操作数OPR中。

说明：SAR指令仅仅在移动造成的空位填充方式上与SHR指令不同。如果操作数OPR移动前最高位是1，则移动造成的空位以1填充，否则以0填充。SAR指令的执行结果是把OPR中的原值作为带符号数，除以2^{CNT}的商放回OPR中。

9.1.5　循环左移

格式：ROL　OPR，CNT

功能：把操作数OPR的各个二进制位向左移动CNT位，从OPR左端移出的每一位再依次移到右端空出的各个位上，最后移出的一位还要送到CF中。

可以把OPR的各位看成一个首尾相接的环。把各位的值按逆时针方向旋转CNT格，再从环原先的连接部断开，可以得到ROL指令执行后的结果。

9.1.6　循环右移

格式：ROR　OPR，CNT

功能：把操作数OPR的各个二进制位向右移动CNT位，从右端移出的每一位再依次移到OPR右端空出的各个位上，最后移出的一位还要送到CF中。

ROR是循环右移指令，与ROL指令相比，只是移位的方向不同，从第0位上最后一次移出的位送到CF中，就是ROR指令的功能。

9.1.7 带进位的循环左移

格式：RCL　OPR，CNT

功能：把操作数 OPR 的各位与 CF 联合在一起，构成 9 个（若 OPR 是字节型）或者 17 个（若 OPR 是字型）二进制位，向左移动 CNT 位，从左端移出的每一位再依次移到右端空出的各个位上。从功能上说，可以把 OPR 的各位与 CF 一起，按逆时针方向旋转 CNT 格，再从环原先的连接部断开，可以得到 ROL 指令执行后的结果，包括 CF 的设置情况。

9.1.8 带进位的循环右移

格式：RCR　OPR，CNT

功能：把操作数 OPR 的各位与 CF 联合在一起，构成 9 个（若 OPR 是字节型）或者 17 个（若 OPR 是字型）二进制位，向右移动 CNT 位，从右端移出的每一位再依次移到左端空出的各个位上。

逻辑移位与算术移位指令除了功能本身描述的二进制位的移动之外，还用于把一个字节型或字型数据乘以或除以 2^n。乘除法指令是所有 8088 指令中最耗时的，所花费的时间是加减法的 20 ~ 30 倍，是移位指令的 35 ~ 50 倍。因此，如果能用移位指令和加减法指令代替乘除法指令，将大大提高程序的执行速度。

例 9.1 编写程序段，把 AX 中的无符号数乘以 8。如果有溢出，忽略超过 16 位的部分。

[解] 乘以 8 的操作可以通过在二进制数的后面加 3 个 0 完成，即左移 3 位，移出部分自动丢失。只需要在 CL 中放移动位数（3 位），再用 SHL 指令移位即可：

```
MOV   CL, 3
SHL   AX, CL
```

对于双字型数据，或者位数更多的复杂数据，也可以用移位指令与逻辑运算指令配合，简化乘除法的运算。

例 9.2 编写程序段分别完成下列计算。

（1）把（DX，AX）构成的无符号双字除以 4，商放在（DX，AX）中，余数放 BX 中。

（2）把（DX，BX）构成的无符号数乘以 17，结果仍放在（DX，BX）中，忽略溢出。

[解]

（1）二进制无符号数除以 4，就是把它向右移动两位，高位补 0，原二进制数的最低两位就是余数。

```
MOV   BX,AX
AND   BX,3     ;取被除数的最低两位,作为余数
SHR   DX,1     ;右移一位,移出位放到 CF 中
RCR   AX,1     ;右移一位,最高位以 CF 的值(即 DX 的移出位)填充
SHR   DX,1
RCR   AX,1
```

（2）17 可以看作（16 + 1），即（24 + 1），因此可以把 BX 先左移 4 位，结果记在（DX，BX）中，再与原数据相加。

```
MOV    SI,BX          ;保存 BX 的原值
MOV    AX,BX          ;保存 BX 的原值
MOV    DI,DX          ;保存 DX 的原值
MOV    CL,4
SHL    BX,CL          ;低字 BX 左移 4 位
SHL    DX,CL          ;高字 DX 左移 4 位
MOV    CL,12
SHR    AX,CL          ;取原数据的低字的左 4 位,放在 AX 的右 4 位上
OR     DX,AX          ;把 AX 中存放的数据加到 DX 中
ADD    BX,SI
ADC    DX,DI
```

在例9.2的第（1）小题中，由于没有直接的指令把双字型数据移位，所以通过 CF 作为过渡，连续做两次字型数据的移位。先把高字 DX 右移 1 位，移出位暂时放在 CF 中；再用带进位 CF 的循环右移指令，在把低字移位的同时，把暂存在 CF 中的那 1 位移到低字的最高位上。第（2）小题中移动的位数较多，如果用循环的方式实现就违背了提高处理速度的本意。程序段中用 AX 取出低字部分的值，右移 12 位，把应该从低字移到高字的 4 位放在了 AX 的最低 4 位上：再把高字 DX 左移 4 位，移出部分自动丢失，右 4 位补 0；然后把 AX 中存放的 4 位数据用 OR 指令（也可以用 ADD 指令）放到 DX 的低 4 位上，从而实现双字（DX，BX）乘以 16 的操作；最后再用 ADD 和 ADC 指令完成双字型数据的加法。

9.2 串操作

汇编语言中的“串”是指内存中连续存放的若干个字节型或字型数据构成的整体，相当于一个数组。8088 为这种“数组”的操作提供了专门的串操作指令，这些指令与循环或附加在串指令上的前缀配合，可以依次对串中的数据进行处理。串操作指令都要求先把数组首元素（或者最后一个元素）的偏移地址放在指定的变址寄存器中，每处理一个数组元素，串指令自动把变址寄存器的内容做相应的变化，使其指向下一个待处理的元素。

根据实际需要，串操作指令可以按数组存放的内存地址从小到大进行处理，也可以从大到小进行处理。CPU 在执行串指令时，会根据标志寄存器中的 DF 标志位选择处理的方向。

9.2.1 DF 标志位

DF 称为方向标志位，是 8088 中一个重要的控制标志位，它决定了串指令的处理方向。当 CPU 执行一条串操作指令时，如果 DF 的值是 0，CPU 会把指令相应的变址寄存器的值增加，使得整个串操作按地址由小到大的方向处理；反之，如果 DF 的值是 1，CPU 会把变址寄存器的值减少，使串操作按地址由大到小的方向处理。

8088 提供有两条专用指令设置 DF，分别是 CLD 和 STD 指令。

格式： CLD

功能： 把标志位 DF 清 0。

格式： STD

功能：把标志位 DF 置 1。

在用户程序中，可以根据程序本身的需要，把 DF 设置成 0 或者 1，以选择串操作处理的方向。当 DF 设定后，不受那些影响条件标志位的指令的影响，值一直保持到用 CLD、STD）指令或者 POPF 指令改变它为止。

9.2.2 串操作指令

8088 指令系统中共设计有 5 条串操作指令，分别用于完成从串中取出数据、往串中存入数据、串复制、串比较等操作。

9.2.2.1 LODS 指令——从串中取出数据

按照串中存放的数据是字节型还是字型，有两条指令分别用于从串中取出一个元素。

格式：LODSB 或 LODSW

功能：

（1）LODSB 进行字节型串操作，按 DS：SI 所确定的逻辑地址从内存中取出一个字节的数据送到 AL 中。当 DF = 0 时，令 SI←SI + 1；当 DF = 1 时，令 SI←SI − 1。

（2）LODSW 进行字型串操作，按 DS：SI 所确定的逻辑地址从内存中取出一个字型数据送到 AX 中。当 DF = 0 时，令 SI←SI + 2；当 DF = 1 时，令 SI←SI − 2。

本书把 LODSB 指令和 LODSW 指令统称作 LODS 指令，以下各串操作指令也做类似处理。LODS 指令要求把串放在 DS 所指向的段中，SI 则存放将要处理的元素的偏移地址。对字节型的串，每个元素占 1 字节，所以执行一次 LODSB 指令的同时，SI 中的值会根据 DF 的情况自动加 1 或减 1；而字型的串中每个元素占 2 字节，SI 需要加 2 或减 2 后才能指向下一个元素。

串指令 LODS 实际上是把一条 MOV 指令和一条 ADD（或 SUB、INC、DEC 等）指令综合在一起。可以说，没有串指令同样可以编写数组操作的程序，但串指令会使这种操作简化。

例 9.3 设 DS 段中的变量 arr 中存放了一个带符号的字型数组，元素个数已放在字型变量 arrlen 中（ >0）。编写程序段，利用串操作指令，统计出该数组中正数、0 和负数各有多少个，结果分别放在 DS 段中的字型变量 countp、count0 和 countn 中。

[解]

```
        MOV     CX,[arrlen]
        MOV     [countp],0
        MOV     [count0],0
        MOV     [countn],0
        LEA     SI,arr              ;DS 已有正确值,只要把 SI 指向串首地址
        CLD                         ;清方向标志
labl:   LODSW
        CMP     AX,0
        JG      lab2                ;大于 0 转
        JL      lab3                ;小于 0 转
        INC     [count0]
```

```
        JMP     lab4
lab2:   INC     [countp]
        JMP     lab4
lab3:   INC     [countn]
lab4:   LOOP    lab1
```

从例9.3可以看出，串操作的基本模式是：先把串首元素（或末元素）的逻辑地址放在指定寄存器中，根据需要设置DF，把CX中放元素个数（注意，不是数组占据的内存字节数)，然后应用LOOP循环，在循环体中每次处理数组的一个元素。

9.2.2.2　STOS指令——往串中存入数据

指令格式：STOSB　或　STOSW

功能：

（1）STOSB进行字节型串操作，把AL的值送往内存中以ES：DI为逻辑地址所确定的字节。当DF=0时，令DI←DI+1；当DF=1时，令DI←DI-1。

（2）STOSW进行字型串操作，把AX的值送往内存中以ES：DI为逻辑地址所确定的字型存储单元。当DF=0时，令DI←DI+2：当DF=1时，令DI←DI-2。

STOS指令主要用于把一段连续的存储区域以AL或。AX中的值填充，特别的是，存储区的段地址必须放在附加段寄存器ES中。STOS与LODS指令配合，还可以从一个串中取出数据，有选择地存到另一个串中。

例9.4 设DS段中的变量arr1中存放了一个带符号的字型数组，元素个数已放在字型变量arrllen中（>0)。编写程序段，试利用串操作指令，把该数组中非0元素复制到DS段中的另一个字型变量art2中。要求在arr2中连续存放，并统计出非0元素的个数填在变量arr21en中。

[分析] 首先把DS、SI、ES和DI指向正确的位置，然后利用循环指令，每次从arr1中取出一个数，若不是0，则存往arr2。由于是字型数据，循环结束后DI的值减去arr2的偏移地址可得到保存下来的数据占据了多少字节，除以2后即得元素个数。

[解]

```
PUSH        DS
POP         ES                      ;令ES←DS
LEA         SI,[arr1]               ;准备好取出数据的串首元素地址
LEA         DI,[arr2]               ;准备好存入数据的串首元素地址
MOV         CX,[arr11en]
CLD                                 ;清方向标志,按增量方向处理
lab1:       LODSW
TEST        AX,AX
JZ          lab2                    ;AX为0转
STOSW
lab2:       LOOP                    lab1
SUB         DI,OFFSET arr2
SHR         DI,1                    ;除以2
MOV         [arr2len],DI
```

9.2.2.3 MOVS 指令——串复制

指令格式：MOVSB　或　MOVSW

功能：

（1）MOVSB 进行字节型串复制，把 DS：SI 所指向的一个字节型数据送往 ES：DI 所指向的字节型存储单元。当 DF = 0 时，令 SI←SI + 1，DI←DI + 1；当 DF = 1 时，令 SI←SI - 1，DI←DI - 1。

（2）MOVSW 进行字型串复制，把 DS：SI 所指向的一个字型数据送往 ES：DI 所指向的字型存储单元。当 DF = 1 时，令 SI←SI + 2，DI←DI + 2：当 DF = 1 时，令 SI←SI - 2，DI←DI - 2。

MOVS 指令可以实现把内存中的一个数据不经过寄存器的过渡由一处复制到另一处，这一点是 MOV 指令做不到的。MOVS 指令与循环控制指令配合，可以完成数据块的复制。

被复制的数据串称为源串，复制到的目的地称为目标串。如果源串与目标串所占据的内存是完全分离的，数据传递可以按由串首至串尾的次序进行，也可以按相反的方向进行。但是，当两者占据的内存区域有部分重叠时，需要注意用 DF 控制方向。当源串首地址小于目标串首地址时，应由尾至首进行传送；当源串首地址大于目标串首地址时，则由首至尾传送。

例 9.5 设字节型变量 str 中存放了 100 个字符，编写程序段分别完成下列操作：

（1）删除串中前 5 个字符，并把后续字符前移。

（2）把串中各字符向后移一个字节，在串首插入一个空格符。

[分析] 第（1）题要把串的后 95 个字节向前移动，是源串首地址大于目标串首地址的情况，需要自首至尾进行移动；第（2）题正相反，源串首地址小于目标串首地址，只能按由尾至首的方向移动。

[解]

（1）

```
MOV      AX,SEG str          ;取变量 str 所在的段地址
MOV      DS,AX
MOV      ES,AX
LEA      SI,[str+5]          ;取源串首偏移地址
LEA      DI,[str]            ;取目标串首偏移地址
MOV      CX,95               ;置复制字节数
CLD
lab:     MOVSB               ;字节型复制
LOOP lab
```

（2）

```
MOV      AX,SEG str
MOV      DS,AX
MOV      ES,AX
LEA      SI.[str+99]         ;取源串尾的偏移地址
LEA      DI,[str+100]        ;取目标串尾的偏移地址
```

```
MOV        CX,100           ;复制 100 个字节
STD
lab:       MOVSB
LOOP lab
MOV        [str],' '        ;在串首添加一个空格
```

9.2.2.4　CMPS 指令——串比较

指令格式： CMPSB　或　CMPSW

功能：

（1）CMPSB 进行字节型串比较，把 DS：SI 所指向的一个字节型数据与 ES：DI 所指向的一字节相减，结果反应到条件标志位上。当 DF = 0 时，令 SI←SI + 1，DI←DI + 1；当 DF = 1 时，令 SI←SI − 1，DI←DI − 1。

（2）CMPSW 进行字型串比较，把 DS：SI 所指向的一个字型数据与 ES：DI 所指向的一个字相减，结果反应到条件标志位上。当 DF = 0 时，令 SI←SI + 2，DI←DI + 2；当 DF = 1 时，令 SI←SI − 2，DI←DI − 2。

程序设计中经常会遇到比较问题，比较两个符号串是否完全相同，或者比较两个串按字典顺序的大小。这一类问题正是 CMPS 指令发挥作用的地方。

例 9.6 编写子程序，按字典排序法，比较两个已知长度的字符串的大小。

[解]

```
;入口参数:DS:SI 和 ES:OPRD1 分别存放第 1 个串和第 2 个串的起始逻辑地址。
;          CX 和 DX 分别放两个串的串长
;出口参数:AL 为 1 表示第 1 个串大,为 -1 表示第 2 个串大,为 0 表示两者相等
;破坏寄存器:AH,CX,SI,DI
strcmp     PROC       NEAR
           CLD
           MOV        AH,0             ;以 AH 为 0 记载串长 1 < 串长 2
           CMP        CX,DX
           JB         lab1
           MOV        AH,1             ;以 AH 为 1 记载串长相等
           JE         lab1
           MOV        CX,DX            ;按第 2 个串的长度进行比较
           MOV        AH,2             ;以 AH 为 2 记载串长 1 > 串长 2
           lab1:      JCXZ             lab2
           CMPSB
           JA         lab3             ;串 1 > 串 2
           JB         lab4             ;串 1 < 串 2
           LOOP       lab1
           lab2:      CMP      AH,1    ;两个串的前 CX 个字符相同,再看串长
           JA         lab3             ;AH > 1 记载的是串长 1 > 串长 2,则串 1 > 串 2
           JB         lab4             ;AH < 1 记载的是串长 1 < 串长 2,则串 1 < 串 2
           MOV        AL,0             ;置 AL 为 0,代表两个串相同
           JMP        lab5
```

```
        lab3:   MOV     AL,1        ;置AL为1,代表串1>串2
                JMP     lab5
        lab4:   MOV     AL,-1       ;置AL为-1,代表串1<串2
        lab5:   RET
strcmp          ENDP
```

9.2.2.5 SCAS 指令一串扫描

格式：SCASB 或 SCASW

功能：

(1) SCASB 用 AL 与字节型串中数据比较。用 AL 减去 ES：DI 所指向的一个字节型数据，结果反应到条件标志位上。当 DF = 0 时，DI←DI + 1；当 DF = 1 时，令 DI←DI - 1。

(2) SCASW 用 AX 与字型串中数据比较。用 AX 减去 ES：DI 所指向的一个字型数据，结果反应到条件标志位上。当 DF = 0 时，令 DI←DI + 2；当 DF = 1 时，令 DI←DI - 2。

SCAS 指令通常用于查找一个数组中是否存在某个指定的值。该指令不改变数组中的任何数据，也不改变 AL 或 AX 的值。该指令与 LOOP 指令配合，可以进行连续查找。

例 9.7 编写子程序，查找一个字型数组中是否存在一个给定的值。

[解]

```
;入口参数:ES:DI存放字型数组的首地址,CX放串中元素个数,
;           AX放指定查找的值
;出口参数:CF为1表示找到,CF为0表示没找到
;破坏寄存器:CX,DI
search  PROC    NEAR
        JCXZ    lab0
        CLD
lab1:   SCASW
        JE      lab2
        LOOP    lab1
lab0:   CLC
        JMP     lab3
lab2:   STC
lab3:   RET
search  ENDP
```

9.2.3 串重复前缀

串操作指令是对内存中连续存放的一批数据进行处理的一种高效、快捷的方法，它往往需要循环控制指令的配合。对于那些单纯是数据块复制、查找、比较的操作，汇编语言中还设计有 3 个串操作重复前缀，以进一步提高编程和数据处理的效率。

串操作前缀是附加在串操作前面的指令，它是一种以 CX 为计数器的重复操作指示器，用以简化循环操作控制。使用串操作前缀的方式是把它加在串指令的前面，即串前缀串操作指令

9.2.3.1　REP前缀

功能：当CX的值不是0时，重复执行后面的串操作指令，每执行一次，把CX的值减1，直到CX=0为止。图9.1描述了REP串前缀的功能。

REP前缀将使它后面的串操作指令重复执行，每执行一次串指令就把CX的值减1，直到CX减到0为止。图9.1描述了带有REP前缀的串指令的执行方式。可以看到，这是一种先判断后重复的循环，如果CX的值是0，则串操作指令一次都不执行。这与LOOP指令控制的循环是不同的。

REP前缀通常加在MOVS串指令的前面，可以用一条指令把一个串复制到内存的另一个地方，或者加在STOS串指令的前面，把一段内存区域用一个特定值填充。REP前缀一般不与另外3条串指令连用。

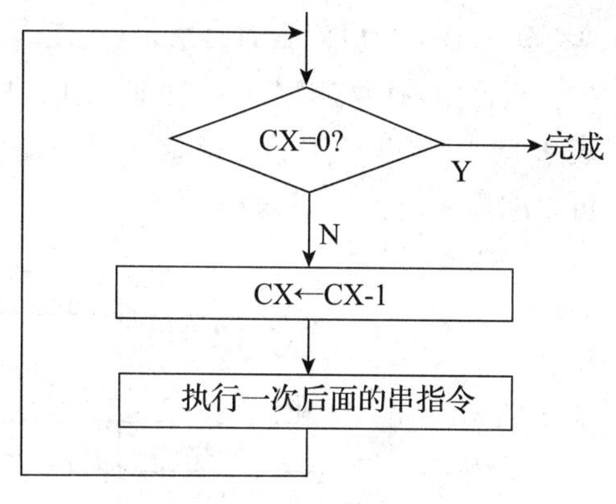

图9.1　REP前缀的功能

9.2.3.2　REPZ和REPNZ前缀

REPZ和REPNZ也是串指令前缀，与REP一样都是用于控制后面的串指令重复执行，但重复执行不仅依赖于CX的值，还依赖于标志寄存器中的ZF标志位。

功能：带有REPZ前缀的串指令按下列方式执行：

（1）若CX=0，则结束指令的执行，否则按顺序执行（2）。

（2）CX←CX-1。

（3）执行一次串指令。

（4）若ZF=1，转（1）继续执行串指令，否则结束指令的执行。

REPNZ的功能与REPZ仅在第（4）项不同：REWZ是在ZF=1时令串操作重复执行，ZF=0时结束串操作，REPNZ刚好相反。REPZ和REPNZ的功能可以用图9.2描述。

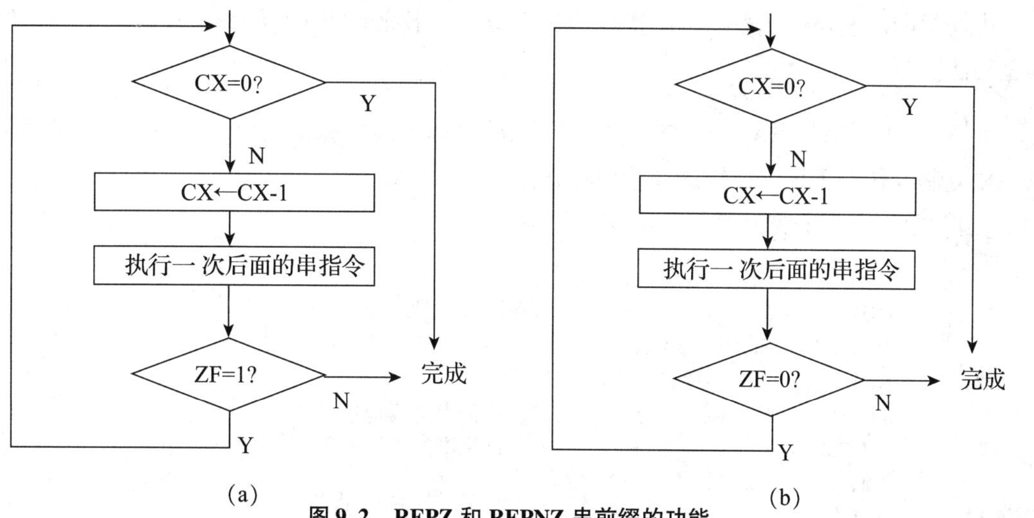

图9.2　REPZ和REPNZ串前缀的功能

（a）REPZ串前缀的功能；（b）REPNZ串前缀的功能

REPZ 和 REPNZ 前缀通常加在 CMPS 或 SCAS 串指令的前面，完成连续比较操作。这两个前缀各自又有一种功能完全相同的变形，REPZ 可以写作 REPE，REPNZ 可以写作 REPNE。

9.2.3.3 串前缀的应用

根据串前缀与串指令的功能，什么样的串指令前面配什么样的串前缀是有一定限制的。表 9.1 列出了串前缀与串指令之间的配合关系，其中的“√”表示对应的串指令与串前缀可以配合使用，“×”表示不能，“△”表示相应的用法没有实用价值。

表 9.1　串前缀与串指令之间的配合关系

串指令 \ 串前缀	REP	REPZ (REPE)	REPNZ (REPNE)
LODS	△	×	×
STOS	√	×	×
MOVS	√	×	×
CMPS	×	√	√
SCAS	×	√	√

从表 9.1 中可以看到，LODS 指令一般不与串前缀配合使用，因为 LODS 是从串中取出数据放到 AL 或 AX 中，每取一个数据就应该做适当的处理，然后再去取下一数据，否则后取出的数据将取代 AL 或 AX 中的原有数据，使得只有最后一次取出的数据被保留下来。画有“×”的部分是指根本不存在这样配合的用法。

实际上，8088 的指令系统中只有两个机器码与串前缀对应，并且，对于 MOVS、STOS 和 LODS，不论串指令的前面加的是什么前缀，都按 REP 进行处理，汇编程序在翻译时既不报错也不警告；对于 CMPS 和 SCAS 指令，如果前面加上了前缀 REP，汇编程序将按 REPZ 进行翻译。

串前缀的用途在于代替控制串操作的循环结构。下面的例 7.8 和例 7.9 就是这种简化的典型用法。

例 9.8 把字型变量 v1 中存放的 50 个整数复制到变量 v2 中，先用 LOOP 指令编写程序段完成复制操作，再用带前缀的串指令简化。

［解］用循环控制方法编写的程序段如下：

```
        MOV     AX,SEG v1
        MOV     DS,AX           ;准备源串的段地址
        MOV     SI,OFFSET v1    ;准备源串的起始偏移地址
        MOV     AX,SEG v2
        MOV     ES,AX           ;准备目标串的段地址
        L,EA    DI,v2           ;准备目标串的起始偏移地址
        MOV     CX,50
lab:    MOV     AX,[SI]
        MOV     ES:[DI],AX
```

```
        ADD     S1,2
        ADD     DI,2
        LOOP    lab
```

该程序段的最后5行可以简化为一个带前缀的串指令,写作:

```
        REP     MOVSW
```

例9.9 编写一个子程序,在一个数据串中查找是否存在给定的值。要求子程序对字节型和字型的串都能判断,以CF作为出口参数。如果在串中找到目标值,把CF置1,否则把CF清0。

[解]

```
;入口参数:ES:DI=数据串的首地址
;       AX=查找目标值,字节型数据串则以AL存放目标值
;       CX=串中元素个数
;       CF=0表示串中元素是字型,1则表示串中元素是字节型
;出口参数:CF=1表示在串中找到了给定值,0表示没找到
;破坏寄存器:CX,DI
search  PROC    NEAR
        JCXZ    s2              ;若串长为0,则串中不存在给定数据,转
        CLD                     ;清方向标志,准备按增量方向查找
        JC      s3              ;入口参数CF为1转字节型查找
        REPNZ   SCASW           ;字型查找
        JZ      s1              ;找到转
        JMP     s2              ;未找到转
s3:     REPNZ   SCASB           ;字节型查找
        JZ      s1              ;找到转
s2:     CLC                     ;置未找到标记
        JMP     s4
s1:     STC                     ;置找到标记
s4:     RET
search  ENDP
```

从图9.2的可以看出,带有REPZ和RENZ前缀的串指令可以在两种情况下结束串操作:一是执行到CX为0时,二是当ZF不符合要求时。例9.9中,在带有REPNZ前缀的串扫描指令的后面使用了条件跳转指令进行判断。在此,分支指令必须能够分辨出是哪一种情况导致串操作结束。可以想到的分支指令除了JZ、JNZ之外,还有JCXZ,究竟用哪一个为好呢?如果串指令执行完后CX的值不是0,可以肯定是由于ZF不满足重复条件而导致串操作提前结束的,对例9.9就可以知道找到了目标值,这种情况下JCXZ或JZ、JNZ指令都可使用;反之CX的值是0,表示串操作已经处理到串的最后一个元素,并且最后一次处理的结果已设置在ZF上,但这时如果用JCXZ指令进行判断,就不能分辨最后一次串操作比较的结果是相等还是不等。

总之,在带有REPZ或REPNZ前缀的串指令的后面,必须用JZ或JNZ指令判断比较或查找的结果,而不能用JCXZ指令。

习 题

9.1 选择适当的指令实现下列功能。

(1) 右移 DI 三位，并把零移入最高位。

(2) 把 AL 左移一位，使 0 移入最低一位。

(3) AL 循环左移三位。

(4) EDX 带进位位循环右移四位。

(5) DX 右移六位，且移位前后的正负性质不变。

9.2 方向标志 DF 的作用是什么？用于设置或消除该标志位的指令是什么？

9.3 串指令用 DI 和 SI 寻址哪些内存段中的内存数据？

9.4 段间转移和段内转移之间的区别是什么？

9.5 SCASB 指令的作用是什么？叙述指令 REPE　SCASB 指令所完成的功能。

9.6 指令 REPNE　SCASB 结束执行的条件是什么？

9.7 REP 前缀的作用是什么？能用指令 REP LODSB 读取 DS：SI 所指内存中的每个字符来进行处理吗？若不能，请说明原因。

9.8 编写指令序列，在字符串 LIST 中查寻字符'B'，若找到，则转向 Found，否则，转向 NotFound，假设该字符串含有 300 个字符。

9.9 编写指令序列，把 Source 存储区域中的 12 个字节传送到 Dest 存储区域内。

9.10 设计一个短指令序列，将 32 位数 AX：BX 中的 8 位 BCD 与 CX：DX 中的 8 位 BCD 相加，并把所得结果存入 CX：DX 中。

9.11 有符号数比较后，用什么样的条件转移指令实现转移？无符号数比较后，用什么样的条件转移指令实现转移？

9.12 编写一个子程序，实现字符串的逆转。如：ABCD == > DCBA。

9.13 编写一段程序，接收 4 位十六进制数，然后用移位的方法把它转换成 8 进制数并输出在屏幕上。

9.14 编写一段程序，以十六进制显示内存 0400H：1000H 开始的 100 字，要求每行显示 16 个字，每字之间有空格。

第 10 章　宏

宏是 8088 汇编语言提供的一种简化程序编写的手段。编写程序时经常会遇到这样的现象：同一个程序段需要在程序中出现多次，或者程序中有几段指令序列除了个别符号不相同以外，大体上是一样的。从前面的章节可以知道，这种现象中有一些可以用循环或子程序解决，但有些时候循环和程序的方法都不好处理，只能把重复的程序段再写一遍。现在的编辑器都提供了“文字块”操作的功能，经过块定义和块复制的组合操作，可以很快把一段程序在需要的地方复制一遍。如果程序段有个别地方不同，可以直接在复制后的程序段上进行修改。“宏”正可以用来实现类似的功能。不仅如此，使用宏还可以克服块复制无法解决的困难：在块复制后发现其中的内容有错误，则要对重复出现的每一处都进行修改。

在程序中使用宏分成定义和调用两部分。宏定义用来说明哪些指令或伪指令将在程序中重复出现；宏调用是用来告诉汇编程序，在翻译前先把宏定义中的程序段复制一遍。可见，宏定义和宏调用都是告诉汇编程序如何处理，属于伪操作。

10.1 宏定义

格式： 宏名　MACRO [形参 1, 形参 2, ……]

　　　　　　宏体

　　　　　　ENDM

说明：

(1) MACRO 和 ENDM 是两个必须成对出现的关键字，它们分别表示宏定义的开始和结束；

(2) MACRO 和 ENDM 之间的部分是宏的定义体，它是由指令、伪指令或引用其他宏组成的程序片段，是宏包含的具体内容；

(3)“宏名”是由程序员指定的一个合法的标识符，它代表该宏；

(4) 宏名可以与指令助忆符、伪指令名相同。在这种情况下，宏指令优先，而同名的指令或伪指令都失效；

(5) 在 ENDM 的前面不要再写一次宏名，这与段或子程序定义的结束方式有所不同；

(6) 在宏定义的首部可以列举若干个形式参数，每个参数之间要用逗号分隔。

根据上述规定可知，宏名尽可能不要与指令助忆符、伪指令相名，以免引起不必要的误会。

例 10.1 定义一个把 16 位数据寄存器压栈的宏。

```
PUSHR     MACRO
          PUSHAX
          PUSHBX
          PUSHCX
          PUSHDX
          ENDM
```

例 10.2 定义二个字存储变量相加的宏。

```
MADDM     MACRO     OPRD1, OPRD2
          MOV       AX, OPRD2
          ADD       OPRD1, AX
          ENDM
```

上述宏定义虽然能够满足题目的要求，但由于在定义体中改变了寄存器 AX 的值，这就使宏的引用产生了一定的副作用。为了使寄存器 AX 的使用变得透明，可将该宏定义修改为如下形式：

```
MADDM     MACRO     OPRD1, OPRD2
          PUSH      AX
          MOV       AX, OPRD2
          ADD       OPRD1, AX
          POP       AX
          ENDM
```

通过在宏定义的开始和结尾分别增加对所用寄存器的保护和恢复指令，就可让对该宏的任意引用都不会产生任何副作用。

10.2 宏调用

定义后的宏名又称为宏指令。经宏定义后，就可以在源程序中调用宏了。宏调用的方式是在源程序中需要复制宏体的地方写宏的名字。宏名单独占一行，当源程序被汇编时，汇编程序将对宏调用进行宏体复制，并取代宏名。这种复制操作称为宏展开。为了与源程序的其他部分相区别，后面的叙述中，对由于宏调用而展开后得到的指令，都在前面标以加号“+”以示区别。

例 10.3 参照汇编程序的处理方法，对下面程序中的宏进行展开。

```
back      =         4CH
dosint    EQU       2IH
dispch    MACRO
          MOV       AH,2
          MOV       DL,'*'
```

```
        INT         21H
        ENEIM
code    SEGMENT
        ASSUME      CS:code
main:   dispch
        dispch
        MOV         AH,back
        INT         dosint
code    ENDS
        END         main
```

［解］宏展开后的结果是：

```
+       MOV         AH,2
+       MOV         DL, '*'
+       INT         21H
+       MOV         AH,2
+       MOV         DL, '*'
+       INT         21H
        MOV         AH,4CH
        INT         21H
```

由于宏展开是汇编程序翻译的一个步骤，宏展开后的结果并不是源程序，所以展开后不再写出完整的程序格式，只列出有效指令部分。

可以看到，汇编程序对宏调用的处理方式与常量引用或符号引用的处理方式是很类似的。定义部分在汇编处理结束后就已完成它的作用。汇编程序翻译后得到的机器代码中没有宏、常量等的定义，只是调用或引用部分被代换成宏体或定义的内容。常量及符号与宏的差别在于常量定义和符号定义都必须在一行写完，对常量和符号的引用只能代换指令中的操作数，或者操作数的一部分，宏调用则可以复制出一段程序。不仅如此，宏还允许复制出的内容有个别地方不同，这是通过带参数的宏实现的。

10.3 带参数的宏

如果宏只能对完全相同的程序段进行复制，那就没有多大的应用价值了。宏的好处主要体现在每次调用而展开的宏体可以不同。这需要在宏定义时以形式参数指明宏体中的哪些部分可以被不同的实际参数代替，每次调用时在宏名字的后面附带实际参数。完整的宏定义格式。

格式:宏名　MACRO[形式参数表]
　　　　　　宏体
　　　　　　ENDM

格式中的方括号表示“形式参数表”是可选项。形式参数可以出现在宏体中的任何位置，可以在操作数中，可以在指令助记符的位置，甚至还可以是其中的一部分。下面的几个例子用来说明参数的各种不同用法。

例 10.4 普通用法，形式参数出现在操作数的位置。

```
dch     MACRO     x
        MOV       AH,2
        MOV       DL,x
        INT       21H
        ENDM
```

源程序中调用宏 dch 时，应该在宏名字的后面跟一个实际参数。从例 7.11 宏定义中的几条指令可以看出，这个实际参数是用于屏幕显示的一个 ASCII 字符。因而，源程序中用下面的写法连续两次调用上述宏，就可以实现回车换行操作：

```
dcb  13
dch  10
```

宏展开时，对每一次宏调用，将分别以相应的实际参数代换宏体中的形式参数。

例 10.5 形式参数可以出现在助记符的位置。

```
CC      MACRO     cmd,lab
        CMP       AX,BX
        cmd       lab
        ENDM
```

上述宏在调用时可以用不同的实际参数替代形式参数 cmd，使得宏体中的第 2 行是不同的指令。下面是几个调用的例子，请读者自己写出宏展开的结果。

```
cc      JG,n1
cc      JBE,n2
cc      JNZ,n3
```

例 10.6 宏的形式参数可以作为一个标识符的一部分。这时，必须用符号“&”把形式参数与标识符的其余部分分开。例 10.5 中的宏定义还可以写成下面的形式：

```
ccl     MACRO     cmd,lab
        CMP       AX,BX
        J&cmd     lab
        ENDM
```

宏体中第 2 行的“J&cmd”就是在一个标识符中（例 10.6 中表现为指令助记符）含有形式参数，符号“&”用于把形参 cmd 从标识符中分离出来。如果没有分隔符号“&”，汇编程序将把“Jcmd”作为一个整体处理，而不知道其中的 cmd 是形式参数。

对例 10.5 后面的 3 个调用，调用例 10.6 中的宏可以达到同样的效果，相应写法是：

```
ccl     G,n1
ccl     BE,n2
ccl     NZ,n3
```

例 10.7 形式参数还可以出现在变量定义伪操作的初值表中，甚至是以字符串形式出现的初值。

```
msg       MACRO      num,pname
var&num   DB         'HELLO,&pname'
          ENDM
```

汇编语言规定，字符串中的形式参数必须用分隔符“&”从其他部分分离出来。对于下面两个宏调用：

```
msg     1,John
msg     2,Henrry
```

宏展开的结果是：

```
+      vat1       DB       'HELLO,John'
+      var2       DB       'HELLO,Henrry'
```

10.4 宏操作中形参与实参的对应关系

由于宏是伪操作，形式参数（形参）与实际参数（实参）的对应方法是由汇编程序决定的，与高级语言中形参与实参的对应方式有很大的不同。汇编语言具体规定如下。

（1）形参表中的多个参数项之间必须用逗号分隔，但实参表的各个参数项可以用逗号分隔也可以用空格分隔。

（2）如果形参的数目与实参的数目相等，则按照形参表与实参表中各参数项的次序一一对应。

（3）如果形参数目少于实参数目，多余的实参被忽略，汇编程序不做任何提示。

（4）如果形参数目多于实参数目，不足的实参作空串处理，汇编程序也不做提示。

（5）如果实参中包含逗号、空格等分隔符作有效符号，必须用尖括号“〈 〉”括起来，避免混淆。

对于例 10.7 中的宏定义，如果出现下面非常规的宏调用：

```
msg    3
msg    4,Sloopy,Micky
msg    5 Tom and Jerry
msg    6 <Tom and Jerry>
```

相应的宏展开是：

```
+  vat3  DB  'HELLO,'                ;不足的实参以空串处理
+  vat4  DB  'HELLO,Sloopy'          ;多余的实参被忽略
+  vat5  DB  'HELLO,Tom'             ;空格可以作为分隔符,因而后续实参是多余的
+  var6  DB  'HELLO,Tom and Jerry'   ;用< >处理含有分隔符的实参
```

前面的例子中，实参都是作为字符串（包括空串）在宏展开时代替形参的，但在某些情况下，需要用实参标识符所表示的数值来代替形参。这是指实参是用等号“=”定义的

常量标识符。用这样的标识符作实参时，可以用特定的方式告诉汇编程序，把常量标识符的值转换成十进制形式，以转换后的十进制数构成的符号串作为真正的实参。具体用法是在常量标识符作实参时，前面加上特殊记号“%”。

例 10.8 设有宏定义如下：

```
data    MACRO    P,q
v&p     DB       q
        ENDM
```

以及下面的宏调用：

```
x       =        1
        data     %x,%x
x       =        x+1
        data     %x,%x
```

其宏展开结果是：

```
+       vl       DB      1
+       v2       DB      2
```

符号“%”的作用体现在宏展开中是用常量标识符 x 的值（第 1 次宏调用时是 1，第 2 次宏调用时是 2），而不是符号 x 本身，去替换宏展开时的形参。

需要注意的是，宏操作与源程序的其他部分一样，都要经过汇编程序的处理。汇编程序在处理带有宏调用的程序时，是先进行宏展开，再进行语法检查及翻译。宏体在定义时，由于可以带有一些形式参数，在没有进行替换之前很可能是不符合语法规则的。宏调用并展开后是否符合语法规则，需要由汇编程序来判定。如果展开后的指令或伪指令有错，汇编程序只能指出宏调用有错，并指出宏调用所在行的号码，却无法指出究竟是展开后的哪一行不符合语法。因此，对这一类错误提示，程序员只能自己按规则进行宏展开，并判断展开后的结果是如何出错的。对于 MASM 汇编程序比较熟悉的人，还可以借助于 MASM 处理源程序时产生的一个 .LST 文件（只要在 MASM 提问“Source listing ［NUL.LST］如”时输入一个合适的文件名即可产生清单文件），判断程序中的错误，以及查看宏展开的结果。

另外，宏调用的优先级高于其他伪指令和指令，所以，如果用伪指令或指令助记符等内部保留字作为宏的名字，则汇编程序会把这样的标识符当作宏进行处理，而使得源程序中无法使用其原有的功能。汇编语言中还提供了一个 PURGE 伪指令，用于在源程序适当的位置取消某个宏。比如：

```
add     MACRO    x,y
        ……
        ENDM
        ADD      AX,BX
        PURGE    add
        ADD      AX,BX
```

这样的源程序中，前一个 ADD 被当作宏调用处理（汇编语言是不分大小写的），进行宏展开；后一个 ADD 由于已用 PURGE 伪指令取消了作为宏名的 add，使得该标识符恢复原有功能，因此是 ADD 指令。

10.5 宏体中的标号

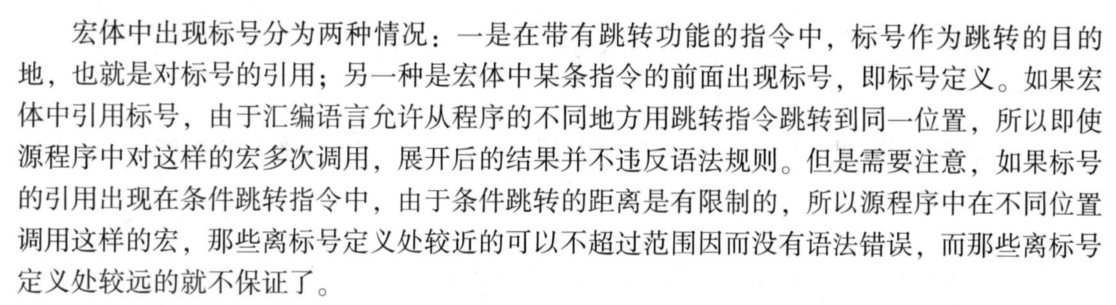

宏体中出现标号分为两种情况：一是在带有跳转功能的指令中，标号作为跳转的目的地，也就是对标号的引用；另一种是宏体中某条指令的前面出现标号，即标号定义。如果宏体中引用标号，由于汇编语言允许从程序的不同地方用跳转指令跳转到同一位置，所以即使源程序中对这样的宏多次调用，展开后的结果并不违反语法规则。但是需要注意，如果标号的引用出现在条件跳转指令中，由于条件跳转的距离是有限制的，所以源程序中在不同位置调用这样的宏，那些离标号定义处较近的可以不超过范围因而没有语法错误，而那些离标号定义处较远的就不保证了。

如果宏体中出现标号定义，情况就不同了。这样的宏在一个源程序中被多次调用时，展开后就会出现多个同名标号定义。这是标识符的重复定义，在汇编语言中是不允许的。

因而宏体中的标号定义必须采取一定的措施进行处理。汇编语言对此的解决办法是用 LocAL 伪指令在宏体的第 1 行特别指明。

格式： LOCAL　标号 1，标号 2，…

功能： 用于告诉汇编程序，在宏展开时，对宏体中出现的“标号 1”“标号 2”等标识符，代换为特殊的各不相同的标识符。汇编程序在遇到用 LOCAL 说明的标号时，会代换成?? 0000、?? 0001、?? 0002、……等特殊的标识符，以保证宏体中的标号定义在每次宏展开时各不相同，避免重复定义的情况。

例 10.9 设有如下宏定义：

```
sum:    MACRO   a,b
        LOCAL   next
        MOV     CX,a
        LEA     BX,b
        XOR     AX,AX
next:   ADD     AX,[BX]
        ADD     BX,2
        LOOP    next
        ENDM
```

并已知 VAR1 和 VAR2 是已定义的两个变量，展开下面的宏调用：

```
sum     5,VAR1
sum     7,VAR2
```

[**解**] 宏展开的结果是：

```
+               MOV     CX,5
+               LEA     BX,VAR1
+               XOR     AX,AX
+?? 0000:       ADD     AX,[BX]
+               ADD     BX-2
```

```
+             LOOP          ?? 0000
+             MOV           CX,7
+             LEA           BX,VAR2
+             XOR           AX,AX
+?? 0001:     ADD           AX,[BX]
+             ADD           BX,2
+             LOOP          ?? 0001
```

可以看到，两次调用宏 sum，展开后的结果中标号分别是?? 0000 和?? 0001，是不同的。如果宏定义中没有 LOCAL 伪操作，展开结果中将在两个地方定义标号 next，是重复定义。

汇编语言还规定，LOCAL 必须出现在宏体的第 1 行上，并且在“宏名 MACRO”与 LOCAL之间不允许有任何内容，包括空行、注释。

10.6 宏的嵌套

类似于在子程序中可以调用另一个子程序，在一个宏体中也允许再调用另一个已定义的宏。对这种宏中套宏的宏调用，汇编程序将逐次展开，直到展开后的结果不再含有宏调用为止。

例 10.10 设某程序中已定义了 3 个字型变量 v1、v2、v3，下面是源程序中的一段，试展开最后一行的宏调用。

```
mm1     MACRO       x
        MOV         AX,x
        MUL         AX
        ENDM
mm2     MACRO       a,b,c
        mm1         a
        MOV         BX,AX
        mml         b
        ADD         AX,BX
        MOV         c,AX
        ENDM
        ……
        mm2         v1,v2,v3
```

[解] 展开 mm2 后得到：

```
+       mm1         v1
+       MOV         BX,AX
+       mm1         v2
+       ADD         AX,BX
+       MOV         v3,AX
```

其中还含有宏调用，再把两个 mm1 展开后可得到如下结果：

```
+        MOV      AX,v1
+        MUL      AX
+        MOV      BX,AX
+        MOV      AX,v2
+        MUL      AX
+        ADD      AX,BX
+        MOV      v3,AX
```

10.7 宏与子程序的比较

宏和子程序都是为了简化源程序的编写，提高程序的可维护性，但是它们两者之间存在着本质的区别，具体表现在以下几点。

（1）在源程序中，通过书写宏名来引用宏，而子程序是通过CALL指令来调用。

（2）汇编程序对宏通过宏扩展来加入其定义体，宏引用多少次，就相应扩展多少次，所以，引用宏不会缩短目标程序；而子程序代码在目标程序中只出现一次，调用子程序是执行同一程序段，因此，目标程序也得到相应的简化。

（3）宏引用时，参数是通过“实参”替换“形参”的方式来实现传递的，参数形式灵活多样，而子程序调用时，参数是通过寄存器、堆栈或约定存储单元进行传递的。

（4）宏引用语句扩展后，目标程序中就不再有宏引用语句，运行时，不会有额外的时间开销，而子程序的调用在目标程序中仍存在，子程序的调用和返回均需要时间。

总之，当程序片段不长，速度是关键因素时，可采用宏来简化源程序，但当程序片段较长，存储空间是关键因素时，可采用子程序的方法来简化源程序和目标程序。

习 题

10.1 在宏定义时，使用的关键字是什么？宏名是否需要成对出现？

10.2 在宏引用时，是否要求实参与形参的个数相等？若不要求，请简述当两者个数不一致时，会出现什么情况。

10.3 宏和子程序的主要区别有哪些？一般在什么情况下选用宏较好，在什么情况下选用子程序较好？

10.4 宏的参数如何传入宏定义体的？宏的参数传递与子程序的参数传递有哪些区别？

10.5 在有标号的宏定义体中，为什么最好使用LOCAL伪指令来说明标号？它在宏定义体中应处于什么位置？

10.6 子程序和宏中的LOCAL伪指令的作用有哪些不同？

10.7 编写一个宏来定义26个大写字母表。

第 11 章 输入输出和中断

输入输出是指计算机的主机与外部设备之间进行数据交换。前面只讲述了单字符和字符串的输入输出，涉及的外设只有显示器和键盘，并且输入输出操作都是以指令“INT21H”的形式，通过调用操作系统预先存放在内存中的程序段实现的。采用这种方式，不必考虑处理的细节和输入输出设备的特性，只要掌握操作系统指定的入口参数和出口参数及调用方法即可。但是，仅会调用系统已有的标准子程序是不够的，要想充分发挥汇编语言可直接控制外设的优势，还必须学会直接通过输入输出方法与外部设备进行数据交换。

11.1 输入输出的基本概念

计算机的硬件系统由 CPU、内存、外设三大部件构成，它们相互之间通过一组信息传递的公共通道——总线联系在一起。CPU 和内存构成了计算机的主机部分，是计算机中的高速设备，是计算机的“内部”。而大多数外部设备都是慢速设备，用来把外部采集到的数据送入主机内部，或者把主机内的数据传递到外部，外设中的外部存储器还可以存储大量的数据。那么，CPU 作为计算机的核心，它又是如何控制外设的呢？

11.1.1 外设接口

外部设备的种类繁多，功能各不相同，控制的方法也各式各样。很多外设由于速度和信号与系统总线不匹配，无法直接连接在总线上与主机进行数据交换，需要在系统总线与外设之间设置一个“适配器”，又称为“接口”，用于把来自 CPU 的控制命令转换成对外设的控制信号，把外设的工作情况转换成 CPU 可以读取并处理的状态信号。

接口部件担负着总线信号与外设信号的转接工作。它一头与外设相连，能够从外设接收数据或向外设发出信号；另一头连接在系统总线上，能够直接接收来自总线的数据和控制信号，或者在适当的时候往总线发送数据。

CPU 能够与内存进行数据交换，也可以与外设接口进行数据传递，两者工作的方式是非常相似的。第 2 章的描述已经说明，CPU 如果要从内存读或向内存写一个数据，总是先在地址总线上发出地址信号，以选定操作对象，然后在控制总线上发出控制信号，通知操作对象完成什么样的操作，数据总线则提供数据传递的通道。CPU 总是通过总线，以发送地址信号的方式选择操作对象，对内存、对外设接口都是如此。所以，计算机系统中对内存进行编号，就是内存的物理地址，对外设接口也进行编号，这个号码称作“外设端口号”。每一个端口号对应外设接 VA 中的一个存放字节型数据的元件，称为一个“外设端口”。一个外设接口中往往需要多个外设端口，占据多个外设端口号。CPU 控制外设就是通过从这些外设端口中读取数据以及向它们发送数据实现的。

在计算机内外数据交换过程中，外设总是处于从属状态，它受来自总线的信号控制，按控制命令的要求完成相应的操作，并且可以从主机接收或向主机提供数据。大多数外设接口从功能上可以分为控制部件、状态部件和数据部件三大组成部分。控制部件又称为命令部件，专用于接收来自主机的操作命令，并转换成对外设的控制信号；状态部件负责向主机转达外设的当前工作情况；数据部件是内外数据交换的缓冲器，临时存放需要传递的数据。

通常，三大部件中的每个部件至少占据一个外设端口地址，每个端口都以字节为基本单位，因而一个外设接口一般最少占用 3 个端口地址。但是，有些外设能够接受的控制命令很少，只需要 1 字节中的 1 位或 2 位就够了。这时可以用一个控制端口的 8 个位分别控制不同的外设，把不同外设的接口集中在一起，共同占据一个外设端口号。另一方面，接口中的命令部件只用于接收控制命令，CPU 对命令部件只写不读；状态部件刚好相反，只用于向 CPU 提供状态信息，CPU 对它只读不写。因而有些接口把命令部件与状态部件设计为共同占用一个外设端口号，由总线上的“读”或“写”信号区分究竟哪个部件是当前的数据传递对象。

11.1.2　8088 的独立编址方式

无论是内存还是外设端口，都是以字节为基本数据单位。当总线上出现有效的地址信号时，每个字节型内部存储器或外设端口都能够根据地址信号，判断自己是否被选中为数据传递的对象（完成这种判断的是地址译码器），没有被选中的自动不参与本次总线上的数据传递。从这个角度说，只要为内存和外设端口分别安排不同的地址，就可以从地址信号本身区分数据传递的对象是内存还是外设端口，从而把各个内存字节与外设端口编排一套地址号码。这种编排地址的方式称为“统一编址”或“混合编址”。

8088 采用的是另一种编址方式。由于 8088CPU 在数据交换时除了能够发出地址信号外，还能发出一个特别的控制信号（IO/M）。当 8088 在 IO/M 信号线上发出高电位信号时，表示当前总线上是外设操作；反之，8088 在 IO/M 上发出低电位信号时，则表示当前总线上是内存操作。设计计算机系统时就可以利用这根信号线上是低电位还是高电位，区分操作对象是内存还是外设。这时，各个内存字节与外设端口就可以分开编排两套号码，分别称为内存地址与外设地址。当 CPU 需要读写数据时，同时发出地址信号和 IO/M 信号，这些信号一起送到地址译码母。地址信号选择了具体的地址号码，而 IO/M 信号则选择内存还是外设。这种把内存和外设端口分开各自编址的方式称为“独立编址”。

8088 系统中，外设端口号的有效范围是 0000H 到 0FFFFH，共 64 K 个端口号。这个地址空间比实际需要要大，因此系统在设计时，只选择使用了其中 0 到 3FFH 这一段范围共 1024 个端口号（Intel 系列高档微机使用全部的端口号）。各个端口号中安排的具体外部设备繁杂，不一一列举，后面只对用到的部分做适当说明，有兴趣的读者可查阅关于 PC 微型计算机原理的有关资料。

11.1.3　控制外设的指令

由于 8088 采取了独立编址方式，就需要有特殊的指令控制对外设端口的操作。8088 系统设计有两条专用指令：IN 和 OUT。

指令格式：IN OPRD1，OPRD2

功能：从 OPRD2 指明的外设端口中读取一个字节型数据或字型数据，送到操作数 OPRD1 中。

说明：

（1）8088 系统限制 OPRD1 只能是 AL 或 AX。当外设端口号不超过 255 时，OPRD2 操作数可直接写端口号码，是外设的直接寻址方式：端口号超过 255 时，必须先把端口号放在 DX 中，以 DX 作为 OPRD2 操作数，这是外设的间接寻址方式。

（2）当 OPRD1 是 AL 时，该指令从指定的端口中读取一字节数据送到 AL 中；当 OPRD1 是 AX 时，CPU 将从 OPRD2 对应的端口读一字节数据，从下一个端口号再读一字节数据，总共读取 16 位数据送到 AX 中。

指令格式：OUT　OPRD1，OPRD2

功能：把操作数 OPRD2 指明的一个字节型数据或字型数据送到 OPRD1 对应的外设端口中。

说明：

（1）OPRD2 只能是 AL 或 AX。当外设端口号不超过 255 时，OPRD1 操作数可直接写端口号码；端口号超过 255 时，必须先把端口号放在 DX 中，以 DX 作为 OPRD1 操作数。

（2）当 OPRD2 是 AL 时，该指令把 AL 中的 8 位数据送往 OPRD1 指定的外设端口；当 OPRD2 是 AX 时，该指令把 AL 中的 8 位数据送到 OPRD1 对应的端口，把 AH 中的 8 位数据送往下一端口，即把 16 位数据送到 OPRD1 对应的端口及下一端口中。

IN 和 OUT 指令专门用于外设操作，必须与内存操作严格区分开。例 11.1 用来说明烈、OUT 指令与内存操作的 MOV 指令之间的差别，并请读者体会在数据传递期间 IO/M 信号的作用。

例 11.1 说明下面各指令或程序段的功能。

```
(1) MOV    DX, 61H
    IN     AL, DX
(2) MOV    BX, 61H
    MOV    AL, [BX]
(3) OUT    21H, AL
(4) MOV    SI, 21H
    MOV    [SI], AL
```

［解］

（1）先把立即数 61H 放到 DX 中，然后以 DX 中的 61H 作为外设端口号，从相应的外设端口读取 1 字节数据送到 AL 中。

（2）先把立即数 61H 放到 BX 中，然后以 BX 中的 61H 作为偏移地址，以缺省段寄存器 DS 中的值为段地址，从相应的内存中取出 1 字节数据送到 AL 中。

（3）把 AL 中的 1 字节数据送往 21H 号外设端口。

（4）先把立即数 21H 放到 SI 中，然后以 SI 中的 21H 作为偏移地址，以缺省段寄存器

DS 中的值为段地址，把 AL 中的 1 字节数据送到相应的内存中。

11.1.4 输入输出方式

外部设备是多种多样的，不同的设备需要不同的控制方法。CPU 与外设之间进行数据传递时需要考虑外设的性能。对于多数慢速外设而言，如果 CPU 传送来的数据速度太快，外设来不及处理，就可能造成数据丢失；如果外设还没有准备好数据，CPU 就已经发出了读操作命令，将读不到正确的数据。因此，计算机系统进行内外数据交换时，必须根据外设的特点采用适当的形式。总的来说，主机与外设之间数据交换的方法有 4 种：无条件方式、查询方式、中断方式、DMA 方式。

1. 无条件方式

又称为直接方式，是指 CPU 可在任何时刻，直接以外设操作指令与外部设备进行数据传递。显然，这种方式对外设有很高的要求，它必须能像内存一样时刻准备着与 CPU 进行数据传递，并且能够跟上 CPU 的速度，保证传送的信息的正确性。

2. 查询方式

使用查询方式工作的外设必须至少有两个部件，其中之一是状态部件。CPU 每一次与外设进行数据交换之前，先从状态部件读取信息，判断外设是否处于“就绪”（Ready）状态。如果来自外设的状态信息反应出外设“没有准备好”或正“忙”（Busy），说明还不能进行数据传递；反之，当 CPU 检测到外设已准备好（Ready）后，可以与外设进行一次数据交换。

3. 中断方式

这是指每当外设准备好、能够进行数据传递时，就向 CPU 发出一个特殊的请求信号，称为中断请求信号。CPU 收到中断请求后，暂停当前的工作，转而执行一段预先设计好的中断服务程序，完成对外设的数据交换。执行完中断服务程序后，CPU 仍回到被暂停的程序继续执行。

4. 直接存储器存取方式

这是一种不通过 CPU，在内存与外设之间直接进行高速数据交换的方法。通常，系统总线是在 CPU 的控制之下，CPU 总是作为数据传递的一方，内存与外设其中之一作为另一方。当大量的数据需要传递时，在主机内部，数据不可能完全放在 CPU 中，只能放在内存中。在 CPU 控制下进行大量数据的传递，就必须把内存中的数据读到 CPU 中，然后再写往外设，或者反方向，先把数据从外设读入 CPU 再写往内存。可见，数据必须以 CPU 作为过度，才能到达它的目的地。DMA 方式正是避免了这种过度，让数据不经过 CPU，直接从内存送到外设，或者反之。

进行 DMA 方式的数据传递必须有一个前提条件，就是 CPU 能够让出总线的控制权，交由 DMA 方式的专用控制器控制，当数据传递结束后，CPU 再收回总线控制权。8088CPU 支持这样的总线操作方式，因而 8088 系统可以进行 DMA 方式的数据传递。

DMA 控制器专门用于控制内存与外设之间的直接数据传递，但是它没有数据处理能力。在一些计算机系统中还设计有带有数据处理能力的专用传送芯片，其工作方式与 DMA 方式很相似，也需要 CPU 在适当的时候让出总线供其使用。这种数据传递方式称为“专用处理机方式”。

8088 微型计算机不使用处理机方式进行数据传递，DMA 方式需要涉及计算机硬件的内容过多，本书不做详细介绍。

11.2 无条件方式输入输出

计算机系统中的扬声器（喇叭）是一种简单的输出设备，可以随时从 CPU 接收控制命令。图 11.1 是扬声器的连接原理图。

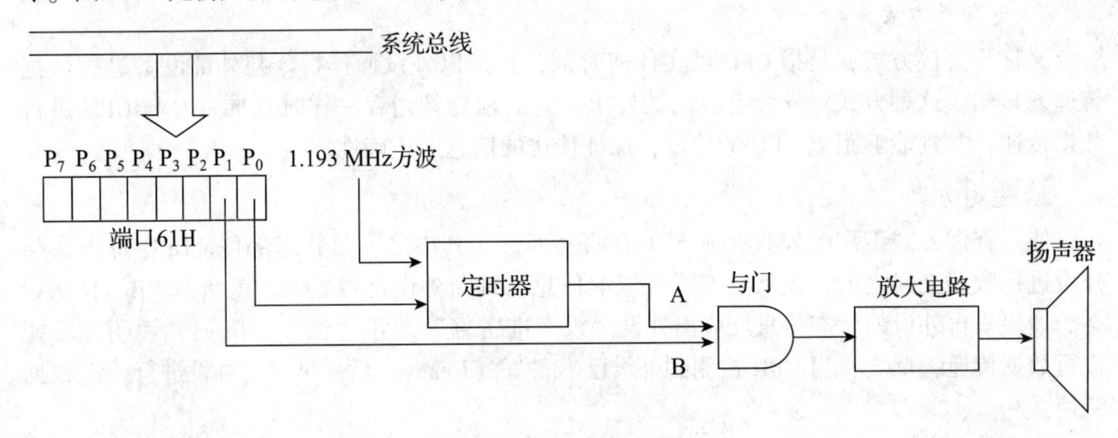

图 11.1　扬声器与系统总线的连接

扬声器发声的基本原理是振动。扬声器上的一层薄膜在电信号控制下往复振动产生声音，每秒钟振动的次数就是所发出的声音的频率，振动的幅度决定声音的强度。由于控制扬声器的信号是二进制的开关信号，不能控制流过扬声器的电流大小，因而不能控制扬声器薄膜的振幅，所以扬声器只能发出固定强度的声音。但开关信号变化的频率是可以控制的，CPU 正是通过控制开关信号的频率，让扬声器发出不同频率的声音。

由图 11.1 可以看到，控制扬声器的信号有两个来源，它们通过与门之后送往放大电路并控制扬声器发声。系统中的 61H 号端口是一个可读写的外设端口，能够存放 1 字节数据，其中的最低两位就用来控制送往扬声器的两个信号源。最低位 P_0 为 0 将控制定时器使送往与门 A 输入端的信号为高电位，这时只需要交替变化次低位 P_1 的值，控制与门的另一个输入端 B 端的信号即可。除此之外，还要控制 P_1 变化的频率，比如要让扬声器发出 500 Hz 的声音，就是要使 P_1 位上的信号每秒钟变化 500 次，即每 0.002 秒是一个变化周期，因而要让 P_1 位维持高电位（即置 P_1 位为 1）0.001 秒，然后变成低电位，再维持 0.001 秒，如此交替变化。而发声时间则通过控制 P_1 位交替变化的次数来掌握，比如让扬声器在 1 秒钟内保持发出 500Hz 的声音，就要让 P_1 位交替变化 500 次。

控制时间并不是件容易的事。如果要准确控制时间，可以参照微机原理中有关定时器的内容，采用后面说明的中断方式。在此只是为了说明直接数据传送的原理，故简化时间控制的方法，采用循环延迟的方式实现。需要说明的是，例 8.2 的程序虽然可以在各种档次的

PC 机上运行，但发出的声音频率有可能不一样。这是因为不同档次的机器执行循环延迟所花费的时间不同，而程序就是利用这个延迟来控制声音频率的。

例 11.2 利用无条件数据传送方式，让计算机的扬声器在 1 秒钟内保持发出 500Hz 的声音。

[**解**] 完整的程序如下：

```
delnum      =           14000
sta         SEGMENT     STACK
            DW          1024 DUP(0)
sta         ENDS
code        SEGMENT
            ASSUM       CS:code,SS:sta
;功能:时间延迟,做若干次的乘法产生时间延迟的效果
;入口:CX 中的值作为循环次数,值越大延迟时间越长
;出口:无
;破坏寄存器:CX
Delay       PROC        NEAR
            PUSH        AX
            PUSH        DX
del:        IMUL        AX                  ;用乘法指令延迟,执行时间较长
            LOOP        de1
            POP         DX
            POP         AX
            RET
delay       ENDP
main:       MOV         CX,500              ;主程序
SOU:        PUSH        CX
            IN          AL,61H              ;读出原 61H 端口的数据
            AND         AL,11111100B        ;清最低两位
            OUT         61H,AL              ;送低电位到 P1
            MOV         CX,delnum           ;取控制延迟时间的循环次数值
            CALL        delay
            IN          AL,61H
            OR          AL,00000010B        ;置 P1 位为 1
            OUT         61H,AL
            MOV         CX,delnum
            CALL        delay
            POP         CX
            LOOP        sou
            MOV         AX,4C00H
            INT         21H
code        ENDS
            END         main
```

从这个例子可以看出，对扬声器的控制是不需要任何条件的，程序中在向 61H 号端口送数据时根本不考虑扬声器是否准备好、是否可接收数据等问题。由端口 61H 到放大电路

构成了扬声器的接口电路，该接口以系统总线上送来的信号驱动薄膜的振动，按无条件方式进行数据传送。

11.3 查询方式输入输出

大多数外设不可能像扬声器那样工作，它们处理数据的速度和提供数据的速度往往比主机内部速度慢得多，因而 CPU 与这类设备进行数据传递前必须先判断它们是否“就绪”。CPU 以查询方式从外设读取一批数据，以及向外设送出一批数据的流程如图 11.2 所示。

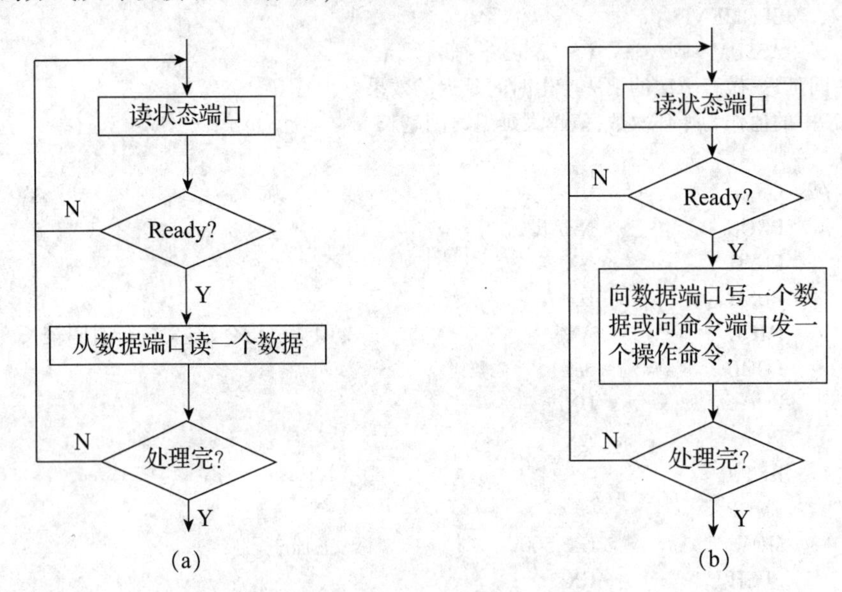

图 11.2　查询方式下数据传递的流程

(a) 查询方式输入操作流程；(b) 查询方式输出操作流程

打印机是一种可以按查询方式工作的输出外设，它与主机连接的接口部件是打印机适配器，也就是平常所说的“标准并行接口”或“并口”。打印机接口中的三大部件齐备，它们各自占据一个外设端口号码，分别是：

数据部件——378H；

状态部件——379H；

控制部件——37AH。

状态端口 379H 各位的含义如下：

D_7	D_6	D_5	D_4	D_3	D_2	D_1	D_0
$\overline{\text{Busy}}$	$\overline{\text{ACK}}$	PE	SELECT	$\overline{\text{ERROR}}$			

（1）D_7位：打印机的“忙”信号。这一位为 0 表示打印机当前正处于“忙”状态，为 1 表示打印机不忙。

（2）D_6位：打印机送回的认可信号。当打印机从接口中正确接收 1 字节数据后，就送回一个低电位的认可信号。这个信号只维持很短的时间，然后又恢复高电位。

（3）D_5位：缺纸信号。这一位为 1 表示打印机无纸，无法打印，为 0 时表示正常工作。

（4）D_4位：联机信号。这一位为 1 表示正处于联机工作状态，为 0 表示没有联机，这时不能工作。

（5）D_3位：出错信号。这一位为 0 表示打印机内部出现错误，不能工作，为 1 则正常。

控制端口 37AH 各位的含义如下：

D_7	D_6	D_5	D_4	D_3	D_2	D_1	D_0
			INT	SELECT	$\overline{\text{INIT}}$	Auto Feed	STB

（1）D_4位：允许中断信号。将该位置 1，允许打印机以中断方式工作，为 0 则不允许。

（2）D_3位：联机命令。该位置 1 将设置打印机的联机工作方式。控制打印机时总是把这一位置 1，否则打印机不能正常工作。打印机正常打印时这一位需要保持 1。

（3）OPRD2 位：初始化信号。正常工作时总是把这一位置 1。需要把打印机重新初始化时，通过在这一位先清 0 再置 1 实现，并且要维持清 0 的时间 0.05 秒以上。初始化又称作打印机复位，复位时可观察到的现象是打印头回到最左边。

（4）OPRD1 位：自动走纸。该位置 1 要求打印机在打印完一行后（回车时）自动走纸，清 0 时则需要向打印机输出换行符（OAH）控制走纸。这一位通常被置为 0。

（5）D_0位：选通信号。CPU 通过在这一位上先置 1 再清 0，通知打印机从数据部件中取走 1 字节数据并打印。

把图 11.2 中查询输出的流程稍做修改，可以作为控制打印机以查询方式工作的程序流程，如图 11.3 所示。

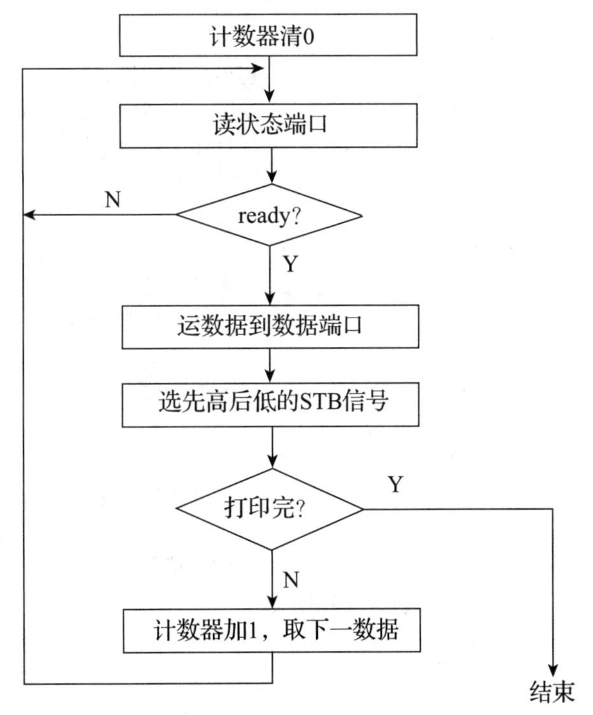

图 11.3　查询方式控制打印机

例 11.3 控制打印机以查询方式工作，打印 26 个英文字母，共打印 30 行。

[解]

```
sta         SBGMIENT    STACK
            DB          1024 DUP(0)
sta         ENDS
data        SEGMENT
print       DB          'abcdefghijklmnopqrstuvwxyz',0DH,0AH
data        ENDS
code        SBGMENT
            ASSUME      CS:code,SS:sta,DS:data
;功能:打印机初始化
;入口、出口:无
init        PROC        NEAR
            MOV         DX,37AII
            MOV         AL,08H
            OUT         DX,AL
            MOV         CX,1000
init1:      LOOP        init1                   ;延迟,维持初始化信号时间长度
            MOV         AL,OCH
            OUT         DX,AL                   ;结束初始化,保持联机
            RET
init        ENDP
start:      MOV         AX,data
            MOV         DS,AX
            CALL        init                    ;初始化打印机
            MOV         CX,30                   ;设定循环次数为 30,打印 30 行
again:      LEA         BX,print                ;待打印字符串首地址存放于 BX 中
next:       MOV         DX,379H
wait:       IN          AL,DX
            TEST        AL,80H
            JZ          wait                    ;打印机忙,转去再读状态端口
            DEC         DX                      ;把 DX 置为数据端口号 378H
            MOV         AL,[BX]
            OUT         DX,AL                   ;送数据到数据端口暂存
            MOV         DX,37AH
            MOV         AL,0DH
            OUT         DX,AL                   ;置 STB 信号为 1
            DEC         AL
            OUT         DX,AL                   ;置 STB 信号为 O。先 1 后 0 通知打印机取走数据
            CMP         BYTE P1R[BX],0AH
            JZ          newline
            INC         BX
            JMP         next
newline:    LOOP        again
```

```
            MOV     AX,4C00H            ;处理完毕,把控制权交还 DOS
            INT     21H
code        ENDS
            END     start
```

查询方式下的数据输入方法与控制打印机很类似，也与具体设备直接相关，不再举例说明。

11.4 中断方式输入输出

把例 11.3 的程序拿到计算机上去执行，可以发现从键盘上发出执行程序的命令后，光标会停在命令的下一行闪烁，并且打印机开始工作，直到打印机打印完所有内容后才会出现系统提示符。也就是说，在打印期间，系统是不能做其他事情的。

分析一下例 11.3 的程序可以发现，它是让高速的 CPU 去适应低速的打印机，让 CPU 反复不停地查问打印机的状态，直到打印机准备好。由于两者的速度差很大，很可能会出现 CPU 查问成千上万次以后才能等到打印机准备好的信号，送出 1 个字节的数据。显然，这种数据传递方式的效率是极低的。

设想让 CPU 把反复查问的时间利用起来去做别的事情，而让打印机在准备好接收一个数据后就向 CPU 发出一个信号。当 CPU 接到这个信号时，暂时停止正在执行的工作，以很短的时间为打印机送出下一个数据，然后恢复原工作。这样，尽管打印的速度并没有提高，但把高性能的 CPU 解放出来，可以做其他的事情，从而提高了整个系统的工作效率。中断式数据传递正是基于这种思想。

11.4.1　中断的基本概念

1. 中断

CPU 暂停正在执行的程序，转去完成另一件工作，完成后再回到原来的程序继续执行的现象称为中断。

2. 中断源

能够导致 CPU 中断的事件称为中断源。如果引发中断的事件来自 CPU 的内部，这样的中断源称为内中断源。比如，CPU 执行了一个会产生溢出的除法操作，就会产生一次内部中断。如果是由 CPU 外部的信号引发中断，这种中断源称为外中断源。打印机申请中断就是一种外中断源。

3. 中断源分类

按照引发中断的中断源的位置不同，8088 系统把中断源分为内中断源和外中断源两大类。来自 CPU 内部的中断请求称为内中断源。8088 系统的内中断源有除法溢出、执行中断指令和单步中断（CPU 每执行一条指令都产生一次的中断请求，主要用于程序的调试）。外中断源是来自 CPU 芯片外的中断请求信号。8088 芯片有两个引脚可以接收外中断请求信号，分别是 NMI 和 INTR，并且 8088 对这两个引脚上的中断请求信号的处理方式不太一样。根据中断信号来自哪一个引脚，外中断源又再分为两类。通过 NMI 引脚上送往 CPU 的中断请求信号称为不可屏蔽外中断源，INTR 上的则称为可屏蔽外中断源。

也可以按产生中断请求的方式不同，把中断源分为软件中断源和硬件中断源，由它们导致的中断又分别称为软中断和硬中断。除法溢出中断、单步中断是内中断源中的硬中断源，外中断源都是硬中断源。软中断则是由指令系统中的中断指令导致的中断。

4. 中断号

在计算机系统中，各种中断源都被统一地编排了一个互不相同的号码，用以唯一地标识一个中断源，这个号码称为中断号。在8088 系统中，中断号的有效范围是0 到255。常用的中断号与中断源的对应关系见表 11.1。

表 11.1　8088 系统中的中断号分配

中断号范围(Hex)	分配情况	中断号(Hex)	中断源	中断类型
0~1F	BIOS 中断	0	除法溢出	内中断、硬中断
		1	单步	内中断、硬中断
		2	NMI	外中断、硬中断
		3	断点	内中断、软中断
		4	溢出	内中断、软中断
	BIOS 中断（各中断源连接到中断控制器，再由中断控制器把中断请求送 CPU 的 INTR	8	定时器	外中断、硬中断
		9	键盘	外中断、硬中断
		B	COM2	外中断、硬中断
		C	COM1	外中断、硬中断
		D	LPT2	外中断、硬中断
		E	磁盘	外中断、硬中断
		F	LPT1	外中断、硬中断
	BIOS 中断（基本输入输出服务程序）	10	显示服务	内中断、软中断
		12	取内存容量	内中断、软中断
		13	磁盘输入输出	内中断、软中断
		14	串行口通讯	内中断、软中断
		16	键盘服务	外中断、硬中断
		17	打印服务	外中断、硬中断
		19	引导系统	外中断、硬中断
		1A	实时时钟	外中断、硬中断

5. 中断源识别

中断源有不同的类型，向 CPU 申请中断的方式也各不相同。当 CPU 知道有中断请求后，还必须判断出究竟是几号中断请求。CPU 确定中断号的过程称为中断源识别。如果中断请求来自 CPU 内部，CPU 内有相应机制可以取到内中断请求的中断号：如果是不可屏蔽外中断请求，系统只安排了唯一的中断号（2 号）；当中断请求来自 CPU 的 INTR 外引脚时，情况就比较复杂了。

表 11.1 中 8 号到 0FH 号，以及 70H 到 77H 号中断源都是通过 INTR 引脚向 CPU 发出中

断请求的。当 CPU 检测到 INTR 引脚上有中断请求时，又如何判断到底是哪一个中断源呢?这需要有一个管理这些可屏蔽外中断的中断控制器。当 8088 接收到可屏蔽外中断请求时，会向这个控制器查询它所管理的中断源中，究竟是哪一个中断源请求中断。

6. 中断优先级

8088 共支持 256 个中断源，其中包括若干硬中断源，各种中断源就有同时提出中断请求的可能。当多个中断申请同时送到 8088 时，CPU 必须能按轻重缓急妥善处理。CPU 分辨各中断源优先次序的方式是预先把所有中断源进行分级，称为中断优先级。当 CPU 遇到同时有两个或两个以上的中断申请时，就按它们的优先级次序，先为级别最高的中断源服务。

8088 把所有中断源划分为 4 个等级，以 0 级为虽高，依次降低等级，3 级最低。各中断源的等级划分情况是：

0 级——除单步中断以外的内中断源；

1 级——不可屏蔽外中断源；

2 级——可屏蔽外中断源；

3 级——单步中断。

不同级别中的两个中断源同时申请中断时，CPU 可以根据级别高低决定服务的先后次序。但同级中的两个中断源同时申请又如何处理呢? 在 0 级中断源中，所有中断源都是由于 CPU 执行指令产生的，只有执行 DIV 或：IDIV 指令时才有可能产生 0 号中断请求。执行中断指令只能产生一个中断号，而 CPU 在任何时刻只能执行一条指令，所以不可能同时有两个或两个以上的 0 级中断请求。1 级与 3 级中断源分别只有一个，不涉及同时产生中断请求的问题，只有 2 级中断源存在同时申请的可能。

所有可屏蔽外中断源都处于中断优先级中的 2 级，这些外中断源都必须先送到中断控制器，再由中断控制器通过 CPU 的 INTR 引脚向 CPU 提出中断申请，如果它们当中出现同时申请的现象，将由中断控制器处理。在 8088 系统中，中断控制器可以把它管辖的所有可屏蔽外中断源再进行内部分级，当同时出现多个中断申请时，由中断控制器判别相互间优先级的高低，并把其中最高级别的可屏蔽中断请求通过 INTR 送达 CPU。

7. 中断屏蔽

如果某个中断源发出中断请求后，CPU 置之不理，继续完成自己的工作，这种现象称为中断屏蔽。8088 系统中对各种中断分类处理，0 级和 1 级中断是不会被屏蔽的，当 CPU 收到 0 级或 1 级中断请求时，会立刻放下正在执行的程序进行中断处理；但 2 级或 3 级中断就有被屏蔽的可能。3 级中断是否被屏蔽由标志寄存器中的 TF 标志位决定，当 TF = 0 时，CPU 将不响应单步中断请求。指令系统中没有专门指令可以直接针对 TF 标志位操作，但可以通过 PUSHF 和 POPF 指令达到修改 TF 值的目的（参见 6. 1. 2. 3 节）。2 级中断是否屏蔽受两个方面的控制：一是标志寄存器的Ⅲ标志位，如果 IF = 0，所有的 2 级中断源都被屏蔽；另一个可控制 2 级中断屏蔽的是中断控制器。中断控制器是作为 8088 系统的一个外设，CPU 可以通过命令的形式通知中断控制器屏蔽掉几号中断请求。这种方式可以只屏蔽 2 级中断源中的某一个或某几个而不是屏蔽所有 2 级中断。

8. 中断服务程序

CPU 响应中断就是暂停正在执行的程序，转而为中断源进行相应的服务，称为中断服务。

中断服务当然是通过执行一段程序来实现的。CPU 响应某个中断时去执行的程序称为“中断服务程序”或“中断处理程序”。显然，如果要系统正常工作，中断服务程序就必须长期保存在内存中，保证 CPU 随时可以执行它。CPU 在两种情况下会转去执行中断服务程序：一是正在执行的程序中遇到了一条中断指令（州 T 指令），二是硬中断源产生了中断请求且没有被屏蔽。第二种情况是由硬件中断源引起的中断，也就是说，不需要 CPU 去执行什么专用指令，只要出现没被屏蔽的硬中断申请，就会导致 CPU 去执行相应的中断服务程序。

各个中断源都对应地有自己的中断服务程序，当机器启动完成后，这些中断服务程序是操作系统或 ROM BIOS 中的程序段。这些中断服务程序也是可以修改的，只要用户程序能够把一段程序长期保留在内存中（即常驻内存），并且通知 CPU 这就是某个中断的中断服务程序。

9. 中断向量

既然每个中断服务程序都放在内存中，当然就有其入口地址，这样，当 CPU 响应中断时才能知道转到哪里去执行中断服务程序。入口地址是一个完整的逻辑地址，包括 16 位的段地址和 16 位的偏移地址，由总共 32 位数据构成，需要占据 4 字节的存储空间。把中断服务程序入口地址的各个字节按照一定的规则排列起来，构成的一个有特定含义的数据称为“中断向量”或“中断矢量”。8088 系统规定其中断服务程序入口地址的 4 个字节排列规则是：

（偏移地址低字节，偏移地址高字节，段地址低字节，段地址高字节）

为了说明的方便，中断向量通常都用十六进制书写。比如，某中断服务程序的入口地址在 F000：EF05 处，表示成中断向量就是：

（05，EF，00，F0）

10. 中断向量表

8088 系统中共有 256 个中断源，每个中断源都有自己的中断向量，把所有这些中断向量集中起来，按照中断号由 0 到 255 的顺序，从内存物理地址为 0 处开始依次存放，构成一张“中断向量表”。每个计算机系统的中断向量表都有自己固定的位置和长度，8088 系统是把这张表放在内存的最低端，共占用 1024 字节。图 11.4 是中断向量表的示意图。

物理地址	内　容
00000	0 号中断服务程序入口偏移地址低字节
00001	0 号中断服务程序入口偏移地址高字节
00002	0 号中断服务程序入口段地址低字节
00003	0 号中断服务程序入口段地址高字节
00004	1 号中断服务程序入口偏移地址低字节
00005	1 号中断服务程序入口偏移地址高字节
00006	1 号中断服务程序入口段地址低字节
00007	1 号中断服务程序入口段地址高字节
00008	2 号中断服务程序入口偏移地址低字节
	……
003FF	0FFH 号中断服务程序入口段地址高字节

图 11.4　8088 中断向量表的结构以及在内存中的位置

有了中断向量表，CPU 就随时可以知道每个中断服务程序在内存的什么地方，也就知道了如何去响应某个中断请求。

11. 中断嵌套

在 CPU 执行一个低级别的中断服务程序时，如果系统中又产生了一个高级别的中断请求，这时系统会暂停低级中断服务，优先处理高级别中断，处理完后再继续低级中断服务。这种高级别中断服务打断低级别中断服务的现象称为中断嵌套。

中断嵌套的典型例子是中断服务时需要屏幕显示。如果在一个低级别的中断服务程序中，需要在屏幕上显示一些信息，屏幕显示需要用到后面将要说明的 10H 号中断调用，因此在中断服务程序中就会写有“INT　10H”指令。这是一条内中断调用指令，是最高级别的中断。在执行到该指令时，系统会转去先进行 10H 号中断服务，在屏幕上进行显示，10H 号中断返回后，再继续原先低级别的中断服务。

11.4.2　中断处理过程

不论是软中断还是硬中断，当 CPU 响应中断时，自动完成下列操作：

（1）进行中断源识别，取得中断号 n。

（2）把标志寄存器（PSW）的内容入栈。

（3）把当前 CS 的值入栈。

（4）把当前口的值入栈。

（5）把标志寄存器中的 IF 和 TF 标志位清 0。

（6）从物理地址 4 × n 处连续取出 4 个字节，这是 n 号中断的中断向量。设取出的数据依次是 B_0、B_1、B_2、B_3，把（B_1，B_0）拼成一个字型数据送到 IP 中，把（B_3，B_2）拼成一个字型数据送到 CS 中。

（7）按 CS 和 IP 的新值继续执行。

这些操作是由硬件自动完成的，是 CPU 响应中断这一过程中密不可分的几个步骤，不能把它们拆开来，理解为依次执行几条指令的结果。响应中断的过程中，有 3 个字型数据被入栈保护，其中包括 CS 和 IP。CS 与 IP 的专职就是存放下一条指令的逻辑地址，它们的值被入栈保护，就意味着将来可以从栈中取出保存的值，恢复被中断的程序继续执行，就像子程序调用与返回一样。

响应过程中的第（6）个操作是把 CS 和 IP 修改为 n 号中断向量的值，实质上是把 CS 和 IP 改为 n 号中断服务程序的入口地址，使得 CPU 转入执行中断服务程序。中断服务的最后是执行一条特别的指令 IRET。该指令将把响应中断时入栈保存的 3 个字型数据分别恢复到原出处，使 CPU 从中断服务程序转回到中断时的程序继续执行。

以 CPU 执行“INT 21H”指令为例，中断处理的过程见图 11.5，对于硬件中断，只是没有中断指令，而是由硬件提出中断申请，CPU 响应后产生同样的处理过程。

在图 11.5 中，当执行到内存 2000：5A7B 处的“INT 21H”指令而产生中断时，标有“入栈”字样的箭头表示系统把 PSW、CS、IP 的值送入堆栈保存。此时 CS 和 IP 已经是 INT 的下一条指令的地址 2000：5A′7D，结果就是栈中多了从 XX 到 7D 的 6 个字节，其中两个“XX”表示 PSW 入栈的值。标有“2lH × 4”的箭头表示系统经过中断源识别，取得中断号

21H，再把21H乘以 4 的结果 84H 作为物理地址，取得 21H 号中断向量（2F，04，81，22），按其含义可知21H号中断服务程序的入口地址是2281：042F，因此，CS和IP的值将变成2281H和042FH。CPU再根据CS和IP的新值转到内存的相应位置继续执行，从而转入图11.5右部所示的21H号中断服务程序。

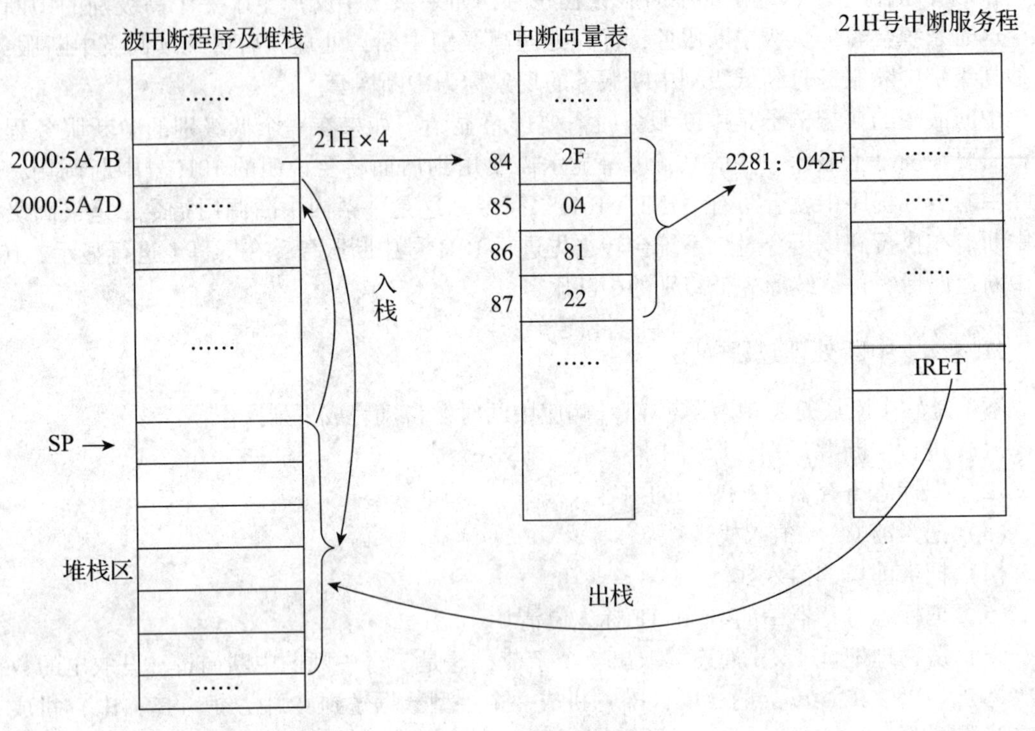

图 11.5　中断处理过程

当系统执行到中断服务程序的最后一条指令IRET时，该指令会依次出栈3个字型数据。图11.5中就是中断发生时入栈的3个字，最先出栈的5A7DH送给IP，其次的2000H送到CS，再出来的XXXX送到PSW，从而使系统转到2000：5A7D处执行，即回到了被中断的程序中“INT　21H”指令的下一条。

由于中断发生的时刻是不确定的，尤其是硬件中断可能在系统执行任何操作时发生，为了使被中断的程序在中断服务结束后能够正常地继续执行，必须保证中断发生时CPU各寄存器的值与中断结束后的一样。这一点需要软件与硬件配合完成，因为响应中断时硬件只把CS、IP和PSW入栈保存，中断结束指令IRET当然也就恢复这几个寄存器的值，硬件是不管其他寄存器的。中断服务程序中不可能不使用寄存器，对于所使用到的寄存器，需要在中断服务程序改变它们的值之前保存起来，并且在中断结束前恢复它们的值。这需要在中断服务程序中以指令的方式进行，因而，中断服务程序的开头总是几条PUSH指令，中断返回之前总有相应的POP指令。

转入中断服务之前，硬件与软件配合保存被中断程序的执行状况称为“保护现场”；中断结束时，恢复被中断程序中断时的状况称为“恢复现场”。

11.4.3　与中断有关的指令

在中断的有关概念描述中多次提到软中断是 CPU 执行中断指令时产生的中断，除了中断指令外，中断服务程序结束时也需要执行一条特殊的指令，以告诉 CPU 返回被中断的程序。关于 2 级中断的屏蔽标志位 IF 还有两条专用指令，分别说明如下。

格式： INT　n

功能： 产生一次 n 号中断请求。由于这是中断指令，属于内中断，具有最高级别，CPU 必然响应，因此该指令将导致一次 n 号中断处理过程。

说明：

（1）指令格式中的 n 是一个立即数，用以代表中断号，有效范围是 0 到 255。

（2）这是一条放在用户程序中的指令，与随时可能发生的硬件中断不同，这是程序员有意识地安排在程序中的一个中断，因而程序员应该很清楚这个中断指令执行的效果。这样使用的中断，其服务程序往往是系统预先编写好的一些专用子程序，完成一些特定的服务功能，供用户程序使用，就比如 DOS 提供的服务程序让用户程序以“INT 21H”指令去调用一样。这类程序段与子程序不同的是，它们在系统启动时就已进入内存，不需要像子程序那样与调用它的程序相连接。因此，习惯上又把这类程序段称为中断服务子程序，当作子程序一样使用，只是调用方式不同而已。

（3）指令格式中的 n 只要求在 0 到 255 之间，没有其他的限制。也就是说，不论是哪一个中断源，包括应该由硬件引起的外中断源，只要知道它的中断号，就可以用一条 INT 指令产生一次中断调用。但对硬件中断对应的 0 号、8 号到 0FH 号，以及 70H 到 77H 号，用 INT 指令去调用可能产生一些意想不到的结果，也有可能造成死机。

格式： IRET

功能： 从栈中弹出 3 个字，第 1 个弹出的送到 IP，第 2 个送到 CS，第 3 个送到 PSW。

说明： 这是专门为中断服务程序设计的一条指令，通常是中断服务程序的最后一条指令，它的功能与 CPU 响应中断时硬件自动完成的动作相对应，从而保证不论是硬中断还是软中断，在中断服务结束后，CPU 都能回到正确的位置继续执行。

格式： CLI

功能： 把标志寄存器的Ⅲ标志位清 0，使 CPU 不响应可屏蔽外中断。

格式： STI

功能： 把标志寄存器的 IF 标志位设置为 1，允许 CPU 响应可屏蔽外中断。

CLI 与 STI 指令总是配合使用，使得计算机系统在某一段时间内不响应任何可屏蔽外中断请求。CLI 是屏蔽掉所有 2 级中断的简单方法，但在应用时要注意，如果用户程序执行过程中屏蔽了所有 2 级中断，将使得系统不能从键盘、鼠标等输入设备上接收数据，这将使操作人员失去对机器的控制。所以，总是在屏蔽 2 级中断一段时间以后再把它打开。在程序中屏蔽中断的一个很好的理由，是不想要自己的程序在需要连续执行时被硬件服务打断，这通常是用在程序中需要执行一些不能暂停的任务的情况下。

11.4.4　系统提供的中断服务子程序

当计算机启动成功之后，内存中已经存放了很多具有固定功能的子程序，操作系统 DOS

提供的以“INT 21H”的形式调用的子程序只是其中的一部分，还有一部分是 BIOS 中断服务子程序，以及已装载的程序所提供的功能。

DOS 提供的中断服务子程序分成很多子功能，完成各个子功能的程序段都集中放在一起，并且有一个总控程序，构成了一个整体。整个中断服务子程序的入口地址放在 21H 号中断向量中。这是一个软件中断，调用方式是 INT 指令，并规定调用时 AH 中必须放子功能号，不同的子功能还需要有不同的入口参数。前面章节中已经讲述了其中的 1 号、2 号、9 号、0AH 号和 4CH 号子功能，实际上 DOS 提供给用户程序使用的子功能很多，包括如何读写文件、如何申请和释放内存、如何修改中断向量、如何取得及修改系统当前的日期和时间等等，不能一一列举。

BIOS 是固化在计算机的内存 ROM 芯片中的程序，其中包括计算机启动时最初执行的一些程序，从设备自检、系统初始化，到引导操作系统。BIOS 中还有很大一部分是提供了一些可供用户程序使用的中断服务子程序，这些子程序都用于对外部设备的直接控制，主要涉及键盘、显示器、打印机、串行通讯等。由于这些设备的控制方法比较复杂，如果让应用程序直接用输入输出命令去控制，就会给程序的编制带来巨大的障碍。而这些设备的控制程序虽然较长，但功能相对固定，适合于做成公共子程序供各个程序调用，BIOS 中就是存放着这样的子程序。各个主要的输入输出设备都有相应的子程序，这些子程序分在了各个中断服务程序当中，包括 10H、14H、16H、17H 号等几个中断。

11.4.5 中断与子程序的比较

子程序是程序设计的一种常用方法，一般是把具有固定功能、在程序中无规律重复使用的程序段做成子程序，在需要的地方调用。中断是计算机系统支持的一种重要功能，当发生中断时，系统执行一段特定的程序。根据中断源的不同，中断分为软件中断与硬件中断。软件中断、硬件中断与子程序之间有一些共同之处。

（1）都需要相应程序段的支持。发生子程序调用时，系统转去执行一段子程序，并在执行完后返回调用处继续执行；发生中断时，系统也是转去执行一段中断服务程序，执行完后返回中断点继续执行。被调用的程序段一定要在内存中。

（2）软件中断与子程序都由特定指令调用。软件中断由指令“INT n”调用，子程序调用指令是“CALL 子程序名”。不论是中断还是子程序调用，都会使系统修改 CS 和 IP 从而实现转向。

（3）发生调用时，系统自动记载返回地址。不论是中断还是子程序调用，系统在转入中断服务程序或子程序之前，都会把返回地址（IP 或者是 CS 和 IP）入栈保存。调用完成后，正是根据栈中保存的值，才能返回到正确的位置。

（4）软件中断和子程序都可以带有入口参数和出口参数。软件中断和子程序都是具有固定功能的服务性程序段，都是按固定模式进行数据处理。通常，在调用前需要知道被处理的数据是什么或在什么地方，即入口参数，调用后又需要把数据处理的结果通知调用者，即出口参数。

（5）可以用 CALL 指令调用软件中断服务程序。INT 指令与 FAR 类型子程序调用的 CALL 指令之间的主要差别在于是否把标志寄存器入栈，因此，只要能够先把标志寄存器入栈保存，再用 CALL 指令同样可以调用软件中断服务子程序。比如，下面的方法可以代替

"INT 21H" 指令：

```
MOV      BX,0
MOV      DS,BX          ;中断向量表的段地址
MOV      BX,84H         ;21H 号中断向量在中断向量表中的偏移地址
PUSHF
CALL     FAR PTR[BX]    ;以子程序调用的方式去调用 21H 号中断服务子程序
```

特别的是，这种用法很不合常规，而且上述程序段中的最后一条指令在 MASM 5.0 下会出现语法错误。解决这个错误的方法是，编程人员手工地把这条指令翻译成机器码（查阅有关资料，或者经调试软件 DEBUG 的处理可以知道，该指令的机器码由两字节组成，分别是 0FFH 和 01FH），然后直接把机器码置入源程序中，即把上面的 CALL 指令用下面的一行代替：

```
DB    0FFH,01FH
```

软件中断、硬件中断与子程序三者之间也存在着本质的差别，主要体现在以下几点。

（1）调用方式不同。软件中断由 INT 指令调用；子程序由 CALL 指令调用；而硬件中断是由硬件提出申请，不需要任何指令。

（2）系统保护的寄存器不同。中断调用时，系统会把标志寄存器、CS 和 IP 入栈保存；而子程序调用时，系统只入栈保存 IP 或者 CS 和 IP。

（3）返回方式不同。中断返回指令是 IRET；而子程序返回指令是 RET，并且子程序还有 NEAR 和 FAR 两种类型。

（4）共享方式不同。硬件中断的服务程序不能被其他程序共享，而是直接由系统掌握；软件中断的服务程序可以被任何程序以 INT 指令的形式调用，并且调用者不必关心中断服务程序到底在内存的哪一个地方，也不需要把中断服务程序与调用它的程序拼装到一起。子程序的共享方式比较丰富，但有一点，就是被调用的子程序必须与调用者拼装在一起，形成最终的执行文件。

（5）在内存中存在的时间不同。中断服务程序通常是长期保留在内存中；而子程序是随可执行文件一起进入内存，当可执行文件执行完后，子程序所占用的内存也随之释放。

11.4.6　编写中断服务程序

中断服务程序一般是长期保留在内存中的，在用户程序结束后还能够被其他应用程序调用，或者是 CPU 在响应硬件中断时调用。因此，编写一个中断服务子程序还需要掌握以下技术：如何让一段程序常驻内存，如何修改中断向量使其指向新的中断服务程序。

11.4.6.1　常驻内存技术

内存是由操作系统管理的，DOS 专门为驻留程序设计了一个功能调用。

方法：在 AH 中放 31H，在 DX 中放需要驻留的程序的节长度，然后以 "INT 21H" 指令调用 DOS 的子功能，使正在执行的程序结束并驻留在内存中。

说明：

（1）驻留前要告诉 DOS 驻留程序的长度是多少，方法是把驻留长度放在 DX 中，长度单位是"节"而不是字节，1 节等于 16 字节。如果需要驻留的程序长度是 n 字节，则 DX 的

值可通过下面的计算式算得：

DX = （n÷10H） +1 +10H

其中：（n÷10H）+1 是计算出驻留程序需要多少“节”：加 1 是为了预防驻留程序以字节计算的长度不是 16 的整数倍；再加 16 节是因为每个程序在调入内存时，操作系统都为它安排了一个称为“程序段前缀（PSP）”的专用内存区，并且放在程序的前面，这个程序段前缀的长度是 256 字节，刚好 16 节，它必须与需要驻留的程序一起驻留在内存。

如果一个应用程序中编写了一段程序需要常驻内存，总是把这段程序写在代码段的最前面。如果数据段也需要驻留，则应该数据段在前，代码段在后。计算驻留长度时，应该把数据段的长度加上代码段中驻留部分的长度一起计算。比如，一个应用程序由代码段、数据段、堆栈段构成，数据段的各个变量总共占据 200 字节，代码段中需要驻留的部分有 500 字节，则段的编排次序应该是数据段、代码段、堆栈段，因为堆栈段是不需要驻留的。驻留节长度是：

数据段：200b÷16 +1 =13 节
代码段：500b÷16 +1 =32 节
PSP：16 节
总计：61 节

因此，调用 DOS 的 31H 号子功能进行程序驻留前，必须把 DX 置为 66，即 42H。

11.4.6.2 修改中断向量的技术

由于中断向量共有 4 个字节，8088 的指令一次最多只能送 2 字节数据到内存，所以修改中断向量至少要用两条指令才能完成。在修改中断向量时还必须保证一点，就是不能允许在修改过程中（只修改了其中的 1 个字时）产生相应的中断请求，因为这时中断向量还是一种不完整的状态。即使产生了相应的中断请求也必须能屏蔽掉，保证修改的连续性和中断向量的完整性。比较好的方法是利用 DOS 提供的一个子功能进行修改。

DOS 提供的设置中断向量的方法是先设定如下入口参数：

```
AH =25H
AL = 中断号
DS:DX = 新的中断服务程序的入口地址
```

然后用“INT 21H”指令调用 DOS 的 25H 号服务程序。

习　题

11.1　简述中断和子程序调用之间的主要区别？

11.2　为什么要区分 IRET 指令与 RET 指令？

11.3　编写一个子程序，它可显示以 0 结尾的字符串。子程序的入口参数 DS：DX 为待输出字符串的首地址。

11.4　编写一个子程序，用来读入一个键，并在屏幕上按十六进制的形式显示按键的扩展 ASCII 码，如果按键为普通字符，则不显示。

11.5　编写一个程序，在屏幕的右下角闪烁显示编程者自己的姓名，显示颜色自定。

11.6　编写一个把屏幕上显示的字母经过大小写转换后再显示的程序。

11.7　编写一个程序，它把屏幕上的数字改位蓝绿色背景的红字。

11.8　编写一个控制光标位置和形状的程序，该程序具有以下功能：

（1）可用光标移动键↑、↓、←和→来移动光标；

（2）当光标已在第 0 列，且按'←'键时，光标定在上一行的最后一列；若已在屏幕的左上角，则光标不动，且给出响铃；按'→'键时的边界处理类似；

（3）当光标在第 0 行，且按'↑'键时，则光标不动，且给出响铃；按'↓'键时的边界处理类似；

（4）按 Home 或 End 键，则光标移到当前行的行首或行尾；

（5）若按下数字或字母键，则把该字符从当前位置依次显示到屏幕顶（在新位置显示字符时，原位置的符号被抹去）；

（6）按 Esc 键，程序结束。

11.9　假设显示器的显示模式设定为 12H，编写实现下列功能的程序：

（1）在屏幕中间从上到下显示一条明亮的蓝色线，线宽为 1 个像素；

（2）在屏幕底下横向画一条绿色线，线宽为 2 个像素；

（3）在屏幕上垂直显示 16 种颜色，每种颜色宽 40 个像素；

（4）设定屏幕背景为白色，在屏幕中间画一条青色线，线宽为 10 个像素。

11.10　编写程序，检测计算机是否已安装了鼠标，并以显示 Yes/No 来表示检测结果。

第 12 章　文件操作与终端控制

文件是各种程序设计语言不可回避的问题，文件是存放于计算机外存储器上的一批数据的集合。文件的存储必然会涉及磁盘的有关知识，但是，应用程序不必直接面对磁盘的磁道、扇区等硬件细节，因为 DOS 已准备好了若干文件处理的子程序，包括文件的建立、打开、读、写、关闭等等。

由屏幕和键盘构成的终端是直接提供给用户使用的界面。对键盘的控制主要是指处理按键的情况；屏幕控制则包括控制光标位置、形状，控制显示字符的颜色等等。只有有效地控制了这两个设备，才能使编写出来的程序让用户满意。

12.1　磁盘操作

应用程序对磁盘文件的操作一般是通过调用 DOS 相应的子功能来实现的。调用 DOS 功能时必须按照所调用功能的要求设置好入口参数，再用“INT 21H”指令调用。DOS 提供的磁盘管理功能包括三个方面：一是关于文件内部所存放的数据，比如建立、读、写等；二是是针对文件的外部属性，如查找文件的名称、日期等；再就是目录管理的创建、删除功能等。

12.1.1　文件名与文件代号

文件名是文件的标识符号，对文件取名的方式是由操作系统规定的。DOS 规定，一个完整的文件名由文件主名和文件扩展名两部分构成，两部分之间以圆点“.”分隔。汇编语言延用这一规定，并要求存放在内存中的文件全名的后面加上一个值为 0 的字节，用来表示一个文件名到什么地方截止。源程序中的文件名通常有两种来源，要么以变量初值的形式加以定义，要么从键盘读入一个符号串。作为文件名的符号串中还可以包含盘符和路径。比如，程序中要使用 C 盘根目录中一个名为 SAMPLE. DAT 的文件，用变量定义的形式就写作：

```
filename DB   'C:\SAMPLE.TXT',0
```

写在变量定义中的文件名是固定不变的，缺少灵活性。为了使程序能处理不同的文件，可以在程序执行过程中从键盘读入符号串作为文件名。如果是用 DOS 的 10 号子功能从键盘读入符号串，最后一个符号是回车键（0DH），必须把这个回车键改为 0 才可以作为 DOS 功能调用时的文件名使用。

如果每次使用文件都以文件名的形式进行，会有一些不利因素：一方面会使操作系统多次重复处理相同的字符串，给操作系统带来不必要的负担，处理速度慢，效率低；另一方面也会给程序的编写带来很多不便。为此，操作系统 DOS 提供了一种以文件代号指称一个文件的方式，在效果上类似于指向文件的指针。

当应用程序向操作系统提出要使用某个文件时，必须进行“打开文件”或“创建文件”的操作。这时应用程序以文件名作为指称文件的方法，向操作系统提供需要使用的文件的名称。操作系统代为完成打开或创建操作，如果成功，该文件将处于工作状态（即打开状态），操作系统还将反馈一个无符号字型数据给应用程序，作为这个文件的代号（又称句柄）。文件代号是由操作系统分配的。操作系统会为每一个处于工作状态的文件分配文件代号，非工作状态的文件尽管也存放在磁盘上，但没有对应的文件代号。

应用程序获得文件代号后，必须妥善保存。因为对这个文件的所有后续操作都将以文件代号作为文件的指称形式，直到使用完毕。应用程序对已经处理完毕的文件应该做最后一个操作——关闭。关闭文件的作用之一就是告诉操作系统收回该文件所占用的代号。操作系统对已收回的文件代号可以重新分配，让它与另一个文件建立对应关系。

DOS 已经预定义了文件代号 0 到 4 与标准输入输出设备对应，即

0——标准输入设备，键盘；

1——标准输出设备，屏幕；

2——错误输出的标准设备，屏幕；

3——标准辅助设备；

4——标准打印设备。

这 5 个文件代号长期处于打开状态，应用程序可以直接使用。对标准输入设备和标准输出设备的操作将在后面举例说明。在此需要进一步解释的是，在汇编语言或操作系统看来，文件与标准输入输出设备都是数据流，两者的差别在于操作系统支持对文件的随机存取，而标准输入输出设备只能顺序存取。向标准输出设备写一段数据意味着把这些数据送到屏幕去显示，从标准输入设备读一段数据则是从键盘上读入一串符号。

12.1.2　对文件中数据的操作

12.1.2.1　DOS 的文件操作功能

DOS 在 21H 号中断服务程序中，不仅为文件操作准备了创建、打开、读、写、关闭等基本功能，为了支持随机文件，还为每个处于打开状态的文件准备了一个双字型的文件指针。DOS 的文件操作子功能中也包括对文件指针的处理。表 12.1 中列出了这些功能，并给出了入口参数与出口参数的简单说明。

对于文件的读和写两种操作，在出口参数中说明了当操作成功时，AX 是实际读出或写入的字节数，这个值一定不超过应用程序调用相应子功能时所要求的字节数，即入口参数 CX 的值，但可能比 CX 小。对于“读”来说，AX 值小于要求读入字节数意味着已遇到文件结束符，再没有内容可读了；对于“写”，这种情况只有是磁盘已满，无法再写入。不论“读”还是“写”，AX 值小于要求读，写的字节数时，文件是可操作的，是操作成功的特殊情况，甚至 AX 的值可以为 0。

表 12.1　DOS 的代号式文件管理功能

子功能号（AH）	功能	入口参数	出口参数
3CH	创建	DS：DX = 文件名首字符逻辑地址 CX = 文件属性	AX = 文件代号
3DH	打开	DS：DX = 文件名首字符逻辑地址 AL = 存取代码	AX = 文件代号
3EH	关闭	BX = 文件代号	
3FH	读	DS：DX = 数据缓冲区逻辑地址 BX = 文件代号 CX = 读取的字节数	
40H	写	DS：DX = 数据缓冲区逻辑地址 BX = 文件代号 CX = 写入的字节数	
42H	移动指针	（CX，DX）= 移动字节数，有符号双字 AL = 方代码（0：文件首部；1：当前文件指针位置；2：文件尾部） BX = 文件代号	

注：出口参数统一地都以 CF = 0 表示操作成功，表中只列出操作成功时的其他出口参数；CF = 1 则操作失败，此时各子功能都以 AX 带回一个错误代码。

12.1.2.2　错误代码

各文件操作子功能的出口参数有一个共同点，就是以 CF 的设置情况表示操作是否失败。当 CF 的值是 1 时，表示操作失败，这时在 AX 中还给出了错误代码作为出口参数。应用程序可以根据错误代码判断操作失败的瑗因，并做相应的处理。表 12.2 中列出了常见的错误代码与含义。

表 12.2　文件操作的错误代码

代码（Hex）	错误原因	代码（Hex）	错误原因
0001	非法功能号	0008	内存不够
0002	文件未找到	000C	非法存取代码
0003	路径未找到	000D	非法数据
0004	同时打开的文件太多	0010	试图删除当前目录
0005	拒绝访问	0011	设备不一致
0006	非法文件代号		

12. 1. 2. 3　文件属性

文件属性是一个说明文件特性的字节。DOS 规定一个文件可以拥有由“只读”、“隐藏”、“系统”和“归档”4 种特性的任意组合而构成的文件属性。这 4 种具体的属性在属性字节中各占一位，相应位的值是 1 表示文件具有该属性，值为 0 表示没有该属性。“归档”属性用来说明一个文件是否已经写入数据并关闭了。属性字节的其余4 位中又有两位具有专门的用途，其中之一用来表示磁盘上的一个目录项是不是子目录，另一位表示是不是卷标，剩下的两位在 DOs 中没有定义。综合起来，6 个有特别用途的属性位分作 3 部分，分别用于文件、子目录、卷标。3 个部分是相互排斥的，磁盘上的一个名称可以代表文件，可以代表子目录，也可以作为卷标，但只能是其中的一种。

属性字节的各个位与属性含义的对应关系见图 12. 1。

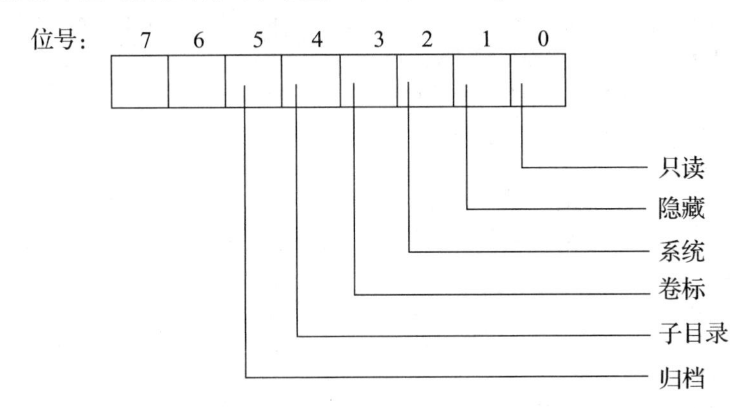

图 12. 1　属性字节中各属性位的分布

12. 1. 2. 4　文件操作示例

浏览是最常用的文件操作，需要把文件中的数据从头到尾读出。在成功地打开文件之后，必须先把文件的内容读到内存中，然后才能进行处理。这就要求在内存中开辟一定数量的缓冲区，用于存放读入的数据。但是，编程时无法预计要处理的文件的大小，因而也就不知道设置的缓冲区容量是否合适。通常，只要操作系统允许，可以尽可能地建立大容量的缓冲区，一次读入较多的数据，以减少读盘次数。不论缓冲区设置有多大，其容量小于文件大小的可能性总是存在的，因此，必须考虑如果文件中的数据一次读不完时如何处理。下面的例 12. 1 用程序说明了解决这个问题的方法。

例 12. 1 从键盘读入一个符号串作为文件名，如果文件存在，显示其中的内容。

［解］

```
data      SEGMENT
str1      DB        'Input File Name: $'
str2      DB        13,10, 'File not found. ',13,10, '$'
fn        DB        80,81 dup(0)
handle    DW        0
VAR       DB        10000 DUP(0)
data      ENDS
```

```
code        SEGMENT
            ASSUME      CS:code,DS:data
main:       MOV         AX,data
            MOV         DS,AX
            LEA         DX,str1
            MOV         AH,9
            INT         21H                 ;先显示出提示信息 Input File Name
            INC         AH
            LEA         DX,fn
            INT         21H                 ;以 DOS 的 10 号子功能读入字符串,作为文件名
            MOV         BL,[fn+1]
            XOR         BH,BH
            MOV         [fn+BX+2],0         ;置文件名字符串的结束标记
            LEA         DX,[fn+2]
            MOV         AX,3D00H
            INT         21H                 ;打开文件
            JNC         opened              ;打开成功转
            MOV         AH,9
            LEA         DX,str2
            INT         21H                 ;提示 File not found
            JMP         finish
opened:     MOV         [handle],AX         ;保存文件代号到变量 handle 中
next:       MOV         BX,[handle]         ;取文件代号
            MOV         AH,3FH
            LEA         DX,VAR
            MOV         CX;10000
            INT         21H                 ;读 10000 个字符,若不足则按实际情况读入
            MOV         CX,AX               ;用 CX 保存实际读八字符数
            MOV         AH,40H
            MOV         BX,1
            INT         21H                 ;向 1 号文件(标准输出设备,屏幕)输出
            CMP         CX,10000
            JE          next                ;读满缓冲区,而文件可能未读完,转
            MOV         BX,[handle]
            MOV         AH,3EH
            INT         21H                 ;关闭文件
finish:     MOV         AX,4C00H
            INT         21H
            code        ENDS
            END         main
```

浏览实际上是对文件的顺序读取。DOS 的代号式文件管理还支持对文件的随机访问。建立并使用索引以加快文件查找的速度是文件管理中经常采用的一种方法。对一个已经建立了索引的文件进行查找操作，就可以先在索引中找到目标值，再根据索引提供的信息到主文件中相应位置直接读出数据。

12.1.3　有关文件外部特性与目录的操作

作为一种微型计算机上的单机、单用户、单任务操作系统，DOS 在 CPU 调度、内存管理等方面功能较弱，但磁盘管理功能比较完善，除了关于文件中存储的数据的读、写等有关操作之外，还支持 4 种文件属性，支持含有通配符的文件查找、文件改名等操作，以及有关目录的管理。如果需要在汇编语言编写的程序中使用这些操作，都是通过“斟 T21H”命令调用 DOS 提供的相应子功能实现的。表 12.3 仅列出这些操作在调用时的入口参数和出口参数，供读者在编程时参考。

表 12.3　DOS 提供的文件外部特性操作与目录操作

子功能号(AH)	功能	入口参数	出口参数
39H	建立子目录	DS：DX = 路径字符串首地址	
3AH	删除子目录	DS：DX = 路径字符串首地址	
3BH	改变当前目录	DS：DX = 路径字符串首地址	
41H	删除文件	DS：DX = 待删除文件名字符串首地址	
43H	置/取文件属性	DS：DX = 文件名字符串首地址 AL = 0 取文件属性 AL = 1 置文件属性 CX = 文件属性	取文件属性成功时， CS = 文件属性
47H	取当前目录路径	DL = 驱动器号 DS：SI = 65 字节的数据缓冲区	成功时，缓冲区中被填写当前目录(含路径)字符串
57H	置/取文件 日期和时间	BX = 文件代号 AL = 0 取文件的日期和时间 AL = 1 置文件的日期和时间 CX = 时间，DX = 日期	取日期和时间成功时， CX = 时间，DX = 日期

注：出口参数统一地都是 CF = 0 表不操作成功，表中只列出操作成功时的其他出口参数：CF = 1 则操作失败，此时各子功能都以 AX 带回一个错误代码，错误代码表见表 12.2。

12.2　控制键盘的技术

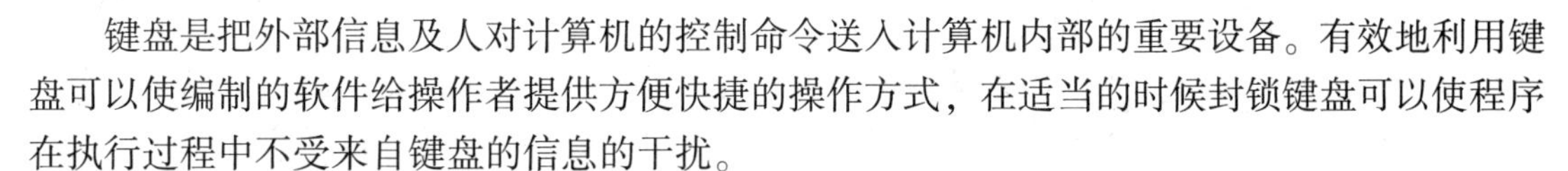

键盘是把外部信息及人对计算机的控制命令送入计算机内部的重要设备。有效地利用键盘可以使编制的软件给操作者提供方便快捷的操作方式，在适当的时候封锁键盘可以使程序在执行过程中不受来自键盘的信息的干扰。

利用键盘输入外部信息的方式是在程序中安排“读键”的指令或程序段。尽管键盘是一种常用外设，Intel 系列计算机及其兼容机都设计有标准的键盘接口，但直接控制接口中的各部件是一件比较麻烦的工作，除非有特别的原因，程序中一般都是使用 BIOS 或操作系统提供的键盘服务子程序，且都是以软中断指令的形式调用。

有关键盘的中断有 3 个：DOS 的 21H 号中断，提供功能较强的读键功能；BIOS 的 16H

号中断，提供较低层次的服务；BIOS 的 9 号中断，这是键盘硬中断，每当键盘上有键被按下，键盘都会通过接口向 CPU 提出 9 号中断请求。

12.2.1　9 号中断与键盘工作原理

键盘上的按键分为普通键和控制键两类，控制键包括 Shift、Ctrl、Alt、CapsLock 等（见表 12.4），其余为普通键。对于每个普通键，根据各键在键盘上的分布位置对键进行编码得到的是键盘扫描码。每个键除了有一个键盘扫描码之外，还有一个 ASCH 码（见附录五）。键盘送到主机的数据既有键盘扫描码，也有 ASCII 码。

计算机启动后，在内存较低端（物理地址 400H 起，紧接在中断向量表的后面）有一段供 BIOS 使用的数据区，其中包括存放各控制键状态的键盘状态字节，以及存放普通键的 32 字节键盘缓冲区。当发生 9 号中断请求时，表明键盘有按键信息需要送到主机中，在没有被屏蔽的情况下，CPU 将响应该中断，执行一次 9 号中断服务程序，处理从键盘传来的信息。9 号中断服务程序的功能主要有：如果是控制键被按下或松开，就把 BIOS 数据区中的键盘状态字节作相应调整；如果是普通键，则把按键的扫描码和 ASCII 码一起存入键盘缓冲区。键盘缓冲区是一个环形队列，共 32 字节，可以存放 15 个键的扫描码和 ASCII 码。读键时可以从队列首部取走键值，9 号中断则把新的按键置入队列尾部。当键盘缓冲区已满，而键盘上还有普通键被按下时，键盘仍然会提出中断申请，但 9 号中断服务程序会忽略该按键，并使计算机的扬声器发出“嘀”的一声，以表示缓冲区已满。

键盘状态字节在物理地址 417H 处，每一位代表一个控制键，为 1 表示该键处于按下的状态，为 0 则是松开的。状态字节的各个位与控制键的对应关系见表 12.4。

表 12.4　状态字节与控制键的对应关系

位号	7	6	5	4	3	2	1	0
控制键	Insert	Caps Lock	Num Lock	Scroll Lock	Alt	Ctrl	左 Shift	右 Shift

12.2.2　16H 号中断

16H 号中断是 BIOS 提供给用户程序使用的一个软件中断，以“INT　16H”指令调用，提供基本的键盘服务，包括读键、判断有无普通键按下、读取控制键的状态等子功能。与 DOS 功能调用的方式类似，也是要先在 AH 寄存器中放入子功能号作为入口参数。所有读键子功能都不把读取的键（如果有键可读的话）回显到屏幕上，这是输入口令时常用的读键方式。

1. 0 号子功能——读普通键

这是最普通的读键方式，如果键盘缓冲区不空，则从缓冲区的环形队列首部取走一个按键，把按键的扫描码放到 AH 中，ASCII 码放到 AL 中作为出口参数；如果键盘缓冲区是空的，则等待有效按键输入。

2. 1 号子功能——不改变缓冲区的读键

这也是一个用于读键的子功能，当键盘缓冲区中还存放有没取走的有效按键时，出口参数中 ZF 为 0，并复制键盘缓冲队列首部的按键到 AX 中；如果键盘缓冲区已空，该子功能并不等待按键，而是把出口参数 ZF 置 1 表示无键可读。1 号子功能与 0 号子功能有很大差别。

首先，在缓冲区为空时，0 号子功能将等待按键，1 号子功能则不等待，而是以 ZF 置 1 表示。这是很多电脑游戏软件典型的读键方式。其次，如果缓冲区不空，0 号子功能会取走该键，而 1 号子功能并不取走，只把它复制到 AX 中。

1 号子功能往往与 0 号子功能配合使用，先调用 1 号子功能，根据 ZF 判断是否有键按下，当键盘缓冲区不空时，就读出该键并做相应处理，否则跳过读键及处理功能。

3. 2 号子功能——读控制键状态

直接从 BIOS 数据区中复制出键盘状态字节的值，放到 AL 中作为出口参数。

4. 10CH 号子功能——读键并清除键盘缓冲区

读键的情况与 0 号子功能完全相同，10H 号子功能在读完键后还会清除键盘缓冲区中剩余的所有按键数据。通常一个好的应用程序在要求操作员按键前，应该先用这个子功能清除掉键盘缓冲区，避免一些非正常按键的干扰。

12.2.3 DOS 的输入子功能

DOS 提供的输入子功能除了前面已经熟悉并经常使用的 1 号和 10 号（0AH 号）子功能外，还提供了 7 号、8 号、0BH 号和 0CH 号子功能，在此仅介绍没有讲述过的 4 个子功能。

1. 7 号子功能——无回显输入

这是直接调用 9.2.2 节所述 BIOS 的 16H 号中断的 0 号子功能。

2. 8 号子功能——无回显输入

这个子功能与 7 号子功能非常接近，只是对按键增加了 Ctrl—Break 的处理。

3. 0BH 号子功能——判断按键状态

这个子功能用于判断键盘缓冲区是否为空，出口参数如下：

当键盘缓冲区不空时，AL = 0FFH；

当键盘缓冲区为空时，AL≠0FFH。

4. 0CH 号子功能——清除键盘缓冲区后再读键

入口参数：

AH = 0CH，

AL = 清除缓冲区后再执行的功能号，可以是 1、7 或者 8。

出口参数：

按 AL 中的功能号，与 DOS 的 3 个子功能的出口参数对应相同。

这个子功能会先把键盘缓冲区清空，然后再根据 AL 中的值，执行 DOS 的 1 号、7 号或 8 号子功能。

12.2.4 封锁键盘的方法

封锁键盘就是让键盘不能工作，使系统不能接收从键盘输入的数据。封锁键盘的主要目的是为了使程序在执行过程的某一个阶段不受来自键盘中断的干扰。由于键盘是以中断方式向主机输入数据的，并且键盘中断是可屏蔽外中断，如果能够屏蔽掉这样的中断，就可以达到封锁键盘的目的。屏蔽键盘中断有两种方法：一是把标志寄存器中的IF标志位清0，二是利用系统的中断控制器。

第8章已经说明，标志寄存器的IF志位专门用于控制可屏蔽外中断，当IF为1时，8088可以接受来自INTR外引脚上的中断申请，而IF为0时CPU不影响任何可屏蔽外中断。键盘的9号中断请求信号就是通过中断控制器送到玳TR引脚的，所以，当Ⅲ被清0从而屏蔽掉所有可屏蔽外中断（8号到0FH号，70H号到77H号）时，其中包含的9号键盘中断也被屏蔽。

如果因为需要封锁键盘而屏蔽掉所有可屏蔽外中断，就会导致系统中各个以中断方式工作的外设都被封锁，可能导致系统中的其他程序不能正常工作。利用中断控制器封锁键盘就不会有这种麻烦。中断控制器是8088系统中用于管理可屏蔽外中断的部件，是8088系统的一种外设接口，它占据了20H号和21H号两个外设端口。中断控制器按直接方式与CPU进行数据交换，负责管理8号到0FH号以及70H号到77H号中断，各中断号对应的外设参见第8章的表8.1。当系统启动后，21H号外设端口对应中断控制器中的中断屏蔽寄存器，可读可写，最低位对应8号中断，最高位对应0FH号中断，9号键盘中断对应次低位。中断屏蔽寄存器的某一位为1表示对应的中断被屏蔽，为0则没有屏蔽。从21H号端口读出1字节数据，可以判断出各外设的屏蔽情况。

对于单独封锁键盘的需求，可以从2lH号端口读出当前各硬中断的屏蔽状态，用OR指令把次低位置1，再写回到21H号端口，这样可以仅仅把9号中断屏蔽而不影响其他中断。下面是用于封锁键盘的程序段：

```
IN      AL,21H
OR      AL,00000010B
OUT     21H,AL
```

执行这几条指令后，系统将不再响应键盘中断，包括Ctrl—Break和热启动操作。

通常，在封锁键盘一段时间之后又需要解除封锁。解除封锁的操作可以用下面的3条指令实现：

```
IN      AL,21H
AND     AL,11111101B
OUT     2lH,AL
```

12.3 字符方式下的屏幕控制技术

计算机的绝大部分输出都是送到屏幕上。屏幕与键盘构成的终端是人机交互的基本手段。键盘控制技术可以使程序在正确的时机，以正确的方式接收操作员送入的数据。问题的另一方面是，操作员如何知道应该在什么时候输入什么样的数据呢？这就需要程序能够在适当的时候，在屏幕适当的位置以适当的形式显示出适当的信息，提示操作员如何操作。

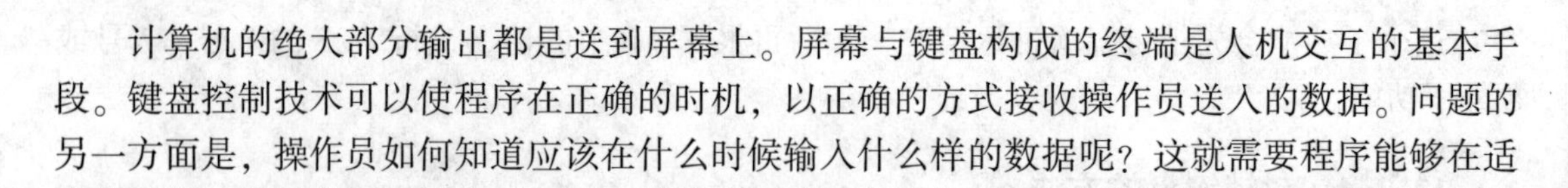

向屏幕输出的方法很多，常用的有DOS提供的输出子功能、BIOS提供的10H号中断服务子程序，以及直写屏方式。其中的DOS子功能包括2号和9号，已经在前面章节中有所讲述，这里介绍更灵活的控制屏幕的方法。

12.3.1　屏幕与光标

屏幕是最常用的输出设备，可以按不同的颜色显示各种字符和图形。显示字符和显示图形是两种不同的显示方式，后者的控制比较复杂，请读者参阅有关书籍，在此只讨论字符显示方式下的各种技术。在标准字符方式下，屏幕上的一行可以显示 80 个字符，共 25 行，每个显示字符可以有包括颜色在内的多种属性。一般情况下，屏幕上的所有字符都按黑底白字显示，黑色区域实际上是在显示 ASCII 值为 20H 的空格符。

光标在屏幕上通常表现为闪烁的小短线或者小方块，它用来指示下一个输出字符的位置。在使用 DOS 提供的 2 号和 9 号两个子功能进行屏幕显示输出时，输出内容都送到光标所在位置，并且把光标逐次向后移动，光标总是移动到最后一个输出符号的后面。选择在适当的位置显示，一般是先把光标移动到需要显示字符的位置，然后用 DOS 或 BIOS 的子功能显示输出。在 BIOS 提供的 10H 号中断服务子程序中，就有移动光标的子功能。

12.3.2　字符的属性

在字符方式下，一个字符的属性包括它的前景色、背景色和闪烁状态，这些属性组合起来构成一个 8 位的字节型数据，称为字符的属性值。属性字节与各种属性的对应关系如图 12.2 所示。

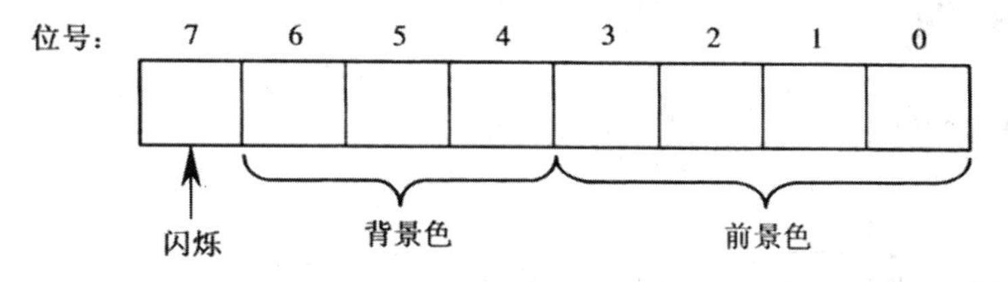

图 12.2　字符的属性字节

属性字节的闪烁位表示显示时是否让该字符闪烁，值为 1 表示闪烁，为 0 则不闪烁。背景色由 3 位组成，可以组合出 8 种颜色，前景色由 4 位组成，可以组合出 16 种颜色。前景色与取值的关系如表 12.5 所示，值为 0 到 7 的前 8 种颜色就是背景色。

表 12.5　前景色与取值的对应关系

颜色	值(Bin)	颜色	值(Bin)	颜色	值(Bin)	颜色	值(Bin)
黑	0000	红	0100	灰	1000	浅红	1100
蓝	0001	紫	0101	浅蓝	1001	品红	1101
绿	0010	棕	0110	浅绿	1010	黄	1110
青	0011	灰白	0111	浅青	1011	白	1111

彩色显示器的各种颜色都是由红、绿、蓝 3 种基本颜色组合而成的。背景色的 3 位及前景色的低 3 位分别对应这 3 种基本色，而前景色的最高位实际上是高亮度位。

12.3.3 字符方式的显示缓冲区

显示器是没有记忆能力的，它需要显示接口部件（即常说的显卡）不停地送出信号。显示器接口的功能是从内存的特定位置取出需要显示的数据，转换成相应的控制信号送往显示器。内存中用于存放显示数据的存储区称为显示缓冲区。Intel 系列微型计算机及其兼容机在设计上都把显示缓冲区放在了同样的位置。对于彩色显示器的字符显示方式，显示缓冲区安排在物理地址 088000H 处，共 32 KB。由于屏幕上只能显示 80 × 25 = 2000 个字符，每个字符的 ASCII 码占 1 字节，属性值占 1 字节，因此一屏字符需要 4000 字节的显示缓冲区。实际安排的 32KB 缓冲区对于字符显示方式而言太多了，于是被平均分成 8 份使用，每份 4KB，称为一个显示页，记为 0 号页至 7 号页。系统设计有相应的方法控制显示器接口从哪个显示页取数据显示，被选中送数据去显示的那个显示页称为当前显示页。

每个显示页的前 2000 个字（4000 字节）与屏幕上的位置一一对应，存放一个显示字符的 ASCII 值及属性值，对应关系如图 12.3 所示。

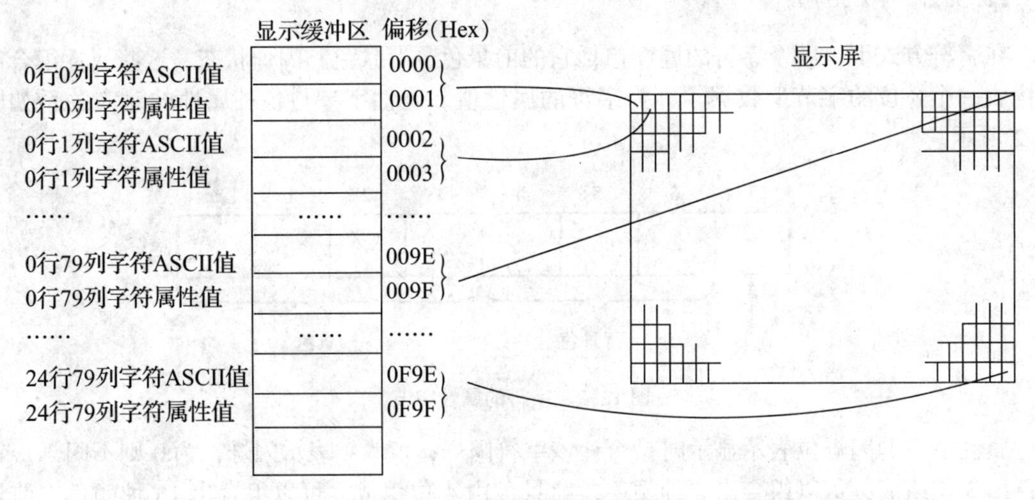

图 12.3 字符方式下显示缓冲区与屏幕位置的对应关系

所谓直写屏方式显示输出，就是把需要显示的字符及属性值直接送往显示缓冲区。这种输出方式速度快，不依赖于任何服务子程序，也不需要移动光标，是最简便、最灵活的显示输出方式。这种显示方式的缺陷在于与机器结构联系紧密，不同的机型对显示缓冲区的设置是不同的，因而编写出来的程序可移植性较差。比如，在配有彩色显示器的机器上编写的程序就不能拿到单色显示器上运行。

12.3.4 B1OS 的 10H 号中断服务程序

BIOS 提供的 10H 号中断服务程序有很多子功能，每个子功能又有固定的入口参数和出口参数，调用的方式与 DOS 的各个子功能很类似，先设定好各入口参数，然后以“INT10H”指令调用，各子功能的入口和出口参数说明见附录四。在此按子功能分类进行简单的说明。

12.3.4.1 对光标的控制

1. 改变光标的大小

很多编辑软件都支持“插入”和“改写”两种状态，并且除了在编辑屏幕的某个位置用文字说明当前处于哪一种状态之外，还很直观地用光标的大小来区分。在插入状态下光标是一条小短线，改写状态则是一个小方块。改变光标的形状是通过 10H 中断服务程序中的 1 号子功能实现的。

调用 10H 中断的 1 号子功能前，需要对入口参数规定的 AH 和 CX 寄存器赋值。AH 中放 1，是子功能号，CH 和 CL 中是需要设定光标的起始线和结束线。通常 CX 被赋值为以下几种情况：

CX = 0E0FH,光标是在字符下部的一条小短线；
CX = 080FH,光标是下半格的小方块；
CX = 0102H,光标是在字符上部的一条小短线；
CX = 0000H,消隐光标,即不显示闪烁的光标。

2. 改变光标的位置

通常光标的位置是随着每一次显示逐个向后移动的，但为了在屏幕的指定位置显示字符，就需要先把光标移到那儿。10H 中断的 2 号子功能就用来移动光标。其入口参数是：

AH = 2,子功能号；
BH = 显示页的页号；
DH = 光标移动到哪一行,屏幕顶端为第 0 行；
DL = 光标移动到哪一列,屏幕左端为第 0 列。

3. 读光标位置

当前屏幕上的光标在什么位置是显示时必须考虑的一个问题。10H 号中断的 3 号子功能可以提供这个数据，其入口参数与出口参数分别如下。

入口参数：

AH = 3,子功能号；
BH = 显示页的页号。

出口参数：

DH/DL = 该显示页的光标所在行/列坐标；
CH/CL = 该显示页的光标起始线/结束线。

调用这个子功能不仅可以取得指定显示页中的光标位置，还返回光标的形状。程序中可能会有这些特殊的需要。

12.3.4.2 清屏与卷屏

卷屏是 DOS 状态下的常见现象，也是实际应用的需要。BIOS 不仅提供了屏幕内容向上卷动的功能，也提供向下卷屏的功能，还能对屏幕中一个长方形的窗口进行卷屏。实现卷屏操作的分别是 BIOS 的 6 号和 7 号子功能。这两个子功能除了屏幕内容卷动的方向不同外，入口参数都是一样的：

AH=6或7,子功能号,6为向上卷屏,7为向下卷屏:
AL=卷动行数,若AL为0则为清屏;
BH=卷动后留出的空白部分的属性;
CH/CL=左上角的行/列坐标;
DH/DL=右下角的行/列坐标。

卷屏与清屏都用这两个子功能实现。当AL中的值为0时清屏，非0时则卷屏操作。CX和DX用来指定卷动窗口的坐标。比如，下面的程序段可以把屏幕设置成中间是绿色，四周是蓝色的无字画面。

```
MOV     AX,600H
MOV     BH,1FH
XOR     CX,CX           ;屏幕左上角坐标
MOV     DX,184FH        ;屏幕右下角坐标
INT     10H             ;用蓝底白字把整个屏幕清屏
MOV     BH,2FH
MOV     CX,408H         ;窗口左上在第4行、第8列
MOV     DX,1447H        ;窗口右下在第20行、第71列
INT     10H             ;用绿底白字把指定窗口清屏
```

12.3.4.3 在指定的显示页中显示字符

10H中断的5号子功能可以按入口参数AL中的值设定一个显示页作为当前显示页；0FH号子功能则能取得当前显示方式的有关数据，出口参数的AH是每行字符数，BH是当前显示页的页号，AL是当前显示模式。

在取得当前页的有关数据，或者设置新的当前页之后，就可以在当前页的适当位置显示字符了。10H中断服务程序提供了两个显示子功能，分别是9号和0AH号。两者的功能非常接近，都是在指定页的当前光标位置显示字符，并且可以把同一个字符在同一行连续显示多个。这两个子功能都可以保持光标在原位置不动。

入口参数:

AH=9或0AH,子功能号;
AL=待显示字符;
BH=显示页的页号;
CX=字符重复次数;
BL=待显示字符的属性(只对9号子功能有效)。

9号与0AF号子功能的差别在于9号支持按指定的属性显示，而0AH号不支持。

例12.3 清屏，并为整个屏幕画一个蓝底白字的外框。

[解]

```
disp    MACRO   x,y             ;定义重复使用的程序段为一个宏
        MOV     AL,x
        MOV     DX,y
        CALL    onechar
        ENDM
code    SEGMENT
```

```
        ASSUMⅠE    CS:code
clrscr  PROC       NEAR        ;以蓝底白字属性清屏子程序
        MOV        AX,600H
        MOV        BH,1FH
        XOR        CX,CX
        MOV        DX,184FH
        INT        10H
        RET
clrscr  ENDP
;功能:在指定位置显示字符
入口:AL = 待显示字符,DX = 显示的位置
onechar PROC       NEAR
        PUSH       AX
        MOV        AH,2
        MOV        BH,0
        INT        10H         ;移动光标到 DX 指定的位置
        POP        AX
        MOV        CX,1
        MOV        BL,1FH
        MOV        AH,9
        INT        10H         ;在当前光标处显示 AL 中的字符
        RET
onechar ENDP
start:  CALL       clrscr      ;清屏
        disp       218,0       ;显示外框的左上角
        disp       191,4FH     ;显示外框的右上角
        disD       192,1800H   ;显示外框的左下角
        disD       217,184FH   ;显示外框的右下角
        MOV        AH,2
        MOV        DX,1
        INT        10H         ;移光标到第 0 行第 1 列
        MOV        AX,9C4H
        MOV        BL,lFH
        MOV        CX,78
        INT        10H         ;显示 78 个小短线,是外框的顶部
        MOV        AH,2
        MOV        DX,1801H
        INT        10H         ;移光标到第 24 行第 1 列
        MOV        AX,9C4H
        MOV        CX,78
        INT        10H         ;显示 78 个小短线,是外框的底部
        MOV        SI,100H     ;以 SI 记第 1 行第 0 列的位置
s1:     disp       179,SI      ;以 SI 高/低 8 位作为行/列坐标,显示一个小竖线
        ADD        SI,100H     ;表示行数的高 8 位加 1
        CMP        SI,1800H
        JB         s1          ;没到最底一行转
```

```
        MOV     SI,14FH         ;以 SI 记第 1 行第 79 列的位置
s2:     disp    179,SI          ;以 SI 高/低 8 位作为行/列坐标,显示一个小竖线
        ADD     SI,100H
        CMP     SI,1800H
        JB      s2
        MOV     AH,0
        INT     16H             ;保持屏幕上的状态,等待按键
        MOV     AH,4CH
        INT     21H
code    ENDS
        END     start
```

12.3.4.4 取当前光标位置的字符

取得当前光标位置对应的那个符号的 ASCII 值是一些程序的特殊需求，这个要求可以通过 10H 号中断的 8 号子功能来实现。8 号子功能的入口参数除了 AH 中的功能号之外，只需要在 BH 中放显示页的页号即可。调用结果是 AH 中放字符的 ASCH 值，AL 中是它的属性。不论屏幕上显示的是什么，读出光标位置的字符总是可以做到的，即便当前光标位置上什么都没有，那么 AX 的值将会是 2007H，表示是黑底白字的空格符。

12.3.5 编程实例

下面用两个实际应用的例子说明如何控制键盘与屏幕，并相互配合，在程序中尽可能地为操作者提供友好的界面。

例 12.4 设计一个输入并验证口令的程序，口令可以预置在程序中。

```
data     SEGMENT
VAR      DB       201,21 DUP(205),187,'$'
         DB       186,'PASSWORD:  ',186,'$'
         DB       200,21 DUP(205),188,'$';定义画方框的字符串
Pass     DB       '12345678'                  ;预置的口令
inpass   DB       8DUP(0)
passlen  DW       0
msg1     DB       'PASSED! $ '
msg2     DB       'FAILED! $ '
data     ENDS
code     SEGMENT
         ASSUME   CS:code,DS:data
Clrscr   PROC     NEAR                        ;以蓝底白字清屏
         MOV      AX,600H
         MOV      BH,1FH
         XOR      CX,CX
         MOV      DX,184FH
         INT      10H
         RET
```

```
Clrscr    ENDP
disp      PROC      NEAR                    ;显示输入口令的画面
          MOV       CX,3
          LEA       BX,[VAR]
d1:       MOV       AL,3
          SUB       AL,CL
          MOV       DX,0BlCH
          ADD       DH,AL
          MOV       AH,2
          INT       10H                     ;移动光标到第 AL+12 行第 28 列
          MOV       DX,BX
          MOV       AH,9
          INT       21H                     ;显示方框的一行
          ADD       BX,24                   ;使 BX 指向方框符号串 VAR 的下一行
          LOOP      dl                      ; 3 次循环,在屏幕中心显示加框的
                                            ; PASSWORD 字样
          RET
disp      ENDP
;输入口令子程序
pwd       PROC      NEAR
          XOR       BX,BX
P0:       MOV       DX,0C29H
          ADD       DX,BX
          MOV       AH,2
          INT       10H                     ;移动光标到正确位置
          MOV       AH,0
          INT       16H                     ;等待按键
          CMP       AL,8
          JNZ       p1                      ;不是退格键转
          AND       BX,BX
          JZ        p1                      ;已到最左边,不能退格转
          DEC       BX
          MOV       AH,2
          MOV       DL,8
          INT       21H
          MOV       DL,'
          INT       21H                     ;退一格,清除前一格上的星号
          JMP       p0
p1:       CMP       AL,0DH
          JZ        p3                      ;是回车键转
          MOV       [inpass+BX],AL          ;把按键作为一个口令字符送入 inpass 变量中
          MOV       AH,2
          MOV       DL,'*'
          INT       21H                     ;显示一个星号,光标后移
          INC       BX
          CMP       BX,8
```

```
        JB      p0              ;不足8个符号转
p3:     MOV     [passlen],BX    ;记载口令长度
        RET
pwd     ENDP
;验证口令子程序。出口参数:CF=0,口令正确;CF=1,口令错误
check   PROC    NEAR
        MOV     CX,[passlen]    ;取输入口令长度
        CMP     CX,8
        JB      c1              ;小于8转
        LEA     SI,pass
        PUSH    DS
        POP     ES
        LEA     DI,inpass
        CLD
        REP     CMPSB
        STC                     ;置口令错标记,作为出E/参数
        JNZ     c1              ;口令错误转
        CLC                     ;置口令正确标记
c1:     RET
check   ENDP
start:  MOV     AX,data
        MOV     DS,AX
        CALL    clrscr
        CALL    disp
        CALL    pwd
        CALL    clrscr
        CALL    check
        JC      s1
        LEA     DX,msgl
        JMP     s2
s1:     LEA     DX,msg2
s2:     MOV     AH,9
        INT     21H             ;显示验证口令的结果
        MOV     AH,4CH
        INT     21H
code    ENDS
        END     start
```

例 12.5 设计一个菜单控制程序，在屏幕的第1行显示有若干功能项的菜单条，用左右箭头控制亮条的移动。当亮条移到某一选项后，可以按回车键表示选中该项功能。把最后一个选项定为“退出”，选中该项后程序结束。

[解]

```
itemnum =  5            ;菜单由5项组成
iternlen =  8           ;每个功能项字符串长度为8
```

```
data      SEGMENT
VAR       DB          'Menu Item Number selected:[      ]$'
data      ENDS

stack     SEGMENT STACK
          DW          4096 DUP(?)
stack     ENDS
code      SEGMENT
          ASSUME      CS:code
;=========================================
;         改变变量 menubar 中的菜单项颜色
;=========================================
;入口：AL=菜单项号码,0 到 itenmum-1 之间
;         DL=新的颜色属性值
;=========================================
          ASSUME      DS:code
menuattr  PROC        NEAR
          PUSH        BX
          PUSH        CX
          MOV         BL,(itemlen+2)*2
          MUL         BL
          MOV         BX,AX
          INC         BX                           ;计算需要改变颜色的字符位置
          MOV         CX,itemlen+2
artrl:    MOV         [menubar+BX],DL              ;设置成新的颜色
          INC         BX
          INC         BX
          LOOP        artrl
          AND         DL,40H
          OR          DL,3CH                       ;设置热键的颜色
          MOV         [menubar+BX-itemnum*2-6], DL
          POP         CX
          POP         BX
          RET
menuattr  ENDP
;=========================================
;         菜单控制子程序
;=========================================
;出口参数：AL=选中的菜单项号码
;=========================================
MENU      PROC        NEAR
          PUSH        BX
          PUSH        CX
          PUSH        DX
          PUSH        SI
          PUSH        DI
```

```
        PUSH    DS
        PUSH    ES
        CLD
        MOV     AX,code
        MOV     DS,AX
        MOV     AX,0B800H               ;彩色显示器的显示缓冲区段地址
        MOV     ES,AX
        XOR     DI,DI
        MOV     AX,7020H
        MOV     CX,80
        REP     STOSW                   ;清屏幕第0行
        MOV     AL,[itemc]
        MOV     DL,70H                  ;白底黑字属性
        CALL    menuattr
        MOV     CS:[itemc],0
menu0:  MOV     AL,[itemc]
        MOV     DL,3FH                  ;湖蓝底色,白字
        CALL    menuattr                ;置当前菜单项为itemc记载值
menu1:  XOR     DI,DI
        LEA     SI,menubar
        MOV     CX,itemnum*(itemten+2)
        REP     MOVSW                   ;写屏方式显示
        XOR     AX,AX
        INT     16H                     ;等待按键
        CMP     AX,4800H                ;左箭头
        JNZ     menu2
        MOV     AL,[itemc]
        MOV     DL,70H                  ;白底黑字
        CALL    menuattr
        DEC     [itemc]                 ;记载当前菜单项的变量值减1,左移一项
        CMP     [itemc],0
        JGE     menu1a
        ADD     [itemc],itemnum         ;小于0则移到最右一项上
menu1a: MOV     AL,[itemc]
        MOV     DL,3FH                  ;湖蓝底色,白字
        CALL    menuattr
        JMP     menu0
menu2:  CMP     AX,4D00H                ;右箭头
        JNZ     menu3
        MOV     AL,[itemc]
        MOV     DL,70H
        CALL    menuattr
        INC     [itemc]                 ;记载当前菜单项的变量值加1,右移一项
        CMP     [itemc],itemnum
        JB      menu1b
        MOV     [itemc],0               ;从最右一项再右移,则移到最左一项
```

```
rmenu1b:  MOV     AL,[itemc]
          MOV     DL,3FH
          CALL    menuattr
          JMP     menu0
menu3:    CMP     AL,0DH                    ;回车键
          JZ      menu4
          MOV     AH,2
          MOV     DL,7
          INT     21H                       ;按键错,发声警告
          JMP     menu0
menu4:    MOV     AL,[itemc]
          POP     ES
          POP     DS
          POP     DI
          POP     SI
          PoP     DX
          POP     CX
          POP     BX
          RET
menubar   DB      ' ',70H,'(',70H,'1',7CH,')',70H,'I',70H
          DB      't',70H,'e',70H,'m',70H,'1',70H,' ',70H
          DB      ' ',70H,'(',70H,'2',7CH,')',70H,'I',70H
          DB      't',70H,'(',70H,'m',70H,'2',70H,' ',70H
          DB      ' ',70H,'(',70H,'3',7CH,')',70H,'I',70H
          DB      't',70H,'e',70H,'m',70H,'3',70H,' ',70H
          DB      ' ',70H,'(',70H,'4',7CH,')',70H,'I',70H
          DB      't',70H,'e',70H,'m',70H,'4',70H,' ',70H
          DB      ' ',70H,'(',70H,'5',7CH,')',70H,'I',70H
          DB      't',70H,'e',70H,'m',70H,'5',70H,' ',70H
itemc     DB      itemnum-1
MENU      ENDP
          ASSUME  DS:data
matn:     MOV     AX,DATA
          MOV     DS,AX
          MOV     AH,1
          MOV     CX,-1
          INT     10H                       ;消隐光标
          MOV     AX,600H
          MOV     BH,17H
          XOR     CX,CX
          MOV     DX,184FH
          INT     10H                       ;清屏
next:     CALL    MENU
          CMP     AL,itemnum-1
          JE      finish                    ;选中最右一项则结束
          ADD     AL,31H
```

```
        MOV     [VAR+30],AL
        MOV     AH,2
        MOV     DX,1212H
        XOR     BH,BH
        INT     10H                 ;移动光标到第18行第18列
        LEA     DX,[VAR]
        MOV     AH,9
        INT     21H                 ;显示刚才选中的是第几项
        JMP     next
finish: MOV     AX,600H
        MOV     BH,7
        XOR     CX,CX
        MOV     DX,184FH
        INT     10H                 ;清屏
        MOV     AH,1
        MOV     CX,0F0FH
        INT     10H                 ;显示光标
        MOV     AX,4C00H
        INT     21H
code    ENDS
        END     main
```

现在的Visual系列编程工具可以提供很简洁的方法实现例12.4和例12.5的功能。两者相比可以发现，汇编语言编写的程序繁琐，编程量大，容易出错，但是，这是高级编程工具中相应功能的具体实现方法。换句话说，在那些高级编程工具中，软件研发者已经编写好了类似的子程序，供应用程序开发者去调用，并提供了相应的调用方法。当然，他们编写的这一类子程序要比例12.4和例12.5更复杂，功能更全面，这里的两个例子不过是用来说明，那些高级工具中的强大功能是如何作出来的。

习　题

12.1　简述COM文件的主要特点，它与EXE文件有哪些差异?

12.2　编写一个显示“Hello”的程序，试比较它的COM格式文件和EXE格式文件的大?

12.3　编写一个在屏幕上连续显示“Welcome…”的信息，要求显示颜色和显示位置都是随机的。在新位置显示时，原位置的信息抹去。当按任意键时，程序结束运行。

12.4　从键盘输入一个表示年份的正整数（1~65535），然后判断其是否为闰年。若是，则输出“Yes”，否则，输出“No”。

12.5　编写一个带命令行参数的程序Words，输出指定正文文件中的单词，假设单词为连续的字母串。

比如：words file. txt，显示文件file. txt中的每个单词

12.6　编写一个建立双向链表的程序，每接受一个整数，链表增加一个结点，当遇到负数时，结束链表结点的增加，然后从表尾向前输出各结点中的数值。

第13章　汇编语言和C语言

C/C++语言是一个被广泛使用的程序设计语言，它不仅具有良好的高级语言特征，而且还具有一些低级语言的特点，如：寄存器变量、位操作等。所以，C语言的程序与汇编语言程序之间能很平滑地衔接。另外，目前主要的C语言程序开发环境，如：Turbo C/C++、Borland C/C++等，也都提供了很好的混合编程手段。

本章主要介绍汇编语言和C语言的混合编程和调用方法。

13.1　汇编指令的嵌入 

为了提高C语言程序内某特殊功能段的处理效率，可以在其源程序中嵌入一段汇编语言程序段。这样做，虽然能达到提高了程序处理效率的目的，但它无疑以丧失源程序的可移植性为代价。所以，当想用C语言和汇编语言混合编程时，程序员需要权衡采用这种方法的利与弊。

在C语言中，嵌入汇编语言的语法如下（*）：

```
asm <opcode> <operands> <; or newline>
```

注意：这里的分号';'不是汇编语言中起注释作用的分号，而是作为语句的分隔符。

若C语言源程序中嵌入一条汇编语句，则可按下列方式来做：

```
asm mov ax, data
```

若要嵌入一组汇编语句，则需要用括号“{”和“}”把它们括起来。

```
asm {
    mov ax, data1
    xchg ax, data2
    mov data1, ax          //实现整型变量 data1 和 data2 之值的交换
    }
```

例13.1 在C语言源程序中嵌入汇编语言语句实现赋值语句 A=A+B+C，其中：A、B、C都是整型变量。

［解］……

```
asm {push ax               //实现整型变量 A=A+B+C
    mov ax, A
    add ax, B
```

```
    add ax, C
    mov A, ax
    pop ax
}
```

13.2 C语言源程序的汇编输出

在 Turbo C++或 Borland C++编程环境下，可以使用 TCC 或 BCC 行命令把一个 C 语言的源程序转换成汇编语言的源程序。通过阅读汇编语言程序可以很准确地知道 C 语言语句的功能是如何实现的，这样，可为将来学习编译原理课程中的“寄存器调度”和“代码生成”等相关知识打下良好的基。

C 语言源程序转换的命令格式如下：

```
TCC -S t1.cpp 或 BCC -S t1.cpp ;假设其文件名为 t1.cpp
```

若命令 TCC/BCC 不带参数的话，则将显示其使用方法。

下面是 C 语言程序及其相对应的汇编语言程序，希望读者能逐行对照理解它们语句之间的转换关系，这将能进一步理解高级语言的语句功能。

1. C 语言程序清单

```
#include <stdio.h>
int sum(int a, int b, int c)
{
return (a+b+c);
}
void main()
{int a, b, c;
a=b=12;
c=32;
printf("%d", sum(a,b,c));
}
```

2. 生成的汇编语言程序清单

```
_TEXT segment byte public 'CODE'        ;代码段的开始
;int sum(int a, int b, int c)           ;C 语言语句
assume  cs : _TEXT
@sum$qiii proc near                     ;过程说明,对应于 C 语言 sum 过程
push bp                                 ;为读取堆栈中的参数作准备
mov bp, sp
;{
;return(a+b+c);
mov ax, word ptr [bp+4]
add ax, word ptr [bp+6]
```

```
add ax, word ptr [bp+8]
jmp short
;}
pop bp                                  ;sum 子程序结束的代码
ret
@sum$qiii endp
;void main( ) assume   cs : _TEXT
_main proc near                         ;过程说明,对应于 C 语言中的主函数 main( )
push bp
mov bp, sp
sub sp, 6
;{int a, b, c;                          ;局部变量是用堆栈来存储的
; a=b=12;                               ;给局部变量赋值
mov ax, 12                              ;用给堆栈单元赋值来实现对局部变量的赋值
mov word ptr [bp-4], ax
mov word ptr [bp-2], ax
; c=32; mov word ptr [bp-6], 32
; printf("%d", sum(a,b,c));             ;调用系统标准函数 push word ptr [bp-6]
push word ptr [bp-4]
push word ptr [bp-2]
call near ptr @sum$qiii                 ;用汇编语言形式调用自定义函数 sum
add sp, 6
push ax
mov ax, offset DGROUP : s@
push ax
call near ptr _printf                   ;用汇编语言调用标准函数 printf
pop cx
pop cx
; } mov sp, bp                          ;main 子程序结束的代码
pop bp
ret
_main endp
_TEXT ends                              ;代码段的结束
_DATA segment word public 'DATA'        ;数据段的定义
s@ label byte
db '%d'
db 0
_DATA ends
public _main                            ;下面说明函数的属性
public @sum$qiii
extrn _printf : near
_s@ equ s@
end
```

13.3 简单的屏幕编辑程序

下面是一个简单的屏幕编辑的C语言程序，它不仅涉及键盘处理、光标定位、屏幕输出、字符颜色等，而且还运用了C语言和汇编语言的混合编程方法。如果能够把它改写成相同功能的汇编语言程序，即基本掌握了中断的使用方法，也对计算机输入输出的工作方式有了更进一步的认识。

该程序的功能：

(1) 可用移动光标键↑、↓、←和→移动光标1行或1列，也可用TAB/Shift+TAB、Home和End键跳跃地移动光标；

(2) 当光标已在第1行，再向上移动时，这时，光标被定位到第25行，反之也然；

(3) 当光标已在第0列，还要向左移动时，光标被定位到第79列，反之也然；4. 当按下^W或^Z时，屏幕将向上或向下滚动1行；

(5) 显示当前键盘的状态：大小写状态、数字键盘状态和插入/修改状态；

(6) 如果按普通的键，将在屏幕上显示该字符，如果按下用Alt、Ctrl或Shift组合的组合键，则显示该按键的扫描码；7. 用Esc键来结束程序的运行。

C语言的源程序清单：

```
#define NUM_KEY 0x20 /*键盘状态字宏定义*/
#define CAPS_KEY 0x40
#define ESCAPE 27 /*几个功能键的宏定义*/
#define TAB_KEY 9
#define SHIFT_TAB 15
#define CTRL_W 23
#define CTRL_Z 26
#define UP_ARROW 72
#define DOWN_ARROW 80
#define LEFT_ARROW 75
#define RIGHT_ARROW 77
#define INSERT 82
#define END_KEY 79
#define HOME_KEY 71
#define UP_SCROLL 6 /*屏幕滚动宏定义*/
#define DOWN_SCROLL 7
#include <dos.h>
int insert, cap_key, num_key;
/* up_down:屏幕滚动方式:6-向上滚; 7-向下滚
(l_row, l_col)-(r_row, r_col):滚动矩形的对角线坐标
num:屏幕滚动的行数,0-清屏
attr:滚动后所剩下行的属性*/
cls(int up_down, int l_row, int l_col, int r_row, int r_col, int num, intattr)
{union REGS in, out;
```

```
in. h. ah = up_down; in. h. al = num;
in. h. ch = l_row; in. h. cl = l_col;
in. h. dh = r_row; in. h. dl = r_col;
in. h. bh = attr;
int86(0x10, &in, &out);
}
get_cursor(int * x, int * y) /* 取当前光标的位置,并分别存入变量 x 和 y 中 */
{union REGS in, out;

in. h. ah = 3; in. h. bh = 0;
int86(0x10, &in, &out);
 * x = out. h. dh; * y = out. h. dl;
}
locate(int row, int col) /* 把光标设置在(row, col)位置 */
{union REGS in, out;

in. h. ah = 2; in. h. bh = 0;
in. h. dh = row; in. h. dl = col;
int86(0x10, &in, &out);
}
disp_string(int row, int col, char string[ ]) /* 在(row, col)位置显示字符串 string */
{struct REGPACK in, out;
int x, y;

get_cursor(&x, &y);
locate(row, col);
in. r_ds = FP_SEG(string); in. r_dx = FP_OFF(string); in. r_ax = 0x900; intr(0x21, &in);
locate(x, y);
}
check_key_state() /* 在(row, col)位置以属性 attr 显示字符 ch */
{char state;

state = bioskey(2);
if (state & CAPS_KEY)
{if (! cap_key) {cap_key = 1; disp_string(24, 66, "CAP $");}
}
else if (cap_key) {cap_key = 0; disp_string(24, 66, "  $");}
if (state & NUM_KEY)
{if (! num_key) {num_key = 1; disp_string(24, 70, "NUM $");}
}
else if (num_key) {num_key = 0; disp_string(24, 70, "  $");}
}
insert_key() /* 在最后一行显示插入/修改状态标志,并改变光标形状 */
{union REGS in, out;

insert = 1 - insert;
disp_string(24, 74, (insert ? "INS $" : "  $")); /* 显示插入/修改标志 */
in. h. ah = 1;
in. h. ch = (insert ? 0 : 14); in. h. cl = 15; /* 改变光标的形状 */
```

```
int86(0x10, &in, &out);
}
move_right(int row, int col, int len) /* 在(row, col)位置之后的字符和属性向后移 len 个位置 */
{int j, attr;
char ch;
for (j=79; j >=col+len; j--)
{read_char_attr(row, j-len, &ch, &attr);
write_char_attr(row, j, ch, attr);
}
}
read_char_attr(int row, int col, char *ch, int *attr) /* 读(row, col)位置字符和属性,并分别存入 ch 和
attr */
{union REGS in, out;
locate(i, j);
in.h.ah=8; in.h.bh=0;
int86(0x10, &in, &out);
*ch=out.h.al; *attr=out.h.ah;
}
write_char_attr(int row, int col, char ch, int attr) /* 在(row, col)位置以属性 attr 显示字符 ch */
{union REGS in, out;
locate(row, col);
in.h.ah=9; in.h.al=ch;
in.h.bh=0; in.h.bl=attr; in.x.cx=1;
int86(0x10, &in, &out);
}
ctos(char ascii, char str[]) /* 把字符的 ASCII 码转换成字符串 */
{int i;
i=2;
do {str[i--]=ASCII%10+'0';
ascii /=10;
} while (ascii >0);
for (; i >=0; i--) str[i]=' ';
}
main()
{int k, key, row, col;
char ch1, ch2, str[]="   $"; /* 前面有 3 个空格 */
char msg1[]="This is a simple screen edidtor. $",
msg2[]="You can move cursor by Arrow keys, TAB/Shift-TAB, Home and End. $",
msg3[]="You can press ^W for scroll up or ^Z for scroll down. $",
msg4[]="It has some functions, such as insert/modify a char. $",
msg5[]="If you press a function key, or key combined with Alt, Ctrl, Shift, it will display the key's scan code. $",
msg6[]="The program exits when you press ESCAPE. $";
cls(UP_SCROLL, 0, 0, 24, 79, 0, 7);
disp_string(0, 0, msg1); disp_string(2, 0, msg2);
```

```
disp_string(4, 0, msg3); disp_string(6, 0, msg4);
disp_string(8, 0, msg5); disp_string(11, 0, msg6);
row = col = ch1 = insert = 0;
locate(row, col);
while (ch1 ! =ESCAPE)
{while (ch1 ! =ESCAPE)
{if (! bioskey(1)) {check_key_state(); continue;}
key = bioskey(0);
ch1 = key; ch2 = key > >8;
if (ch1 ! =0)
{switch(ch1)
{case TAB_KEY:
col = ((col&0xFFF8) +8) %80;
break;
case CTRL_W:
cls(DOWN_SCROLL, 0, 0, 24, 79, 1, 7);
row = row + 1;
break;
case CTRL_Z:
cls(UP_SCROLL, 0, 0, 24, 79, 1, 7);
break;
default:
if (ch1 == ESCAPE) continue;
if (insert) move_right(row, col, 1);
write_char_attr(row, col, ch1, 31);
col = (col + 1 + 80) % 80;
break;
}
locate(row, col);
continue;
}
switch (ch2)
{case UP_ARROW:
row = (row - 1 + 25) % 25;
break;
    case DOWN_ARROW:
row = (row + 1 + 25) % 25;
break;
    case LEFT_ARROW:
col = (col - 1 + 80) % 80;
break;
    case RIGHT_ARROW:
col = (col + 1 + 80) % 80;
break;
    case SHIFT_TAB:
k = col & 0xFFF8;
```

```
col = (col - ((k == 0) ? 8:k + 80)) % 80;
break;
    case HOME_KEY:
col = 0;
break;
    case END_KEY:
col = 79;
break;
    case INSERT:
insert_key(&insert);
break;
    default:
ctos(ch2, str);
k = strlen(str) - 1;
if (insert) move_right(row, col, k);
disp_string(row, col, str);
col = (col + k + 80) % 80;
break;
}
locate(row, col);
}
}
cls(UP_SCROLL, 0, 0, 24, 79, 0, 7);
}
```

习　题

13.1 编写C语言程序，输出下面表达式的值，要求该表达式的计算用嵌入汇编语言程序段的方法来实现（注：题中所有变量都是整型）。

(1)1230 + 'A' - a

(2)b * b - 4 * a * c

(3)(a + b) / c + d4)9 * c / 5 + 32

(4)(a % 9 + 89) * 8

(5)x * x + y * y

13.2 用汇编语言编写函数 Display（Data），其功能是在当前光标处显示无符号整数 Data，然后，编写一个C语言程序调用 Display 来显示整型变量的值。

13.3 用汇编语言实现下列C语言标准函数，并在C语言程序中验证之（假设未指明的变量都是整型）。

(1) isalpha(int Ascii) /* 若 Ascii 是字母的 Ascii 码，则其函数值为真，否则为假 */

(2) isxdigit(int Ascii)

/* 若 ASCII 是十六进制字符('0' ~ '9'、'A' ~ 'F'和'a' ~ 'f'),那么,其函数值为真，否则为假 */

(3) strlwr(char * s) /* 把字符串 s 中的字母转换成小写 */

(4) strchr(char * s1, int ASCII)

/* 在字符串 s1 中查找是否存在字符 ASCII。若不存在,则返回 NULL(即 0),否则,返回指向该字符在字符串中位置的指针 */

(5) strncmp(char * s1, char * s2, int Len)

/* 比较字符串 s1 和 s2 前 Len 个字符,若 s1 < s2,其值小于 0;s1 == s2,其值为 0;否则,其值大于 0 */

(6) strncpy(char * Dest, char * Src, int Len) /* 把 Src 串中前 Len 个字符拷贝到 Dest 中 */

(7) memset(void * Buff, int Data, int Len) /* 把用 Data 填充 Buff 前 Len 个存储单元 */

13.4 编写一个 C 语言程序，用 TCC/BCC 命令生成汇编语言程序，分析 C 语言语句和汇编语言语句之间的实现关系。

13.5 编写一个 C 语言程序，求出 2 ~ 100 之内的所有素数（大于 1，且只能被 1 和自身整除的数，称为素数），然后把它改写汇编语言程序，并比较二者代码的区别。

13.6 编写一个 C 语言程序，求出 2 ~ 999 之内的所有能被 9 整除，且含有 5 的数，然后把它改写汇编语言程序。

13.7 用汇编语言编写一个过程 Display（Data），其功能为在当前光标处显示无符号整数 Data，然后编写 C 语言程序调用之，以达到显示数据的作用。

附录一　8088 汇编语言指令系统简表

助记符	类别	指令格式	功能	影响标志位 CZSODI	讲述 章节
MOV	数据传递	MOV d_1，d_2	从 d_1 确定的位置取出源操作数，或把立即数形式的 d_2 作为源操作数，送到目的操作数 d_1 确定的位置	– – – – – –	3. 2. 1
PUSH		PUSH　d	把字型操作数 d 入栈	– – – – – –	6. 1. 2
POP		POP　d	出栈一个字型数据，送到操作数 d 确定的位置	– – – – – –	6. 1. 2
XCHG		XCHG d_1，d_2	把 d_1，d_2 两个操作数中的值互换	– – – – – –	5. 4. 10
XLAT		XLAT	以 BX + ALR 的和作为偏移地址，从 DS 段相应位置取出一字碟子数据关 AL	– – – – – –	5. 4. 11
LEA		LEA　d_1，d2	取内存型操作数 d_2 的偏移地址，送到 d_1 确定的位置	– – – – – –	5. 4. 13
PUSHF		PUSHF	把标志寄存器入桡	– – – – – –	6. 1. 2
POPF		POPF	出桡一个字型数据，送到标志寄存器中	– – – – – –	6. 1. 2
IN		IN　AL，d_2 IN　AX，d_2	从 d_2 指定的外设端口取出一字节数据送到 AL；或从 d_2 指定高端品及其下端口取一个字型数据送到 AX 中	– – – – – –	3. 1. 4 8. 1. 3
OUT		OUT d_1，AL OUT d_1，AX	把 AL 的值送到 d_1 指定的外设端口；或把 AX；或从 d_1 指定的外设端口及其上一端口	– – – – – –	3. 1. 4 8. 1. 3
ADD	算术运算	ADD　d_1，d_2	把两个振作数的值相加，结果送到 d_1 操作数确定的位置	xxxx – –	3. 2. 2
ADC		ADC　d_1，d_2	把两个操作数的值勤及 CF 标杨位的值勤三者相加，结果送 d_1 操作数确定的位置	xxxx – –	5. 4. 1

（续）

助记符	类别	指令格式	功能	影响标志位 C Z S O D I	讲述章节
INC	算术运算	INCd	把 d 的值加 1 后送回 d 中	− x x x − −	5.4.2
SUB		SUB d_1，d_2	把 d_1 减去 d_2 的差送回操作数 d_1 中	x x x x − −	3.2.3
SBVB		SBB d_1，d_2	把 d_1 减去 d_2 的差再减去 CF 的值，结果送回操作数 d_1 中	x x x x − −	5.4.2
DEC		DEC　d	把 d 的值减 1 后送回 d 中	− x x x − −	5.4.3
NEG		NEG d	对操作数 d 的值取反、加 1 后送回 d 中	x x x x − −	5.4.4
GMP		CMPd_1，d_2	用 d_1 减去 d_2，把握相减情况置各条件志位	x x x x − −	4.1.6
MUL	算术运算	MUL d	无符号乘法：AL 乘以字节型乘以字节型操作数 d，积送到 AX 中：或 AX 每乘以字型操作数 d，积送到（DX，AX）中	x u u x − −	3.2.4
IMUL		IMUL d	带符号乘法：AL 乘以字节型操作数 d，积送到 AX 中：或 AX 乘以字型操作数 d，积送到（DX，AX）中	x u u x − −	5.4.6
DIV		DIV d	无符号除法：AX 除以 d，商送 AL，余数送 AH；或（DX，AX）除以 d，商送 AX 余数送 DX	u u u u − −	3.2.4
IDIV		IDIV d	带符号除支：AX 除以 d，商送 AL，余数送 AH；或（DX，AX）除以 d，商送 AX，余数送 DX	u u u u − −	3.2.4
AND	逻辑运算	AND d_1，d_2	两个操作数各个二进制位进行逻辑与运算，结果送因 d_1 中	0 x x 0 − −	5.4.12
OR		OR d_1，d_2	两操作数按各个二进制位进行逻辑与运算，结果送回 d_1 中	0 x x 0 − −	3.2.4

（续）

助记符	类别	指令格式	功能	影响标志位 C Z S O D I	讲述章节
NOT	逻辑运算	NOT d	对d的各个二进制位取反结果送回d	－－－－－－	5.4.14
XOR		XORd_1，d_2	两个操作数按各个二进制位进行逻辑异或运算，结果送回d_1中	0 x x 0－－	5.4.15
TEST		TESTd_1，d_2	两年操作数按各个二进行逻辑与运算，用计算结果设置标志位	0 x x 0－－	5.4.16
SHL SAL	移位	SHL d_1，d_2	把d_1的各个二进制位向右移动d_2位，左边空位填0，结果送回d_1，最后移一位送CF	x x x x－－	7.1.1 7.1.2
SHR		SHRd_1，d2	把d_1各个二进制位向移动d_2位，左边空位填原数最高位的值，结果送回d_1，最后移出的一位送CF	x x x x－－	7.1.3
SAR		SAR d_1，d_2	把d_1的各个二进制位向右移动d_2位，左边空位填原数最高位的值，结果送回d_1，最后移出的一位送CF	x x x x－－	7.1.4
ROL		ROL d_1，d_2	把d_1的各个二进制位向左移动d_2位，从左边移出的位再依次移到右边各空位上，结果送加d_1，最后移出的一位送CF	x－－x－－	7.1.5
ROR		ROR d_1，d_2	把d_1的各个二进制位高右移动d_2位从右边移出的位再依次移到左边各空位上，结果送回d_1，最后移出的一位送CF	x－－x－－	7.1.6
RCL		RCL d_1，d_2	把d_1的各个二制位与CF联合在一起向左移动，从左边移出的位再依次移到右边各空位上	x－－x－－	7.1.7

（续）

助记符	类别	指令格式	功能	影响标志位 C Z S O D I	讲述章节
RCR	移位	RCR d_1，d_2	把 d_1 的各个二进制位与 CF 联合在一志向右移动 d_2 位，从右边移出的位再次移到左边各位上	x − − x − −	7.1.8
MOVS	串操作	MOVSB 或 MOVSW	DS 段 SI 所指的一个字节/字送到 ES 段 DI 所指处，并根据 DF 标志位调整 SI 和 DI，使其指向下一数据	− − − − − −	7.2.2
STOS		STOSB 或 STOSW	把 AL/AX 的值送到 ES 段 DI 所指处，并根据 DF 标志位调整 DI，使其指向下一数据	− − − − − −	7.2.2
LODS		LODSB 或 LODSW	从 DS 段 SI 所指处取一个字节/字送到 AL/AX 中，并根据 DF 标志位调整 SI，使其指向下数据	− − − − − −	7.2.2
CMPS		CMPSB 或 CMPSW	DS 段 SI 所指的一个字节/字与 ES 段 DI 所指数据相减，结果设置条件志位，并根据 DF 标志位调整 SI 和 DI，使其指向下数据	x x x x − −	7.2.2
SCAS		SCASB 或 SCASW	AL/AX 减去 ES 段 DI 所指向的数据，结果设置条件志位，并根据 DF 标志位调整 EI，使其指向下一数据	x x x x − −	7.2.2
REP		REP	与 MOVS、STOS 配合使用，当 CX 不为 0 时重复执行串指令		7.2.3
REPZ REPE		PEPZ	与 CMPS、SCAS 配合使用当 CX 不为 0 且 ZF 为 1 时重复执行串指令		7.2.3
PEPNZ REPNE		PEPNZ	与 CMPS、SCAS 配合使用，当 CX 不为 0 且 ZF 为 0 时重复执行串指令		7.2.3
JMP	跳转	JMP label	转到 label 处继续执行	− − − − − −	4.2.1
JZ JE		JZ label	若 ZF 为 1，转到 label 处继续执行	− − − − − −	4.2.2

（续）

助记符	类别	指令格式	功能	影响标志位 C Z S O D I	讲述章节
JNZ JNE	跳转	JNZ label	若 ZF 为 0，转到 label 处继续执行	------	4.2.2
JS		JS label	若 SF 为 1，转到 label 处继续执行	------	4.2.2
JNS		JNS label	若 SF 为 0，转到 label 处继续执行	------	4.2.2
JO		JO label	若 OF 为 1，转到 label 处继续执行	------	4.2.2
JNO		JNO label	若 OF 为 0，转到 label 处继续执行	------	4.2.2
JC JB JNAE		JC label	若 CF 为 1，即无符号数比较的小于，转到 label 处继续执行	------	4.2.2
JNC JNB JAE		JNC label	若 CF 为 0，即无符号数比较的不小于，转到 label 处继续执行	------	4.2.2
JBE JNA		JBE label	若 CF 为 1 或 ZF 为 1，即无符号数比较的小于或等于，转到 label 处继续执行	------	4.2.2
JNBE JA		JNBE label	若 CF 为 0 且 ZF 为 0，即无符号数比较的大于，转到 label 处继续执行	------	4.2.2
JL JNGE		JL label	若 SF 与 OF 不同，即带符号数比较的小于，转到 label 处继续执行	------	4.2.2
JNL JGE		JNL label	若 SF 与 OF 相同，即带符号数比较的大于或等于，转到 label 处继续执行	------	4.2.2
JLE JNG		JLE label	若 SF 与 OF 不同，或者 ZF 为 1，即带符号数比较的小于或等于，转到 label 处继续执行	------	4.2.2
JNLE JG		JNLE label	若 SF 与 OF 相同，且 ZF 为 1，即带符号比较的大于，转到 label 处继续执行	------	4.2.2
JCXZ		JCXZ label	若 CX 为 0，则转到 label 处继续执行	------	4.2.2

（续）

助记符	类别	指令格式	功能	影响标志位 C Z S O D I	讲述章节
LOOP	跳转	LOOP label	先把 CX 的值减 1 后回 CX，再判断当 CX 不为 0 时转到 label 处继续执行	- - - - - -	4.4.3
CALL	子程序	CALL subprog	根据子程序的类型是 NEAR 还是 FAR，把 IP 或 CS 及 IP 入栈，转到子程序继续执行	- - - - - -	6.2.2
RET	子程序	RET [n]	NEAR 型子程序中的 RET 将出栈一个字给 IP，FAR 型子程序中的 RET 将出栈两个字依次给 IP 和 CS；操作数 n 指明出栈后再把 SP 的值加 n	- - - - - -	6.2.2
INT	中断	INT n	把标志寄存器、CS、IP 依次入栈，清 IF 和 TF 标志位，转 n 号中断服务程序执行	- - - - - 0	8.4.3
IRET	中断	IRET	出栈 3 个字，依次送 IP、CS、标志寄存器	x x x x x x	8.4.3
CBW	符号扩展	CBW	若 AL 最高位为 0，则把 AH 清 0，否则把 0FFH 送 AH	- - - - - -	5.4.8
CWD	符号扩展	CWD	若 AX 最高位为 0，则把 DX 清 0，否则把 0FFFFH 送 DX	- - - - - -	5.4.9
CLC	标志位控制	CLC	把 CF 标志位清 0	0 - - - - -	6.3.4
STC	标志位控制	STC	把 CF 标志位置 1	1 - - - - -	6.3.4
CMC	标志位控制	CMC	把 DF 标志位取反	- - - - - -	7.2.1
CLD	标志位控制	CLD	把 DF 标志位清 0	- - - - 0 -	7.2.1
STD	标志位控制	STD	把 DF 标志位置 1	- - 1 - 0 -	7.2.1
CLI	标志位控制	CLI	把 IF 标志位清 0	- - - - - 0	8.4.3
STI	标志位控制	STI	把 IF 标志位置 1	- - - - - 1	8.4.3
NOP	标志位控制	NOP	空指令，不做任何操作	- - - - - -	

注：

（1）表中只列出的是本书涉及的指令，对于 8086/8088 而言，除了表中列出的指令外，还有一些不太常用的指令。

（2）影响标志位的符号说明：

0——清 0；　1——置 1；　x——根据结果设置；　u——无定义；-不影响。

附录二　汇编语言伪指令简表

伪指令名	格式用法	功　能	讲述章节
ASSUME	ASSUME 段寄存器名：段名[，…]	规定段中各标识的缺省段寄存器	5.5.3
DB	［变量名］DB 初值表	预留若干字节的内存空间作为变量的存储单元，各字节依次填以初值表的各初值项 变得的缺省类型为字节型	5.1.2
DW	［变量名］DW 初值表	同上，但变量的缺省类型为字型	5.1.2
DD	［变量名］DW 初值表	同上，但变量的缺省类型为双字型	5.1.2
DUP	常量 DUP（初值项）	用于变量定义的初值表中，把括号中的内容重复若干遍	5.1.2
END	END［地址表达式］	源程序结束标记，地址表达式指明整个程序的入口地址	3.4.3
OFFSET	OFFSET 变量名	取变量的偏移地址	5.5.1
SEG	SEG 变量名	取变量的段地址	5.5.2
EQU	标识符 EQU 符号串	定义一个标识符代表某个符号串	5.5.7
=	标识符 = 常量表达式	定义一个标识符代表某个数值	5.5.7
%	% 常量标识符	用常量的值作为实际参数	7.3.4
EXTRN	EXTRN 标识符：类型［，…］	说明一个标识符是外部符号，并指出其类型	6.5.3
INCLUDE	INCLUDE 文件名	在汇编时把指定的文件内容调入当前文件，拼接在一起进行汇编	6.5.2
ORG	ORG 地址表示式	用地址表达式的计算结果给地址计数器赋值，使得下一个汇编翻译对象安排在新的地址	5.5.5

（续）

伪指令名	格式用法	功　　能	讲述章节
PROC	子程序名 PROC 类型	表明子程序的开始，与 ENDP 相对应，并指明被定义的子程序的类型	6. 2. 1
ENDP	子程序名 ENDP	表明子程序的结束，与 PROC 相对应	6. 2. 1
PUBLIC	PUBLIC 标识符［，…］	说明本模块中的标识符是公共符号，可以供其它模块使用	6. 5. 2
SEGMENT	段名 SEGMENT［STACK］	表明段的开始，STACK 专用于堆栈段	3. 4. 2
ENDS	段名 ENDS	表明段的结束	3. 4. 2
MACRO	宏名 MACRO 形参表	表明定义的开始	7. 3. 1
ENDM	ENDM	表明宏或重复汇编的结束	7. 3. 1
PURGE	PURGE 宏名［，…］	在源程序的后续部分取消指明的宏操作	7. 3. 4
LOCAL	LOCAL 标号［，…］	通知汇编程序对指定的标号做特别处理，以避免标号的重复定义	7. 3. 5
REPT	PEPT 常量表达式 …… ENDM	把中间的部分重复表达式指定的次数	7. 4. 1
IRP	IRP 形参，〈实参表〉 …… ENDM	逐个以实参取代形参的位置，每取代一次，把中间的内容复制一篇	7. 4. 2
&	标识符 & 标识符	用以把两个标识符分开，使得在宏展开时，可以合并前后两个标识符	7. 3. 3
$	$	取汇编程序的地址计算数的值	5. 5. 6
PTR	类型 PTR 标识符	指定标识符的类型	5. 5. 4

附录三　DOS 中断（21H 号）子功能简表

子功能号(AH)	功能描述	入口参数	出口参数
1	带回显单字符输入		AL = 读入字符的 ASCII
2	单字符输出	DL = 输出字符	
5	打印单字符	DL = 输出字符	
6	直接控制台 I/O	DL = FF（输入） DL = 字符（输出）	AL = 输入字符
7	无回显单字符输入		AL = 输入字符
8	无回显单字符输入，处理 Ctrl Break		AL = 输入字符
9	字符串输出	DS：DX = 待输出串起始逻辑地址 输出串以‘$’结束	
0A	字符串输入	DS：DX = 输入缓冲区逻辑地址首字节为最大允许按键数	按实际输入情况填充缓冲区缓冲区次字节为实际输入字符数(串长)，然后是输入串
0B	检查键盘缓冲区状态		AL = 0，有按键 AL = FF，键盘缓冲区已空
0C	清除键盘缓冲区，并执行 AL 指定的功能	AL = 子功能号（1，6，7，8，0A）	
25	设置中断向量	DS：DX = 中断向量 AL = 中断号	
2A	取系统日期		CX = 年 DH/DL = 月/日
2B	置系统日期	CX = 年 DH/DL = 月/日	AL = 0，成功 AL = FF，日期无效
2C	取系统时间		CH/CL = 时/分 DH/DL = 秒/百分秒
30	取 DOS 版本号		AH = 发行号 AL = 版号
31	结束并驻留	AL = 返回码 DX = 驻留区节长度	

（续）

子功能号(AH)	功能	入口参数	出口参数
35	取中断向量	AL = 中断号	ES：BX = 中断向量
36*	取空闲磁盘空间	DL = 驱动器号 0 = 缺省，1 = A，2 = B	AX = 每簇扇区数 BX = 剩余簇数 CX = 每扇区字节数 DX = 总簇数
39*	建立子目录（MD）	DS：DX = 子目录说明串首地址	
3A*	删除子目录（RD）	DS：DX = 子目录说明串首地址	
3B*	改变当前目录(CD)	DS：DX = 子目录说明串首地址	
3C*	建立文件	DS：DX = 子目录说明串首地址 CX = 文件属性	AX = 文件代号
3D*	打开文件	DS：DX = 子目录说明串首地址 AL = 打开方式	AX = 文件代号
3E*	关闭文件	BX = 文件代号	
3F*	读文件	DS：DX = 缓冲区首地址 BX = 文件代号 CX = 待写入的字节数	AX = 实际读入字节数
40*	写文件	DS：DX = 缓冲区首地址 BX = 文件代号 CX = 待写入的字节数	AX = 实际读入字节数
41*	删除文件	DS：DX = 缓冲区首地址	
42*	移动文件指针	BX = 文件代号 CX：DX = 移动量 AL = 移动方式	DX：AX = 新指针位置
43*	置/取文件属性	DS：DX = 缓冲区首地址 AL = 0，取文件属性 AL = 1，置文件属性 CX = 文件属性	CX = 文件属性
47*	取当前目录路径名	DL = 驱动器号 DS：SI = 缓冲区首地址	填充缓冲区
4C	带返回码结束	AL = 结束码	
4E*	查找第一个匹配文件	DS：DX = 说明符号串首地址 CX = 文件属性	

（续）

子功能号(AH)	功能	入口参数	出口参数
4F*	查找下一个匹配文件	DS：DX = 说明符号串首地址 CX = 文件属性	
56*	文件改名	DS：DX = 文件原名符号串首地址 ES：DI = 新文件名符号串首地址	
57*	置/取文件时期和时间	BX = 文件代号 AL = 0，读 AL = 1，置	DX：CX = 日期和时间

注：子功能号带星号“*”者，都以 CF = 0 表示调用成功，表中出口参数栏是调用成功时的情况；当 CF = 1 时表示调用失败，此时 AX 是错误代码。

附录四　BIOS 中断调用简表

中断号 INT	子功能号 （AH）	功能描述	入口参数	出口参数
10	0	置显示方式	AL = 显示方式代码	
	1	置光标类型	CH = 起始行，CL = 结束行	
	2	置光标位置	DH/DL = 行/列，BH = 显示页	
	3	取光标位置	BH = 显示页	DH/DL = 行/列
	5	置当前显示页	AL = 页号	
	6	当前显示页上卷	AL = 上卷行数，0 为清屏 BH = 填充字符属性 CH/CL = 上卷窗口左上角坐标 DH/DL = 上卷窗口右下角坐标	
	7	当前显示页下卷	AL = 下卷行数，0 为清屏 BH = 填充字符属性 CH/CL = 上卷窗口左上角坐标 DH/DL = 上卷窗口右下角坐标	
	8	取光标位置字符	BH = 页号	AH/AL = 字符/属性
	9	在当前光标位置显示字符，不改变光标位置	AL = 字符 BH/BL = 页号/属性 CX = 重复次数	
	0F	取当前显示方式		AH = 每行字符数 AL = 显示方式代码 BH = 当前显示页号
	13	从指定位置起显示字符串	BH/BL = 显示页/属性 CX = 字符串长度 DH/DL = 行/列 ES:BP = 字符串起始逻辑地址 AL =0，用 BL 属性，光标不动 1，用 BL 属性，光标移动 2，[字符，属性]，光标不动 3，[字符，属性]，光标移动	
12		取内存容量		AX = 内存大小，单位：KB

（续）

中断号 INT	子功能号（AH）	功能描述	入口参数	出口参数
13	0	复位磁盘驱动器	AL=驱动器号	
	1	取驱动器状态	DL=驱动器号	AH=状态代码
	2	读物理扇区	AL=读入扇区数 CH/CL=磁盘号/扇区号 CH/DL=磁头号/驱动器号 ES:BX=内存缓冲区地址	
	3	写物理扇区	AL=待写入扇区数 CH/CL=磁盘号/扇区号 DH/DL=磁头号/驱动器号 ES:BX=内存缓冲地区	
	5	格式化磁道	AL=每道扇区数 CH/CL=磁盘号/扇区号 DH/DL=磁头号/驱动器号 ES:BX=扇区ID地址	
	19	磁头复位	DL=驱动器号	
16	0	读键		AH/AL = 扫描码/ASCII
	1	检测键盘缓冲区是否空		ZF=1，缓冲区空 ZF =0，缓冲区不空 AH=扫描码 AL=ASCII
	2	读控制键状态		AL=状态
	10	清除缓冲区并读键		AH/AL = 扫描码/ASCII
19		重装操作系统		
1A	0	读当前时钟值		（CX，DX）=计时器值
	1	置当前时钟值	（CX，DX）=计时器值	
	2	读实时钟时间		CH=小时数 CL=分钟数 DH=秒数

（续）

中断号 INT	子功能号（AH）	功能描述	入口参数	出口参数
1A	3	置实时时钟时间	CH = 小时数 CL = 分钟数 DH = 秒数	
	4	读实时时钟日期		CH/CL = 世纪/年 DH/DL = 月/日
	5	置实时时钟日期	CH/CL = 世纪/年 DH/DL = 月/日	
	6	置闹钟，到指定时间后执行4A中断	CH = 小时数 CL = 分钟数 DH = 秒数	

附录五 ASCII 与扫描码表

键	ASCⅡ	扫描码	键	ASCⅡ	扫描码	键	ASCⅡ	扫描码
ESC	1B	01	z	7A	2C	*（White）	2A	09
1	31	02	x	78	2D	(	28	0A
2	32	03	c	63	2E	)	29	0B
3	33	04	v	76	2F	-	5F	0C
4	34	05	b	62	30	+	2B	0D
5	35	06	n	6E	31	Q	51	10
6	36	07	m	6D	32	W	57	11
7	37	08	,	2C	33	E	45	12
8	38	09	.	2E	34	R	52	13
9	39	0A	/	2F	35	T	54	14
0	30	0B	*（Gray）	2A	37	Y	59	15
-	2D	0C	Space	20	39	U	55	16
=	3D	0D	F1	00	3B	I	49	17
Back Space	08	0E	F2	00	3C	O	4F	18
Tab	09	0F	F3	00	3D	P	50	19
q	71	10	F4	00	3E	{	7B	1A
w	77	11	F5	00	3F	}	7D	1B
e	65	12	F6	00	40	A	41	1E
r	72	13	F7	00	41	S	53	1F
t	74	14	F8	00	42	D	44	20
y	79	15	F9	00	43	F	46	21
u	75	16	F10	00	44	G	47	22
i	69	17	F11	00	85	H	48	23
o	6F	18	F12	00	86	J	4A	24
p	70	19	Home	00	47	K	4B	25
[	5B	1A	Up Arrow	00	48	L	4C	26
]	5D	1B	PgUp	00	49	:	3A	27
Enter	0D	1C	left Arrow	00	4B	"	22	28
a	61	1E	Right Arrow	00	4D	~	7E	29
s	73	1R	End	00	4F	|	7C	2B

（续）

键	ASC Ⅱ	扫描码	键	ASC Ⅱ	扫描码	键	ASC Ⅱ	扫描码
d	64	20	Down	00	50	Z	5A	2C
f	66	21	PgDn	00	51	X	58	2D
g	67	22	Insert	00	52	C	43	2E
h	68	23	Delete	00	53	V	56	2F
j	6A	24	!	21	02	B	42	30
k	6B	25	@	40	03	N	4E	31
!	6C	26	#	23	04	M	4D	32
;	3B	27	$	24	05	<	3C	33
´	27	28	%	25	06	>	3E	34
`	60	29	^	5E	07	?	3F	35
\	5C	2B	&	26	08			

附录六　使用 DEBUG 软件调试程序

汇编语言源程序经过 MASM 的翻译以及 LINK 的连接后，可以得到一个可执行文件。把一个可执行的 EXE 文件交给 DOS 操作系统去执行，当结果不正确或不能令人满意时，就必须对程序进行修改。但是，在修改之前还必须能够找出程序到底什么地方出了问题。

程序中出现错误分为两种类型：一种是语法错误，如果源程序中存在不符合汇编语言语法的地方，可以由汇编程序在翻译时检查出来；另一种情况是程序执行时出现不正确的结果，甚至造成死机的现象，这一类错误称为逻辑错误。修改程序的逻辑错误要比语法错误困难得多，首先要找出错误的所在，其次才谈得上修改。查找逻辑错误最简单的方法是通读源程序，分析其流程，检查每一个步骤，这种方法称为静态检查。静态检查是一件很单调乏味的工作，不仅需要扎实的功底和丰富的知识，还需要极大的耐心。

查找逻辑错误比较好的方法是动态调试，简单地说，就是深入程序的执行过程，分离出各个执行步骤，查看每一步的执行结果。这就需要一种动态调试工具的辅助，DEBUG 和 CodeV ~ ew 都是这样的调试工具。虽然 DEBUG 功能相对较弱，采取命令行工作方式，但对于初学者而言，它的命令不多，使用较简单，易于掌握。

A6.1　调试的基本过程

程序调试是在程序逐步执行的过程中查找逻辑错误，被调试的对象是机器语言形式的指令代码。掌握调试技术的第一步是要把汇编语言源程序与机器语言程序对应起来，不熟悉这种对应关系时可以把源程序清单打印出来放在一边，以便与机器相对代码相对照。

动态调试首先要把被调试的执行文件放到调试软件之中（称为程序的加载），然后利用调试软件提供的单步执行和断点执行方法，使程序执行到需要检查中间结果的地方，再用查看工具检查中间结果是否正确。如不正确，可以确定错误出现在检测点之前，于是可以检查相应的程序段；反之，如果中间结果没有问题，可以再往下执行一条指令或一小段，再次检查新的中间结果，这时中间结果有问题基本可以断定错误出在两个检测点之间。如此反复，直到找出错误为止。

找到错误后，需要找出源程序中对应的位置，然后用编辑器修改源程序，重新汇编、连接、执行。如果还有错误则重新进行调试。

A6.2　DEBUG 常用命令

DEBUG 作为机器语言调试工具，在调试状态下全部采用十六进制数，寄存器及数据显示也都是十六进制的。它的命令都采取单字母形式，不分大小写。DEBUG 状态下的提示符是减号“ – ”。

A6.2.1　R 命令

1. R

该命令用于显示各寄存器的值。下面是某次显示的情况：

```
-R
AX=0000 BX=0000 CX=011C DX=0000 SP=0400 BP=0000 SI=0000 DI=0000
DS=1273 ES=1273 SS=1280 CS=12A8 IP=0000 NV UP EI PL NZ NA PO NC
-
```

第 1 行的“ – R”是 DEBUG 提示符及输入的 R 命令，后面的叙述中，所有键盘输入都加上下划线，以示区别。第 2、3 行是显示的寄存器内容。可以看到，8 个通用寄存器、4 个段寄存器和指令指针 IP 都以“寄存器名 = XXXX”的形式显示出来，后面的符号是标志寄存器的各标志位的情况，各符号的含义见表 A6.1。

表 A6.1　标志寄存器各标志位取值与 DEBUG 显示符号的对应关系

标志位	VF		DF		IF		SF		ZF		AF		OF		CF	
取值	0	1	0	1	0	1	0	1	0	1	0	1	0	1	0	1
显示符号	NV	OV	UP	DN	DI	EI	PL	NG	NZ	ZR	NA	AC	PO	PE	NC	CY

R 命令显示结果的最后一行是当前将要执行的指令，分为三栏：左边是指令所在的逻辑地址，以“段：偏移”的方式显示；中间是当前指令的机器代码；右边是相应的汇编语言指令形式。比如，上面的显示情况表明，当前将要执行的指令在 12A8：0000 处，指令机器码占 3 字节，依次是十六进制的 B8、74、12，相应的汇编语言指令是“MOV AX，1274”，其中 1274 是十六进制数。

2. R 寄存器名

R 命令可以修改寄存器的值，操作情况是：

```
-RAX
AX 0000
:0201
```

该命令先显示出被修改的寄存器的当前值，然后在下一行出现问号提示符，后面的 0201 是操作时的按键，表示把 AX 由原值 0000H 改为 0201H。

3. RF

RF 命令用于修改标志寄存器的值。标志寄存器的 9 个标志位中有 8 个是可修改的，每一次可修改其中的任意多个，修改所用符号见表 A6.1。比如，要把 ZF 和 CF 都改为 1，操作是：

```
-RF
NV UP EI PL NZ NA PO NC  -ZR CY
```

A6.2.2 D 命令

D 命令是显示命令，以十六进制数的形式显示指定位置的数据。

1. D 段地址：起始偏移 终止偏移

显示在指定段下从起始偏移到终止偏移之间的数据。比如：

```
-D0:0 FF
0000:0000 9E 0F C9 00 65 04 70 00-16 00 EB 07 65 04 70 00   ....e.p.....e.p.
0000:0010 65 04 70 00 54 FF 00 F0-08 80 00 F0 D0 E7 00 F0   e.p.T..........
0000:0020 00 00 00 D0 28 00 EB 07-6F EF 00 F0 6F EF 00 F0   ....(...0...0..
0000:0030 6F EF 00 F0 6F EF 00 F0-9A 00 EB 07 65 04 70 00   0...0....…e.P.
0000:0040 07 00 70 D0 4D F8 00 F0-41 F8 00 F0 17 25 60 FD   ..P.M...A....%`.
0000:0050 39 E7 00 F0 40 02 50 02-2D 04 70 00 28 0A 50 03   9...@.P.-.P.(.P.
0000:0060 A4 E7 00 F0 2F 00 AC 08-6E FE 00 F0 04 06 50 03   ..../...n.....P.
0000:0070 1D 00 00 D0 A4 F0 00 F0-22 05 00 00 46 6D 00 C0   ........"...Fm..
0000:0080 A8 0F C9 00 45 04 C3 08-4F 03 F8 08 8A 03 F8 0B   ....E...O.......
0000:0090 17 03 F8 0B BC 0F C9 00-C6 0F C9 00 D0 0F C9 00   ................
0000:00A0 6C 10 C9 00 66 04 70 00-B4 05 50 03 6C 10 C9 00 1...f.P...P.1...
0000:00B0 6C 10 C9 00 6C 10 C9 00-62 01 14 0A CC 01 15 0A   1...1...b.......
0000:00C0 EA E4 0F C9 00 E7 00 F0-6C 10 C9 00 01 00 A4 09   ........1.......
0000:00D0 6C 10 C9 00 6C 10 C9 00-6C 10 C9 00 6C 10 C9 00   1...1...1...1...
0000:00E0 6C 10 C9 00 6C 10 C9 00-6C 10 C9 00 6C 10 C9 00   1...1...1...1...
0000:00F0 6C 10 C9 00 6C 10 C9 00-6C 10 C9 00 6C 10 C9 00   1...1...1...1...
```

显示结果分为3栏，左边是数据所在的内存逻辑地址，中间是十六进制数据，右边是各数据相应的ASCII符号，对于ASCII值小于20H或大于07EH时，右边只显示一个点。段地址也可以是各段寄存器名，如果是DS还可以省略。

2. D 段地址：偏移

在指定段中，从给定的偏移地址起显示128个数据，显示的形式与上面的例子相同。同样地，段地址可以是明确的段值，也可以是段寄存器名，没有段地址时，以DS段为准。

3. D

单独一个D构成的命令有两种情况：一是进入DEBUG状态后还没有显示过数据，则首次使用D命令相当于D DS：0；反之，在已经显示过数据后，D命令将承继上一个显示命令，继续显示其后的128字节内容。

A6.2.3 U 命令

反汇编命令，用于把内存中指定位置的机器码翻译成汇编语言形式。

1. U 段地址：起始偏移 终止偏移

用于把指定段中从起始偏移到终止偏移之间的机器指令进行反汇编。

2. U 段地址：偏移

这是更通常的用法，从指定位置起开始反汇编，一次反汇编20字节的内容。

比如，从前面D命令的例子中可以在0000：0084～0000：0087处查到目前系统中21H

号中断服务程序的入 El 地址是 08C3：0445，用 U 命令就可以看出这个中断服务程序的前几条指令：

```
-U8C3:445
08C3:0445 EAA0045003        JMP        0350:04A0
08C3:044A EA05008108        JMP        0881:0005
08C3:044F 0104              ADD        [SI],AX
08C3:0451 44                INC        SP
08C3:0452 3A5C57            CMP        BL,[SI+57]
08C3:0455 49                DEC        CX
08C3:0456 4E                DEC        SI
08C3:0457 44                INC        SP
08C3:0459 57                PUSH       DI
08C3:045A 53                PUSH       BX
08C3:045B 5C                POP        SP
08C3:045C 57                PUSH       OPRD1
08C3:045D 49                DEC        CX
08C3:045E 4E                DEC        SI
08C3:045F 49                DEC        CX
08C3:0460 4E                DEC        S1
08C3:0461 49                DBC        CX
08C3:0462 54                PUSH       SP
08C3:0463 2E                CS:
08C3:046449                 DBC        CX
```

与 D 命令一样，U 命令的两种用法中段地址部分可以是指定的段值，也可以是段寄存器，如果省略则表示 CS 段。

3. U

单独一个 U 构成的命令与 D 用法类似，也分为两种情况：进入 DEBUG 状态后尚未进行过反汇编，则从当前 cs 值为段，IP 值为偏移处起，反汇编 20 字节；反之，已进行过反汇编时，u 命令将承继上一次反汇编的命令，接着对其后的 20 个字节进行反汇编。

A6.2.4　T 命令

这是单步跟踪命令，每一个 T 命令将使系统执行一条指令，并在执行后自动接一个 R 命令的功能，显示出执行后各寄存器的当前值以及下一条指令。

```
-R
AX=0000 BX=0000 CX=0000 DX=0000 SP=FFEE BP=0000 SI=0000 DI=0000
DS=1273 ES=1273 SS=1273 CS=1273 IP=0100   NV UP EI PL NZ NA PO NC
1273:0100 B90401      MOV     CX,0104
-T
AX=0000 BX=0000 CX=0104 DX=0000 SP=FFEE BP=0000 SI=0000 DI=0000
DS=1273 ES=1273 SS=1273 CS=1273 IP=0103   NV UP EI PL NZ NA PO NC
1273:0103 AC          LODSB
```

可以看到，T 命令使系统执行了当前指令 MOV CX，0104，执行后的显示表明，CX 值已经由 0000 变成 0104。

A6.2.5　G 命令

这是断点执行命令，G 命令的基本用法是：

G 偏移地址

其功能是在指定偏移地址设置一个断点，使系统从当前 CS：IP 起执行到指定的地址之前，执行后自动接一个 R 命令的功能，显示出当前寄存器的值。比如：

```
-U
12A8:0000 0E            PUSH    CS
12A8:0001 1F            POP     DS
12A8:0002 BA0E00        MOV     DX,000E
12A8:0005 B409          MOV     AH,09
12A8:0007 COPRD21       INT     21
12A8:0009 B8014C        MOV     AX,4C01
12A8:000C COPRD21       INT     21
……
-G 7
AX=0900 BX=0004 CX=9000 DX=000E SP=00B8 BP=0000 SI=0000 DI=0000
DS=12A8 ES=1298 SS=12A8 CS=12A8 IP=0007 NV UP EI PL NZ NA PO NC
12A8:0007 COPRD21       INT     21
```

通过 U 命令看到当前 CS：IP 起的几条指令，然后 G 7 命令使系统一次执行到偏移地址 0007 之前，后面的显示内容可以看到执行几条命令后各寄存器的变化情况。

A6.2.6　P 命令

一个 T 命令严格执行一条指令，如果遇到 INT、CALL 等指令也不例外，这会导致系统转入相应的中断服务或某个子程序执行，而 P 命令是在当前指令之后设置一个断点，使系统执行到断点处，如遇 INT、CALL 等命令，可以一次把中断服务或子程序执行完。比如，接着上面的 G 命令中的例子，当前指令是“INT 21”，如用 T 命令，则系统转入 21H 号中断服务子程序，而这个中断服务是操作系统已编写好的，可以保证正确，不需要调试，应该一次把它执行完，因此，这时应该用一个 P 命令。上面的例子中，如果用 T 命令，结果是：

```
-T
AX=0900 BX=0004 CX=9000 DX=000E SP=0082 BP=0000 SI=0000 DI=0000
DS=12A8 ES=1298 SS=12A8 CS=08C3 IP=0445 NV UP DI PL NZ NA PO NC
08C3:0445 EAA0045003 JMP 0350:04A0
```

可见系统已转到 21H 号中断服务子程序，即转入了 21H 号中断向量所指向的地址 08C3：0445 处。如果不是用的 T 命令，而是 P 命令，结果是：

```
-P
This program cannot be run in DOS mode
AX=0924 BX=0004 CX=9000 DX=000E SP=0088 BP=0000 SI=0000 DI=0000
```

```
DS=12A8 ES=1298 SS=12A8 CS=12A8 IP=0009 NV UP EI PL NZ NA PO NC
12A8:0009 B8014C          MOV      AX,4C01
```

其中斜体字部分是“INT 21”命令调用 9 号（当时 AH 的值是 9）子功能的显示结果，这样 就把偏移地址为 7 开始的两个字节指令“INT 21”一次执行完。

A6.2.7　其他命令

DEBUG 还有一些命令，在此仅简单介绍其命令格式和基本功能。

1. Q

退出 DEBUG，返回 DOS 状态。

2. E 段：起始偏移终止偏移

对指定位置的数据进行修改。

3. F 段：起始偏移终止偏移值

用给定的值填充内存的指定区域。

4. A 段：偏移地址

把键盘输入的汇编语言指令翻译成机器代码，并从“段：偏移”指定的位置起连续存放。

5. N 文件名

指定被 DEBUG 调试的工作文件名称。DEBUG 规定必须使用文件全名。

6. L

在指定工作文件名称后，把相应文件调入 DEBUG 环境。

7. W

把当前 DEBUG 环境中的内容以指定文件名存盘（由 N 命令指定文件名），但 EXE 文件不能存盘。存盘时，以（BX，CX）为文件长度，所以存盘前必须用 R 命令设定这两个寄存器的值。

A6.3　调试示例

如下程序中存在逻辑错误，下面以该程序为例说明使用 DEBUG 调度的具体过程。为了说明的方便，每一行的注释中加了一个行号。

```
data        SEGMENT       ;(1)
VAR1        DB            13,10,'ASCII code 0f [ '     ;(2)
VAR2        DB            ' ] is $'                    ;(3)
data        ENDS          ;(4)
code        SEGMENT       ;(5)
            ASSUME        CS:code,DS:data              ;(6)
main:       MOV           AX,data                      ;(7)
```

```
        MOV     S,AX            ;(8)对DS赋值,使其指向正确的数据段
        MOV     AH,1            ;(9)
        INT     21              ;(10)输入一个按键
        MOV     DX,VAR1         ;(11)
        MOV     AH,9            ;(12)
        INT     21H             ;(13)显示"ASCII code of ["
        MOV     DL,AL           ;(14)取回按键符号
        MOV     AH,2            ;(15)
        INT     21H             ;(16)显示按键符号
        MOV     DX,VAR2         ;(17)
        MOV     AH,9            ;(18)
        INT     21H             ;(19)显示"] is"
        MOV     AH,2            ;(25)
        INT     21H             ;(26)输出百位数字
        MOV     AL,AH           ;(27)取上次除法的余数
        MOV     BL,10           ;(28)
        DIV     BL              ;(29)分离出十位和个位数字
        MOV     DL,AL           ;(30)取十位数字
        ADD     DL,30H          ;(31)转换成相应的ASCII码
        MOV     AH,2            ;(32)
        INT     21H             ;(33)输出十住数字
        MOV     DL,AH           ;(34)取个位数字
        ADD     DL,30H          ;(35)转换成相应的ASCII码
        INT     21H             ;(36)输出个位数字
        MOV     AH,4CH          ;(37)
        INT     21H             ;(38)
code    ENDS    ;(39)
        END     main            ;(40)
```

经汇编、连接后，执行结果不正确。调试过程如下。

（1）启动DEBUG软件，同时调入被调试的程序：

```
C:\MASM >DEBUG T.EXE
```

（2）反汇编。

```
-U
12A9:0000 B8A712      MOV   AX,12A7
12A9:0003 8ED8        MOV   DS,AX
12A9:0005 B401        MOV   AH,01
12A9:0007 CDl5        INT   15
12A9:0009 88160000    MOV   DX,[0000]
12A9:0()oD B409       MOV   AH,09
12A9:0()0F COPRD21    INT   21
12A9:0011 8AD0        MOV   DL,AL
12A9:0013 B402        MOV   AH,02
12A9:0015 COPRD21     INT   21
12A9:0017 88161100    MOV   DX,[0013]
```

```
12A9:001B B409          MOV       AH,09
12A9:001DCOPRD21        INT       21
12A9:001F B400          MOV       AH.00
```

不难发现，12A9：0007 处的“INT 15”有点特别。该指令对应源程序第 10 行的“INT 21”，显然是因为源程序中少了十六进制后缀符号“H”，于是修改源程序在第 l0 行加上 H。

（3）修改后重新启动 DEBUG 并调入 T．EXE 后：

```
-G F
A
AX=0941 BX=0000 CX=0068 DX=5341 SP=0000 BP=0000 SI=0000 DI=0000
DS=12A7 ES=1297 SS=12A7 CS=12A9 IP=000F NV UP EI PL NZ NA PO NC
12A9:000F COPRD21       INT       21
```

其中带下划线的大写字母“A”是程序第 9、10 行要求输入时按的键。此时检查发现，当前 AH 值是 9，即将要调用 21H 中断的 9 号子功能输出。而此时 DX 的值是 5341H，用 D5341 命令可以发现此处不是要显示的内容。原因在于变量 VARf 的偏移地址是 O，而此时 DX 的值却不是 0。再查看源程序，发现第 11 行应该取 VAR1 的偏移地址，却错写成“MOV DX，VAR1”。这是取 VARl 的值，应改为“MOV DX，OFFSET VARl”。相应地，第 17 行也应做类似的修改。

（4）修改后再次调试，把程序调入 DEBUG 环境后，用 U 命令查看各指令：

```
-U
12A9:0000 B8A712        MOV       AX,12A7
12A9:0003 8ED8          MOV       DS,X
12A9:0005 B401          MOV       AH,01
12A9:0007 COPRD21       INT       21
12A9:O009 BA0000        MOV       DX,0000
12A9:000C B409          MOV       AH,09
12A9:000E COPRD21       INT       2l
12A9:0010 8AD0          MOV       DL,AL
12A9:0012 B402          MOV       AH,02
12A9:014 COPRD21        INT       21
12A9:016 BAl300         MOV       DX,0013
12A9:0019 B409          MOV       AH,09
12A9:001B COPRD21       INT       21
12A9:01D B400           MOV       AH,00
12A9:01F B364           MOV       BL,64
-
```

用断点执行命令一次执行到 12A9：0009 处：

```
-G 9
A
AX=0141 BX=0000 CX=0066 DX=0000 SP=0000 BP=0000 SI=0000 DI=0000
DS=12A7 ES=1297 SS=12A7 CS=12A9 IP=0009 NV UP E1 PL NZ NA PO NC
12A9:0009 BA0000        MOV       DX,0000
```

没有发现任何错误，于是再用断点执行命令一次执行到12A9：0016处：

```
-G 16
ASCII code of [ $
AX=0224 BX=0000 CX=0066 DX=0024 SP=0000 BP=0000 SI=0000 DI=0000
DS=12A7 ES=1297 SS=12A7 CS=12A9 IP=0016 NV UP EI PL NZ NA PO NC
12A9:0016 BA1300              MOV          DX,0013
-
```

显示的一串符号中最后一个字符是“$”，而不是按的键“A”，说明错误很可能出现在偏移地址0009到0016之间。重新调入程序并执行到地址0010H处，发现显示为

ASCII code of

这是正确的，检查此时各寄存器的情况如下：

```
AX=0924 BX=0000 CX=0066 DX=0000 SP=0000 BP=0000 SI=0000 DI=0000
DS=12A7 ES=1297 SS=12A7 CS=12A9 IP=0010 NV UP EI PL NZ NA PO NC
12A9:0010 8AD0     MOV     DL,AL
-
```

其中AX的值0924H，说明AL已不是输入的按键“A”的ASCII值41H，从而知道21H中断的9号功能修改了AL的值。因此在调用9号子功能前需要把AL的内容保存起来，比如可以复制到CL中。于是，在源程序的第10、11行间加一条指令“MOV CL，AL”，并把第14行改成“MOV DL，CL”。

（5）经过修改后，现在程序的执行情况是：

```
C:\MASM>T
A
ASCII code of [A]  is 0c2
```

仍然有错误。以类似的方法，继续调试下去，会发现源程序第21行起除以100后并没有保存余数，于是造成取回余数计算十位和个位时，取回的值不正确。

（6）经过调试，最终程序应修改成如下形式：

```
data        SEGMENT
VAR1        DB              13,10,'ASCII code of [ $'
VAR2        DB              '] is $'
data        ENDS
code        SEGMENT
            ASSUME          CS:code,DS:data
main:MOV    AX,data
            MOV             DS,AX
            MOV             AH,1
            INT             21H
            MOV             CL,AL
            MOV             DX,offset VAR1
            MOV             AH,9
            INT             21H
            MOV             DL,CL
```

```
        MOV     AH,2
        INT     21H
        MOV     DX,offset VAR2
        MOV     AH,9
        INT     21H
        MOV     AL,CL
        MOV     AH,0
        MOV     BL,100
        DIV     BL
        MOV     DL,AL
        ADD     DL,30H
        MOV     CL,AH
        MOV     AH,2
        INT     21H
        MOV     AL,CL
        MOV     AH,0
        MOV     BL,10
        DIV     BL
        MOV     DL,AL
        ADD     DL,30H
        MOV     CL,AH
        MOV     AH,2
        INT     21H
        MOV     DL,CL
        ADD     DL,30H
        INT     21H
        MOV     AH,4CH
        INT     21H
code    ENDS
        END     main
```

其中斜体字部分是修改的内容。